Liebe Schülerin, lieber Schüler,

Lernplus hilft dir, die wichtigsten Inhalte des Physikkunterrichts der Jahrgangsstufen 7 bis 10 zu wiederholen, zu üben und besonders die Themen zu trainieren, die erfahrungsgemäß viele Stolpersteine enthalten. Mit Lernplus kannst du deine Wissenslücken schließen.
Alle Kapitel sind überschaubar gegliedert und alle Regeln werden Schritt für Schritt erklärt, bevor du sie in den Übungen selbstständig anwendest.
Die Kapitel sind in sich abgeschlossen, du kannst also genau die Themenbereiche bearbeiten, die dich interessieren.

Training plus fragt dein Wissen am Ende eines Kapitels noch einmal ab. Mithilfe der insgesamt 99 Testfragen kannst du gut überprüfen, wie sicher du die einzelnen Regeln beherrschst.

Den **Abschlusstest** nach jedem Kapitel bearbeitest du so wie eine Klassenarbeit. In den Lösungen findest du eine Punkteübersicht, mit der du deine Leistungen einschätzen kannst.

In Lernplus gibt es außerdem drei besondere Elemente:

Merke — Formeln, Definitionen oder Festlegungen, die du dir merken musst, meist durch Beispiele ergänzt und erläutert.

Tipp — Hinweise, worauf du beim Lernen achten solltest oder wie du dir etwas besonders gut merken kannst, findest du bei den Tipps.

Info plus — Weißt du, warum man Musikinstrumente am Klang unterscheiden kann, auch wenn sie dieselbe Melodie spielen? Oder wie man mit einer relativ geringen Flüssigkeitsmenge ein massives Holzfass zum Bersten bringen kann? Für alle, die etwas mehr wissen wollen, bietet Info plus spannende Informationen oder Hintergründe.

Mithilfe der **Lösungen** im Anhang kannst du kontrollieren, ob du die Aufgaben richtig bearbeitet hast und wie viele Punkte du im Abschlusstest erzielt hast.

Viel Erfolg beim Üben und Besserwerden mit Lernplus wünscht dir

das **Lernplus-Team**

1 Akustik

Alles, was mit der Erzeugung, Weiterleitung und Wahrnehmung von Schall zu tun hat, wird dem physikalischen Teilgebiet „Akustik" zugeordnet und hier näher behandelt.

1.1 Schallerzeugung

Beispiel 1: Lässt man eine eingespannte Blattfeder um ihre Ruhelage vibrieren, so erzeugt sie dabei einen Ton und man stellt fest: Bei stärkerer Auslenkung der Feder wird dieser Ton lauter und beim Verkürzen der vibrierenden Feder höher.

Merke

- **Schwingungsfähige Systeme** können als **Schallquellen** in Erscheinung treten.
- **Schwingungen** sind ein periodisches „Hin und Her" um die Ruhelage.
  Zu ihrer physikalischen Beschreibung dienen folgende **Kenngrößen**:
  1. Die **Periodenlänge T** (kurz: **Periode**) ($[T] = 1\,\text{s}$) * ist durch den kürzesten Zeitraum zwischen zwei gleichen Schwingungszuständen gegeben.
  2. Die **Frequenz** $f = \frac{n}{t} = \frac{1}{T}$ $\left([f] = 1\frac{1}{\text{s}} = 1\,\text{s}^{-1} = 1\,\text{Hz}\right)$ ist der Quotient aus einer Anzahl von n Schwingungen und der dafür benötigten Zeit t.
     1 Schwingung benötigt die Zeit T.
  3. Die **Schwingungsweite** oder **Amplitude** s_0 ($[s_0] = 1\,\text{m}$) entspricht der größten Entfernung des Oszillators zu seiner Ruheposition.

1 Warum hört man einen Ton, wenn ein Glas mit einem Löffel angeschlagen wird? Nenne weitere Beispiele für schwingungsfähige Systeme.

2 Während Menschen im Frequenzbereich von 100 Hz bis 1 kHz sprechen und singen und im Bereich von 20 Hz bis 20 kHz hören können, stehen manchen Tierarten andere, teilweise deutlich breitere Frequenzbereiche zur Verfügung. Stelle mithilfe deines Physikbuches und/oder des Internets die Stimm- und Hörbereiche folgender Tierarten fest:

a) Hunde: Stimmbereich: ____________ Hörbereich: ____________

b) Fledermäuse: Stimmbereich: ____________ Hörbereich: ____________

c) Delfine: Stimmbereich: ____________ Hörbereich: ____________

* Eine Erläuterung der Schreibweisen und ein Verzeichnis der verwendeten Formeln, Größen und Einheiten findest du im Anhang ab Seite 135.

3 Ein Mikrofon vermag akustische in elektrische Schwingungen umzuwandeln, die dann auf dem Bildschirm eines Oszilloskops sichtbar werden. Die Grafik zeigt zwei Schwingungsbilder.

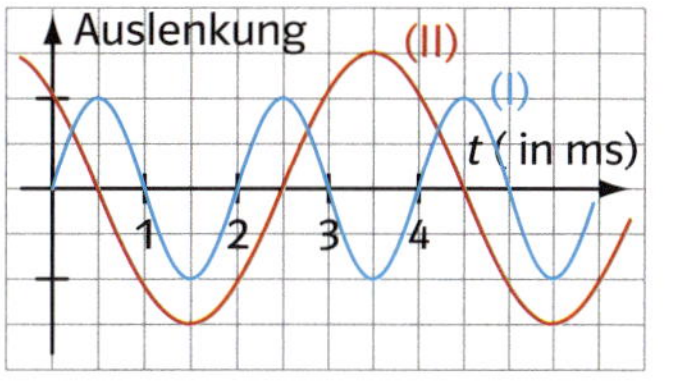

a) Bestimme die Frequenzen der beiden abgebildeten Schwingungen (I) und (II).

b) Welcher der beiden Töne (I) oder (II) ist höher? Welcher Ton ist lauter?

Info plus

Warum kann man eigentlich eine Geige von einer Klarinette unterscheiden, auch wenn sie dieselbe Melodie spielen? – Das liegt an den unterschiedlichen **Klangfarben**, die die schwingenden Saiten bzw. Luftsäulen der Instrumente in Verbindung mit ihren Resonanzkörpern erzeugen.

Betrachte dazu eine eingespannte Saite: Die Saite führt nicht nur die Grundschwingung mit der Frequenz f_0 aus, sondern gleichzeitig auch Oberschwingungen mit den Frequenzen $f_1 = 2\,f_0$, $f_2 = 3\,f_0$, $f_3 = 4\,f_0$, …

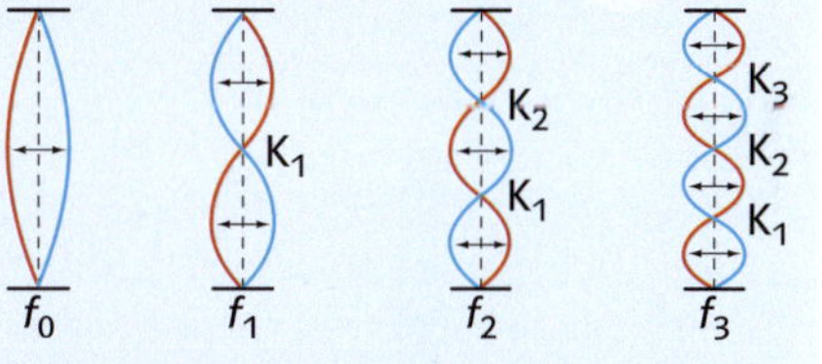

Alle diese Schwingungen mischen sich bei jedem Instrument in einem typischen Verhältnis und ergeben so die Klangfarbe, an der man es erkennt.

4 Eine auf die Grundfrequenz $f_0 = 440\,\text{Hz}$ gestimmte Gitarrensaite wird angezupft. Wird nun diese schwingende Saite exakt in ihrer Mitte gedämpft, dann verstummt der Ton, aber ein höherer Ton bleibt leise hörbar. Warum?

5 Schallquellen erzeugen in der Regel keine reinen (auch: sinusförmigen) Töne. Deswegen unterscheidet man folgende Schall-Typen:

- Ein **Klang** besitzt, gleich einem reinen Ton, einen periodischen Verlauf, jedoch wird die Kurvenform durch Oberschwingungen beeinflusst.
- Ein **Geräusch** besitzt ein zeitlich ausgedehntes Verlaufsbild, dem jedoch jede Periodizität fehlt.
- Ein **Knall** zeigt einen kurz begrenzten Verlauf mit starken Ausschlägen.

Ordne jedem abgebildeten Schall-Verlauf die zutreffende Bezeichnung zu und gib jeweils eine Möglichkeit zu seiner Erzeugung an.

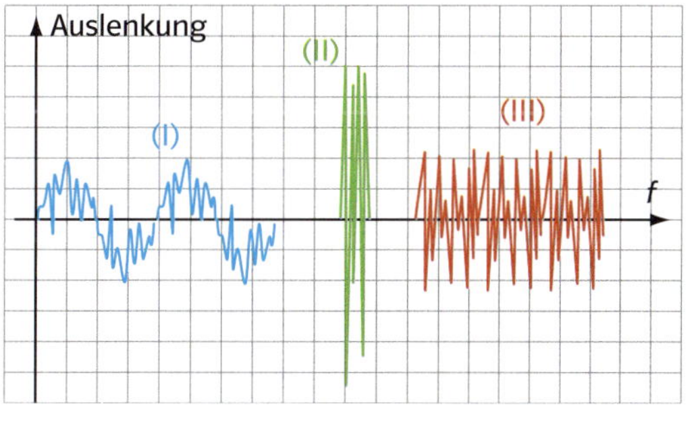

1.2 Ausbreitung von Schall

6 **Experiment:** Unter einer Vakuumglocke liegt eine Klingel, die zunächst deutlich hörbar schellt. Beim Abpumpen der Luft wird der Klingelton immer leiser und ist schließlich nicht mehr zu hören. Wird die Luft wieder eingelassen, so nimmt man das Schellen erneut zunehmend lauter wahr. Deute diese Beobachtung.

Merke

- Die Ausbreitung von Schall ist **an ein Medium gebunden**, das die Schwingungen der Schallquelle als Druckschwankungen weiterleitet.
- Die **Ausbreitungsgeschwindigkeit** c des Schalls hängt von den elastischen Eigenschaften des Trägermediums ab. Grundsätzlich kann der Schall in Gasen, in Flüssigkeiten und in elastischen Festkörpern weitergeleitet werden.

7

a) Ein Schiff kann mit dem Echolot stets die Wassertiefe x unter seinem Kiel überwachen. Bestimme die Tiefe x, falls das vom Sender S ausgehende Signal nach 0,1 s vom Empfänger E registriert wird. Schallgeschwindigkeit in Wasser: $c = 1484\,\frac{\text{m}}{\text{s}}$.

b) Welche Eigenschaften muss der Schallweg, der den Berechnungen in Teilaufgabe a) zugrunde gelegt wird, haben?

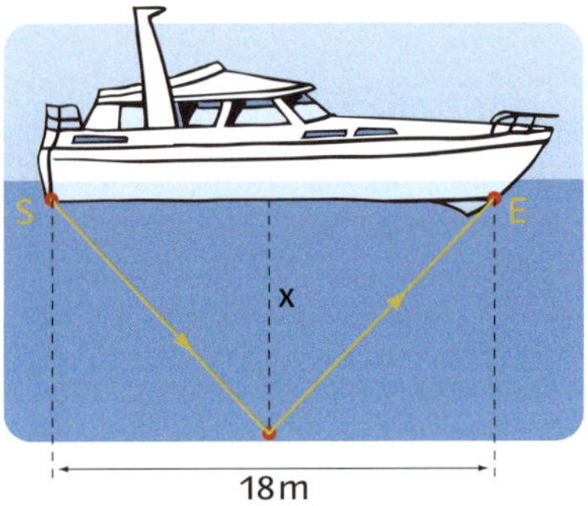

8 **Experiment:** Eine aufgehängte Styroporkugel berührt die Membran eines Tamburins. Schlägt man auf die Membran eines zweiten parallel ausgerichteten Tamburins, so wird die Kugel weggestoßen.

a) Erkläre diese Beobachtung.

b) Welchen Teil der Hörvorgänge erklärt dieses Experiment?

9 **Experiment:** Die Abbildung zeigt, wie sich Verdichtungen und Verdünnungen durch eine lange Stahlfeder bewegen.

a) In welcher der drei gezeigten Situationen kann man von einer Welle sprechen?

b) Warum verdeutlicht dieses Stahlfeder-Modell die Ausbreitung von Schall in Luft? Welchen Aspekt der Schallausbreitung erfasst dieses Modell nicht?

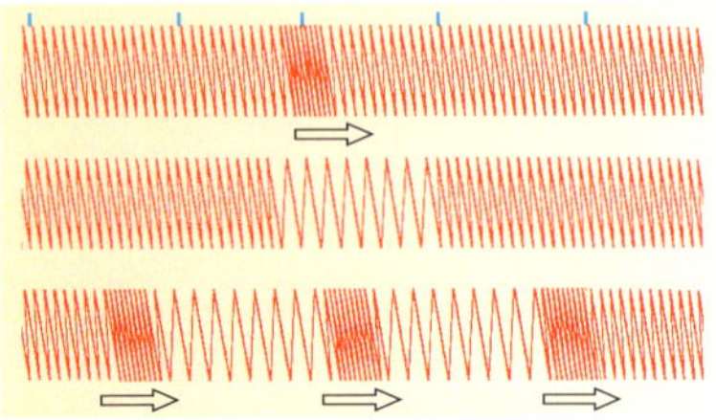

1.3 Wahrnehmung von Schall

Merke

- Die Lautstärke des Schalls wird als **Schallpegel** in der Maßeinheit **Dezibel (dB)** gemessen. Die Dezibel-Skala ist logarithmisch, sodass eine Zunahme um 3 dB einer Verdopplung des Pegels entspricht.
- Bei 130 dB liegt die **Schmerzgrenze**. Oberhalb hiervon kommt es zu bleibenden Gehörschäden.
- Das Zusammenwirken rechts- und linksseitiger Höreindrücke ermöglicht eine **räumliche Orientierung**. Hierfür maßgebend sind Schallpegel- und Laufzeitdifferenzen zwischen beiden Wahrnehmungen.

Schallpegel	Beispiele
3 dB	Hörschwelle, leises Flüstern
20 dB	leises Sprechen
40 dB	normale Unterhaltung
60 dB	laute Radiomusik
80 dB	lauter Verkehrslärm
100 dB	ungedämpftes Motorrad
120 dB	neben einem Presslufthammer

10 Die Audiogramme (I) und (II) geben Aufschluss über das Hörvermögen zweier Testpersonen.

a) Erkläre kurz das zugrunde liegende Messverfahren.

b) Vergleiche die beiden Audiogramme miteinander. Welche Testperson sollte ihr Hörvermögen durch welche Hilfsmaßnahme verbessern?

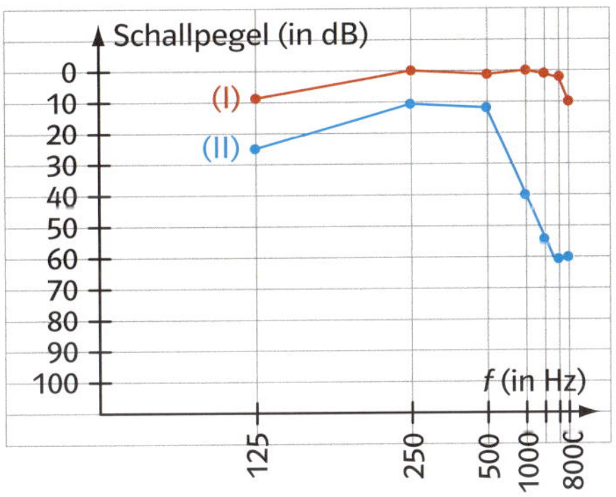

11 Frau Grummel ärgert sich über Familie Sorglos, die in der Wohnung über ihr wohnt und ständig durch lautes Auftreten auf ihrem Parkettboden für Lärmbelästigung sorgt.
Nenne drei unterschiedliche Maßnahmen, die hier (zumindest theoretisch) Abhilfe schaffen könnten.

12 Wohnsiedlungen, die nahe an dicht befahrenen Verkehrswegen liegen, werden oftmals durch Schallschutzmauern abgeschirmt.

a) Erkläre die Wirkungsweise einer Schallschutzmauer.

b) Warum können auch bepflanzte Erdwälle vor Straßenlärm schützen?

1 Beschreibe kurz die drei physikalischen Größen, die eine Schallquelle charakterisieren. ______

______

2 Nenne drei verschiedene Schallquellen. Welche für die Schallerzeugung wichtige Eigenschaft ist ihnen gemeinsam?

______

______

3 Wenn man eine Gitarrensaite genau in der Mitte dämpft, dann hört man weiterhin einen leisen Ton der Frequenz 720 Hz. Auf welche Frequenz ist die Saite gestimmt?

______

4 Ordne den Schall-Ereignissen die passende Ziffer des Schall-Typs zu:
(1) Ton (2) Klang (3) Geräusch (4) Knall

- ☐ Ein Hund jault.
- ☐ Ein Windzug schlägt eine Tür zu.
- ☐ Die Bremsen eines Autos quietschen.
- ☐ Eine Harfensaite wird gezupft.
- ☐ Regen prasselt auf das Dach.
- ☐ Eine Blattfeder vibriert hörbar.

5 Warum kann sich Schall nicht in allen Festkörpern ausbreiten? (Beispiel)

______

6 Schall trifft auf eine Oberfläche. Was geschieht, wenn diese Fläche …
(a) aus Stahl ist? (b) aus Styropor ist?

______

7 Bernd dreht seine Stereo-Anlage lauter auf, sodass der Schallpegel von 45 dB auf 54 dB zunimmt. Um welchen Faktor hat sich die Lautstärke erhöht?

______

8 Welche beiden Effekte ermöglichen das räumliche Orten einer Schallquelle über die Hörwahrnehmung?

______

1

a) Wenn mit einem neuen Stück Kreide auf einer Tafel geschrieben wird, dann können dabei schrille, als unangenehm empfundene Töne erzeugt werden. Warum? ___/6

b) Wenn man die Kreide durchbricht und mit einem Teilstück weiter schreibt, so hört man keine „Begleitmusik" mehr. Warum?

2 Kreuze bei jeder Frequenz an, von wem sie gehört werden kann. ___/6

	12 Hz	18 Hz	50 Hz	500 Hz	1900 Hz	12 000 Hz	25 kHz	160 kHz
Mensch								
Hund								
Fledermaus								
Delfin								

3 Anders als bei Saiteninstrumenten bildet sich bei den schwingenden Luftsäulen der Blasinstrumente stets ein offenes Ende, an dem die Luftsäule einen Schwingungsbauch zeigt. Skizziere zu der abgebildeten Grundschwingung die erste, zweite und dritte Oberschwingung. In welchem Verhältnis stehen deren Frequenzen zur Frequenz f_0 der Grundschwingung? ___/6

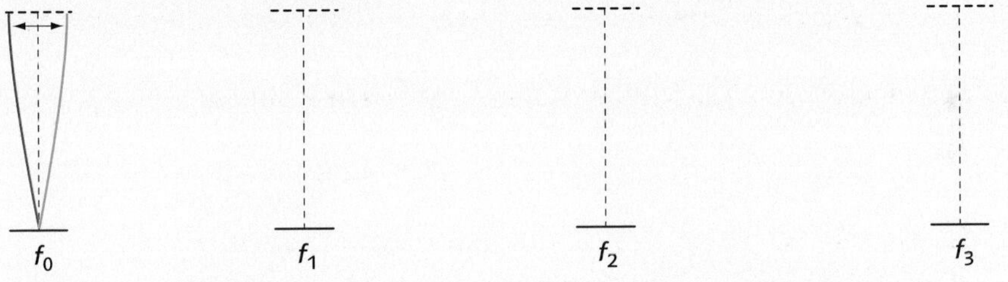

4 Im Festsaal eines Barockschlosses, dessen Steinfußboden von zahlreichen Ornamenten geschmückt wird und dessen Wände mit feinsten Marmorplatten verkleidet sind, soll ein Konzert stattfinden. Aber die Musikfreunde sind von der schlechten Akustik dieses Raumes enttäuscht! Warum war das zu erwarten und wie könnte Abhilfe geschaffen werden? ___/6

5 Ein neues Automodell soll gegenüber seinem Vorgänger einen um 11 % verbesserten Geräuschpegel haben, sodass vier neue Autos genau so laut sind wie ein altes. Welche Schallpegel verursachen die neuen und alten Autos? ___/6

Gesamtpunktzahl ___/30

2 Atom- und Kernphysik

Der Aufbau von Atomen und die mit der Umwandlung von Atomkernen verbundenen Vorgänge stehen im Mittelpunkt dieses Kapitels.

2.1 Der Aufbau von Atomen

Merke

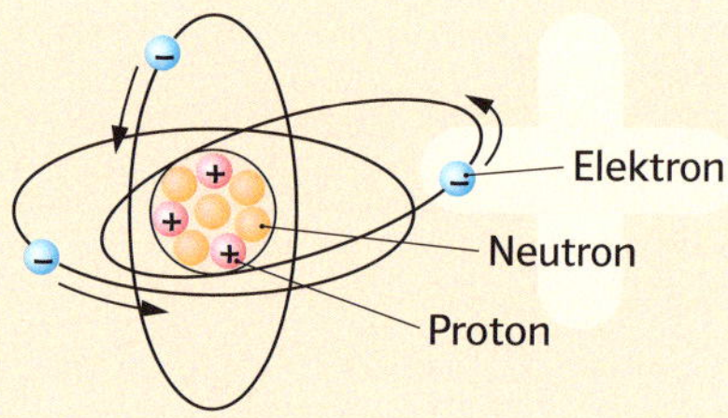

- Der **Atomkern** besteht aus **Z** einfach positiv geladenen **Protonen** und **N** elektrisch neutralen **Neutronen** und er besitzt einen Durchmesser in der Größenordnung 10^{-14} m.
- **Z Elektronen**, deren Ladungen einfach negativ sind, umgeben den Kern auf bestimmten Schalen, sodass das **Atom**, dessen Durchmesser ca. 10^{-10} m beträgt, nach außen elektrisch neutral ist.

1

a) Warum bezeichnet man die Kernladungszahl Z auch als Ordnungszahl?
b) Beschreibe die Verteilung der elektrischen Ladungen für positive bzw. negative Ionen.

2

a) Protonen stoßen sich infolge gleicher Ladungen gegenseitig ab. Warum sind die Atomkerne dennoch stabil?
b) Beschreibe den Aufbau der Nuklidkarte (Abbildung).
Warum flacht der Verlauf gegenüber der Winkelhalbierenden ($N = Z$) ab?
c) Was sind die Isotope eines Elementes?
Wo stehen sie in der Nuklidkarte?

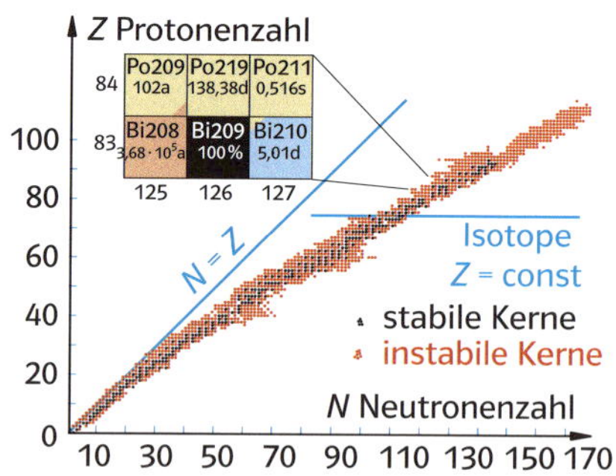

Merke

- Die Summe $A = N + Z$ der Neutronen und Protonen heißt **Nukleonenzahl** oder auch **Massenzahl**, weil alle Nukleonen zusammen die atomare Masse bestimmen.
- Durch die **Schreibweise** ${}^{A}_{Z}X$ wird ein **Nuklid (= Atomkern) X** eindeutig bestimmt, denn $N = A - Z$ kann stets berechnet werden. **Kurzschreibweise: X-A**.

3

a) Gib die Kurzschreibweise und die Neutronenzahl für folgende Wasserstoff-Isotope an.

^1_1H: ____________ ^2_1H: ____________ ^3_1H: ____________

b) Notiere folgende Neon-Isotope ausführlich und gib ihre Neutronenzahl an.

Ne-20: ____________ Ne-21: ____________ Ne-22: ____________

2.2 Radioaktive Strahlung

Beispiel 1: 1896 entdeckte H. Becquerel, dass ein lichtdicht verpackter Fotofilm durch in der Nähe liegende uranhaltige Mineralien geschwärzt wird. Welche Schlussfolgerungen zog er?

1. Von Uran muss auf den Film eine Wirkung ausgehen, die ähnlich der Lichteinwirkung zu einer Schwärzung führt.
2. Da der Film aber lichtdicht verpackt war, konnte es sich nicht um Licht handeln. Man sprach daher von „radioaktiver Strahlung".

Merke

Untersuchungen mit Magnetfeldern führen auf **drei Arten radioaktiver Strahlung:**

Abgestrahlte Teilchen	Energie/Reichweite in Luft	Abschirmung
1. α-Strahlung ($^4_2$He-Kerne)	diskrete Werte von 1 bis 10 MeV Reichweite: < 10 cm	Blatt Papier, dünne Metallfolie
2.1 β^--Strahlung (Elektronen e^-)	kontinuierliche Werte von 0 bis 5 MeV Reichweite: < 5 m	5 mm starke Bleiplatte
2.2 β^+-Strahlung (Positronen e^+)		
3. γ-Strahlung (Photonen)	diskrete Werte von 0,01 bis 10 MeV Reichweite: unbegrenzt	nur Abschwächung durch Blei

4 **Experiment**: Die Nebelkammerspuren werden durch den α-Zerfall des Radium-Isotops Ra-226 verursacht.

a) Erläutere Aufbau und Wirkungsweise einer Nebelkammer.

b) Interpretiere die Spuren für beide Kammerhälften.

c) Notiere die Zerfallsgleichung für Ra-226. Wie lautet die allgemeine Zerfallsgleichung?

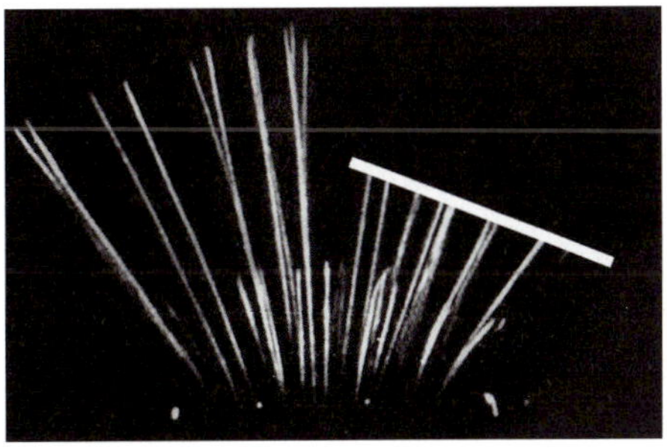

5 **Experiment**: Die Abbildungen zeigen, wie α-Strahlung (links) und β-Strahlung (rechts) in einem senkrecht zur Papierebene verlaufenden Magnetfeld abgelenkt wird.

a) Vergleiche beide Aufnahmen.

b) Bestimme die Richtung der magnetischen Feldlinien.

c) Strontium (Sr-90) geht durch β^--Zerfall in das Yttrium-Isotop $^{90}_{39}Y$ über. Notiere die Zerfallsgleichung. Wie lautet die allgemeine Zerfallsgleichung?

6

a) Warum tritt γ-Strahlung nur als „Begleiterscheinung" der α- oder β-Strahlung auf?

b) Wie ändert sich ein Nuklid durch die Emission von γ-Strahlung?

c) In welcher Weise wird γ-Strahlung durch ein Magnetfeld beeinflusst?

7 **Experiment:** Das Gold-Isotop Au-203 ist ein β^--Strahler, für das im Zeitablauf folgende Zählraten gemessen werden:

t **(in s)**	0	30	60	90	120	150
N **(in Imp./s)**	31	22	14	11	8	6

a) Trage die Messdaten in ein Achsenkreuz ein und beurteile den Verlauf.

b) Bestimme die Halbwertszeit t_H (das ist diejenige Zeit, nach der sich die anfängliche Zählrate halbiert hat).

c) Hängt die Halbwertszeit von der Anfangszählrate ab?

Info plus

Unsere Atmosphäre enthält neben den stabilen Kohlenstoff-Isotopen C-12 und C-13 auch geringe Anteile des radioaktiven Isotops C-14, dessen Halbwertszeit 5730 Jahre beträgt. Jedes Lebewesen nimmt durch Atmungs- und Stoffwechselprozesse diesen konstanten Anteil in sich auf. Erst nach dem Tod bleibt der „Nachschub" aus, sodass jetzt der C-14-Anteil durch Zerfall exponentiell abnimmt. So lässt sich durch eine Messung der Restaktivität das Alter längst verstorbener Lebewesen bestimmen. Beispielsweise konnte die 1991 in den Ötztaler Alpen gefundene Mumie „Ötzi" mithilfe dieser **C-14-Methode** auf ca. 3300 v. Chr. datiert werden.

8

a) Nenne verschiedene Berufsgruppen, die infolge ihrer Tätigkeit die Strahlenschutzbestimmungen in besonderem Maße zu beachten haben.

b) Erläutere die „fünf A's", die abkürzend für die fünf Grundregeln des Strahlenschutzes stehen.

c) Mit welchen kurz- und langfristigen Schädigungen ist bei einer übermäßigen Strahlenbelastung zu rechnen?

2.3 Kernreaktionen und Kernspaltung

Beispiel 2: Werden Beryllium-Kerne mit α-Teilchen beschossen, so entsteht Kohlenstoff unter Aussendung eines Neutrons. Die Reaktionsgleichung lautet:

$^{9}_{4}Be + ^{4}_{2}He \rightarrow ^{13}_{6}C^* \rightarrow ^{12}_{6}C + ^{1}_{0}n$, und in Kurzform: $^{9}_{4}Be(\alpha, n)\,^{12}_{6}C$.

So erhält man eine für viele Kernreaktionen nützliche Neutronenquelle.

Merke

- Fängt ein Kern A ein Primärteilchen *a* ein, so bildet sich ein instabiler Zwischenkern X^*, der unter Aussendung eines Sekundärteilchens *b* auf den Kern *B* führt. Man spricht dann von der **Kernreaktion** $A + a \rightarrow X^* \rightarrow B + b$ oder **kurz:** $A(a, b)B$.
- Bei einer Kernreaktion ändert sich weder die Gesamtzahl der beteiligten Protonen (= Ladungen) noch die Gesamtzahl der beteiligten Nukleonen.

9

a) Weise für die Reaktion aus Beispiel 2 nach, dass die Gesamtzahl der Protonen und der Nukleonen erhalten bleibt.

b) Ergänze die fehlenden Angaben und notiere die Reaktion in Kurzschreibweise:

1. $_{7}N + ^{4}_{2}He + \quad ^{18}F^* \rightarrow \quad O + ^{1}_{1}p$ Kurzform: ____________

2. $^{127}I + ^{1}_{0}n + \quad _{53}I^* \rightarrow \quad Xe + ^{0}_{-1}e + \overline{\nu}$ Kurzform: ____________

c) Welche Bedeutung haben die mit * gekennzeichneten Zwischenkerne?

Tipp

Von besonderem Interesse sind diejenigen Kernreaktionen, ...

- bei denen langlebige angeregte Zwischenzustände auftreten. Mehr als 1000 „künstliche" Isotope finden z.B. Anwendung in Technik, Forschung und Medizin.
- die mit Energiegewinn ablaufen. Hierzu zählen die Kernspaltung von U-235, aber auch von U-233 oder von Pu-239, sowie die Kernverschmelzung von H-2 und H-3.

10 Die Abbildung zeigt die Vorgänge, die sich bei der Spaltung eines U-235-Kerns abspielen.

a) Warum sind (langsame) Neutronen besser als α-Teilchen zur Auslösung einer Kernreaktion geeignet?

b) Beschreibe die drei Schritte bei der Spaltung eines U-235-Kerns und formuliere die Reaktionsgleichung.

c) Was versteht man unter einer Kettenreaktion? Welche Bedeutung hat sie für die militärische bzw. friedliche Nutzung der Kernenergie?

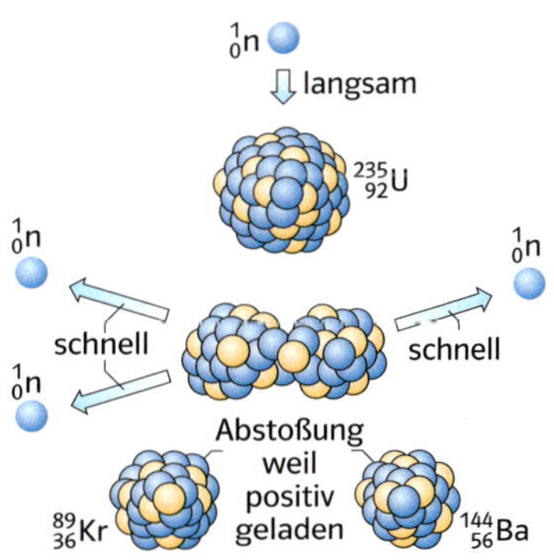

9 Atomkerne sind aus ______________ und ______________ aufgebaut. Die Sammelbezeichnung für diese beiden Teilchenarten lautet ______________.

10 Ein Nuklid wird in der Form $^{A}_{Z}X$ angegeben. Hierbei bedeutet
Z: ______________ und *A*: ______________

11 Das chemische Element der Ordnungszahl *Z* besitzt _____ Elektronen.

12 In einer Nuklidkarte notiert man nach rechts hin ______________
und nach oben hin ______________.

13 Für alle Nuklide, die in derselben Zeile einer Nuklidkarte stehen, stimmt die
Anzahl ______________ überein.
Man nennt sie die ______________

14 Wenn sich die Zählrate bei der Abschirmung eines radioaktiven Präparates mit einem Blatt Papier nicht ändert, bei 5 mm dickem Blei aber deutlich und bei 5 cm dickem Blei fast vollständig abnimmt, dann handelt es sich um einen
☐ α-Strahler ☐ β-Strahler ☐ γ-Strahler.

15 Ein radioaktives Präparat besitzt eine Halbwertszeit von 2,6 Tagen. Was bedeutet diese Angabe? ______________

____

16 Bei jeder Kernreaktion bleibt die ______________ und die
______________ erhalten.

17 Vervollständige die Kernreaktion und gib die Kurzschreibweise an:

$^{9}\text{Be} + {}_{2}\text{He} \rightarrow {}^{13}\text{C}^{*} \rightarrow {}_{6}\text{C} + {}^{1}_{0}\text{n}$; Kurzform: ______________

18 Welche Bedeutung hat die bei Aufgabe 17 notierte Kernreaktion?

____

19 Bei der Spaltung eines U-235-Kerns wird ein Energiebetrag von
ca. ______________ gewonnen. Durch nachfolgende
______________ können sehr schnell gewaltige Energiebeträge freigesetzt werden.

1 Vervollständige die Angaben, gib die Zerfallsart und die erforderliche Abschirmungsmaßnahme an. ___/8

a) $^{137}_{56}\text{Ba}^* \rightarrow \;\; \text{Ba} + \gamma$ ________________

b) $^{9}_{3}\text{Li} \rightarrow \;\; \text{Be} + {}^{0}_{-1}\text{e} + \overline{\nu}$ ________________

c) $^{213}_{85}\text{At} \rightarrow \;\; {}_{83}\text{Bi} + \;\; {}^{4}\text{He}$ ________________

d) $\;\; {}_{83}\text{Bi} \rightarrow {}^{206}_{82}\text{Pb} + \;\; {}^{0}\text{e} + \nu$ ________________

2 Die Abbildung zeigt eine der vier natürlichen Zerfallsreihen. ___/12

a) Nach wie vielen α- und β⁻-Zerfällen hat sich das Uran-Isotop U-238 in das stabile Blei-Isotop Pb-206 verwandelt?

b) Wodurch unterscheidet sich die Darstellungsweise der Zerfallsreihe von der einer Nuklidkarte? Vergleiche auch die „Bewegungen", die die α- und β⁻-Zerfälle in beiden Koordinatensystemen auslösen.

c) Warum können lediglich vier verschiedene Zerfallsreihen in der Natur auftreten?

d) Muss jedes radioaktive Nuklid in einer der vier natürlichen Zerfallsreihen vorkommen?

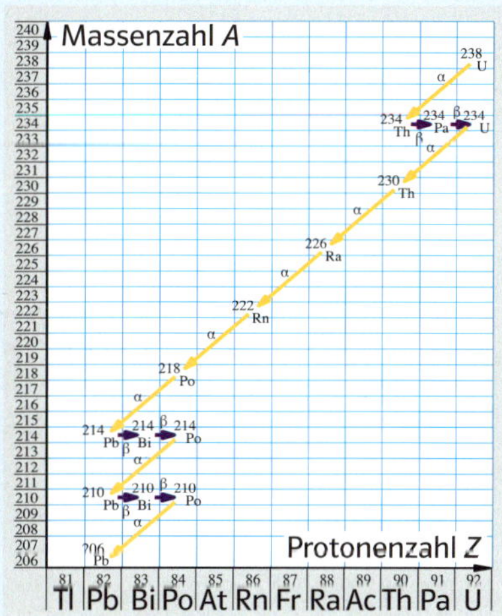

3 ___/12

a) Das künstlich aktivierte Jod-Isotop I-128 zerfällt in das stabile Xenon-Isotop $^{128}_{54}\text{Xe}$. Notiere die Zerfallsgleichung und gib die Zerfallsart an.

b) Die anfängliche Zählrate von 216 Imp./s ist nach 73 Minuten auf 54 Imp./s zurück gegangen. Welche Halbwertszeit besitzt das Jod-Isotop I-128?

c) Die Zählraten werden mit einem Geiger-Müller-Zählrohr bestimmt, dessen kreisförmige Fensteröffnung einen Durchmesser von 5 cm besitzt und 40 cm von dem punktförmigen Jod-Präparat entfernt ist. Wie viele Jod-Atome zerfallen zu Beginn und am Ende der Messung in jeweils einer Sekunde?

4 ___/8

a) Ein Kern des Uran-Isotops U-235 zerfällt in die Tochterkerne $^{94}_{37}\text{Rb}$ (Rubidium) und $^{140}_{55}\text{Cs}$ (Cäsium). Notiere die vollständige Zerfallsgleichung.

b) Begründe, warum die Zerfallsprodukte des U-235 überwiegend durch β⁻-Zerfall weiter zerfallen. Was folgt daraus für den weiteren Umgang mit den Zerfallsprodukten?

Gesamtpunktzahl ___/40

3 Elektrizitätslehre

Wenn nach einem Blitzeinschlag in einem Stadtgebiet alle Lichter erlöschen und Elektrogeräte ausfallen, dann wird uns dadurch sowohl die Urgewalt der Elektrizität, aber gleichzeitig auch unsere große Abhängigkeit von ihr deutlich. Hier geht es nun um die Grundlagen der Elektrizitätslehre.

3.1 Der Stromkreis

1 Rechts ist ein einfacher Stromkreis abgebildet.

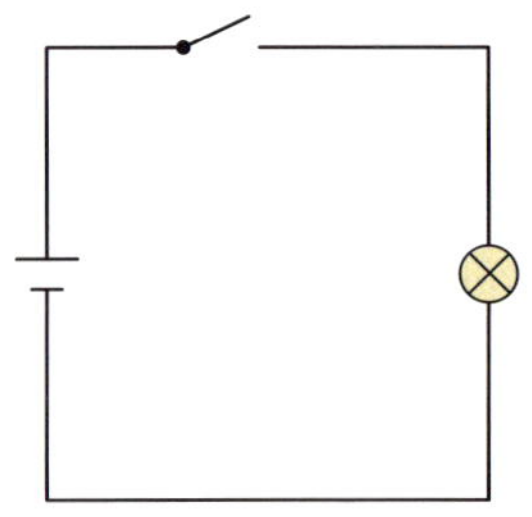

a) Nenne alle Elemente, aus denen dieser Kreis besteht.
b) Auch hierbei handelt es sich um Stromkreise: (1) Fahrradbeleuchtung, (2) Solar-Taschenrechner, (3) PC-Anlage. Erkennst du die in Teilaufgabe a) genannten Elemente eines Stromkreises wieder? Erstelle im Heft eine Tabelle und ordne zu.

Merke

Ein **(einfacher) Stromkreis** besteht aus:
(1) einer Stromquelle, (2) einem Verbraucher (besser: Energiewandler),
(3) Stromleitungen, (4) einem Ein-/Ausschalter,
und ermöglicht bei geschlossenem Schalter einen durchgehenden Stromfluss.

2

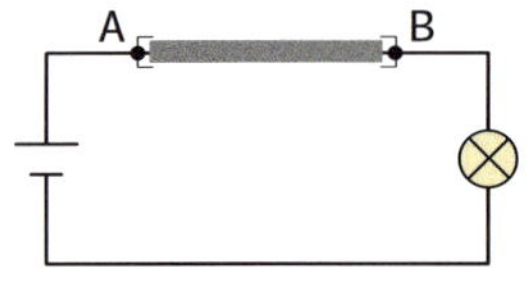

a) **Experiment**: In dem abgebildeten Stromkreis werden zwischen die Kontaktpunkte A und B Stäbe aus unterschiedlichen Materialien eingesetzt.
Wann leuchtet die Glühlampe? Kreuze an.
☐ Eisen ☐ Glas ☐ Messing ☐ Gummi ☐ Zink ☐ PVC
b) **Experiment**: Nun werden in A und B Elektroden angeschlossen und in ein Glas mit destilliertem Wasser gehängt. Leuchtet die Glühlampe? Was geschieht, wenn man etwas Kochsalz im Wasser löst? Erkläre diese Beobachtung.

3

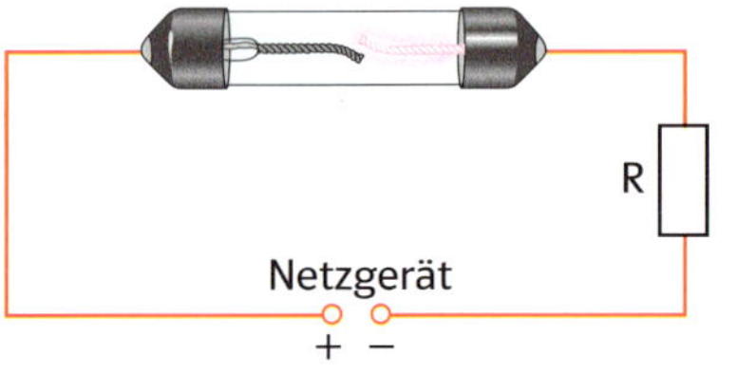

a) Erkläre den Aufbau einer Glimmlampe und den abgebildeten Sachverhalt.
b) Was geschieht, wenn man …
(1) die Pole des Netzgerätes vertauscht?
(2) nicht Gleich- sondern Wechselstrom verwendet?

3.2 Elektrische Ladungen

Beispiel 1: Experiment: Das Ende eines PVC-Stabes wird an einem Katzenfell gerieben, der Stab dann drehbar gelagert. Mit einem zweiten, ebenfalls geriebenen PVC-Stab lässt er sich „schieben" (a), mit einem geriebenen Glasstab hingegen „ziehen" (b).

(a)
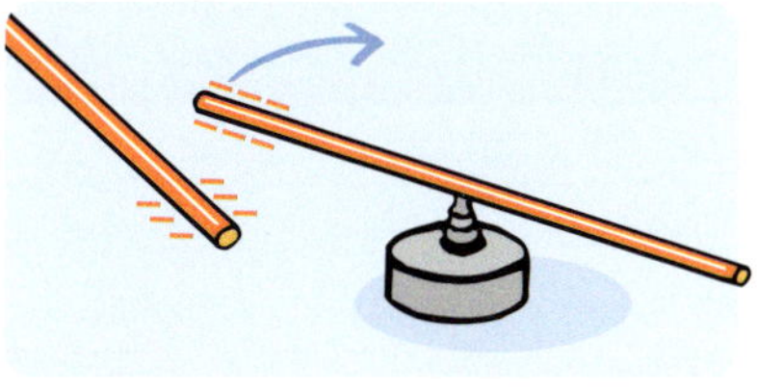

(b)
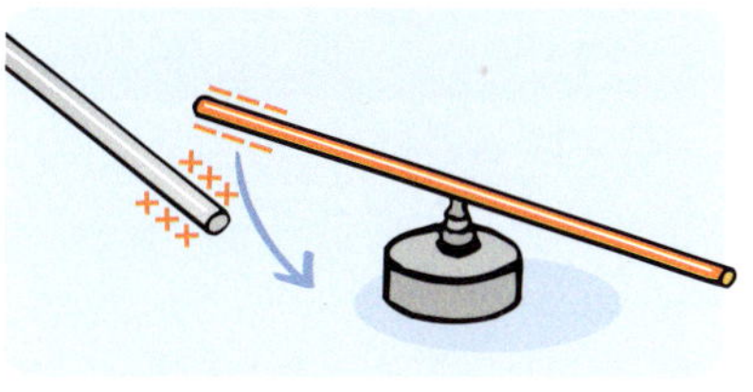

Merke

- Es gibt **zwei gegensätzliche Arten elektrischer Ladungen (Q)**, die als **positiv (+)** und **negativ (−)** bezeichnet werden.
- Gleichnamige Ladungen stoßen sich ab, gegennamige Ladungen ziehen sich an. Die elektrischen Kräfte wirken kontaktlos über eine Entfernung hinweg.
- Teilladungen lassen sich unter Berücksichtigung ihres Vorzeichens zur Gesamtladung addieren: $Q_{ges} = Q_1 + Q_2 + \ldots + Q_n$.

4 **Experiment:** Ein zuvor geladener PVC-Stab wird dem Teller eines Elektroskops *angenähert*.

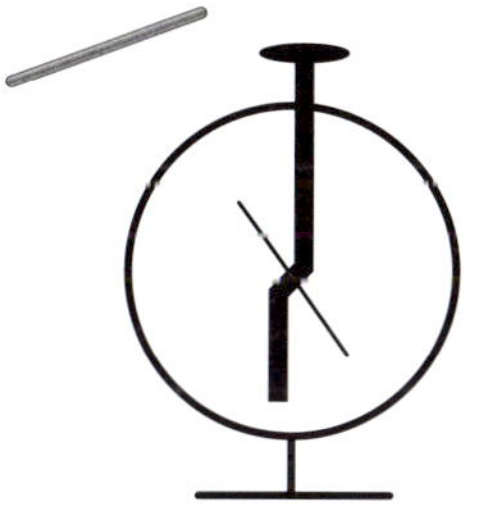

a) Beschreibe die Wirkungsweise eines Elektroskops.
b) Trage die gesamte Ladungsverteilung in die Skizze rechts ein.
c) Wie verhält sich das Elektroskop nach Entfernen des Stabes?

5 **Experimente**

a) Mit einem zuvor geladenen PVC-Stab wird der Teller eines Elektroskops *berührt*. Wie verhält sich das Elektroskop nach dem Entfernen des Stabes?
b) Nun wird das Elektroskop mit einem zuvor geladenen Glasstab berührt. Warum geht der anfängliche Ausschlag zurück, bildet sich dann aber erneut?

6 **Experiment:** Kochsalz (NaCl) dissoziiert in wässriger Lösung in Ionen (Na^+, Cl^-) (vgl. Aufgabe 2b)

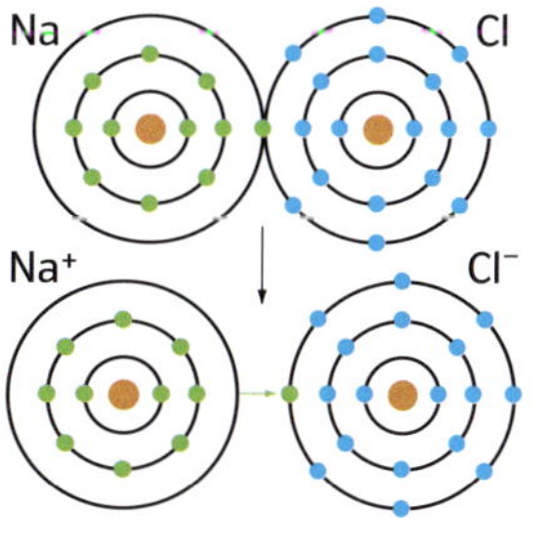

a) Der obere Teil der Abbildung zeigt die Elektronenverteilung von Kochsalz. Warum ist es nach außen hin elektrisch neutral? Stelle die Ladungsbilanzgleichung auf.
b) Wie lauten die Ladungsbilanzgleichungen für die Ionen im unteren Teil der Abbildung?

3.3 Elektrische Stromstärke

Beispiel 2: **Experiment:**

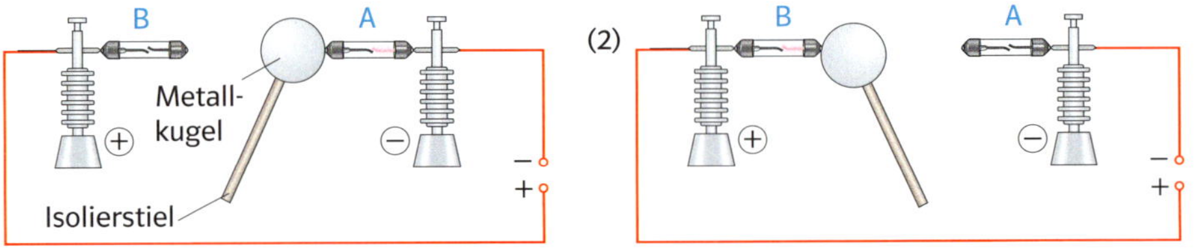

Berührt die Metallkugel den negativen Pol (1), so nimmt sie negative Ladungen (Elektronen) auf, die beim Berühren des positiven Pols (2) abgegeben werden. Zum Nachweis dieses Ladungstransports leuchtet jeweils eine Glimmlampe kurz auf.

Merke

Stromstärke

- Fließt an einer Stelle eines Stromkreises während der Zeit t die Ladungsmenge Q vorbei, so herrscht dort die **elektrische Stromstärke** $I = \frac{Q}{t}$ ([I] = **1 A (Ampere)**).
- Ein **Elektronenstrom** fließt vereinbarungsgemäß vom negativen zum positiven Pol der Stromquelle.

7 **Experiment**: Ein Draht wird zwischen den Kontaktpunkten A und B durch Stromfluss erhitzt.

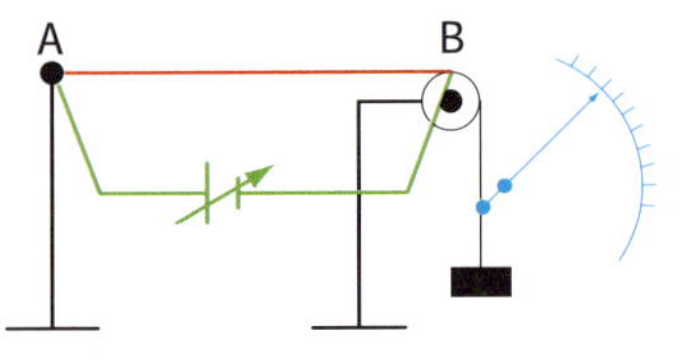

a) Wie reagiert der angeschlossene Messzeiger, wenn die Stromstärke variiert wird? Welche physikalischen Größen können mit dieser Anordnung gemessen werden?
b) Warum führt der Stromfluss zu einer Erwärmung des Drahtes?
c) Welche Beobachtung lässt sich bei hohen Stromstärken machen?

Info plus

Der elektrische Strom kann auch **elektrochemische Reaktionen** auslösen, z.B. die Zerlegung von Wasser (H_2O) in seine Bestandteile Wasserstoff (H_2) und Sauerstoff (O_2), deren explosives Gemisch auch als Knallgas ($O_2 + 2\,H_2$) bezeichnet wird. Dem französischen Physiker Charles Augustin de Coulomb (1736 – 1806) zu Ehren bezeichnet man diejenige Ladung, durch die 0,174 cm³ Knallgas abgeschieden werden, als 1 C (Coulomb). Erfolgt dieser Vorgang während einer Sekunde, so fließt ein Strom der Stärke $I = \frac{1\,\text{C}}{1\,\text{s}} = 1\,\text{A}$.

8

a) Die Ladungsmenge 1 C entspricht $6{,}242 \cdot 10^{18}$ Elementarladungen (Elektronen). Welche Ladung besitzt somit ein einzelnes Elektron?
b) 38 Minuten lang fließt ein Strom der Stärke 6,3 A durch eine wässrige Lösung. Welche Ladung wird transportiert und wie viel Knallgas wird erzeugt?

3.4 Potenzial und Spannung

Beispiel 3:

Im Wasserkreislauf erhöht die Pumpe den Zuflussdruck p_1 auf p_2 und infolge der Druckdifferenz $\Delta p = p_2 - p_1$ treibt der Wasserstrom die Maschine (hier eine Turbine) an.

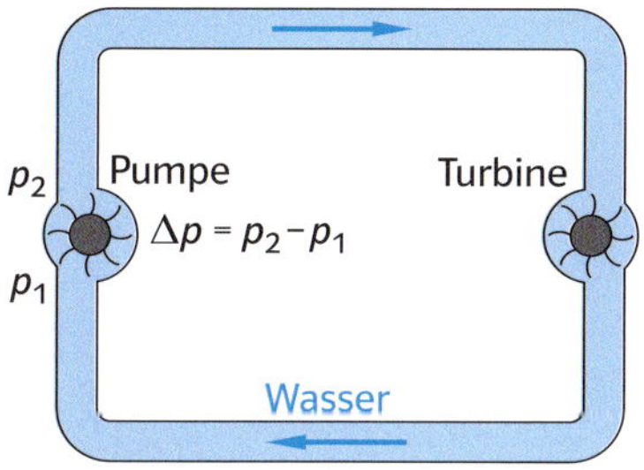

Vergleichbar hierzu werden in einer Spannungsquelle elektrische Ladungspaare getrennt, sodass sich an ihren Polen die Potenziale φ_+ und φ_- bilden. Durch die als **elektrische Spannung** $U = \varphi_+ - \varphi_-$ bezeichnete Potenzialdifferenz wird der elektrische Strom, der die Glühlampe L zum Leuchten bringt, aufrecht erhalten.

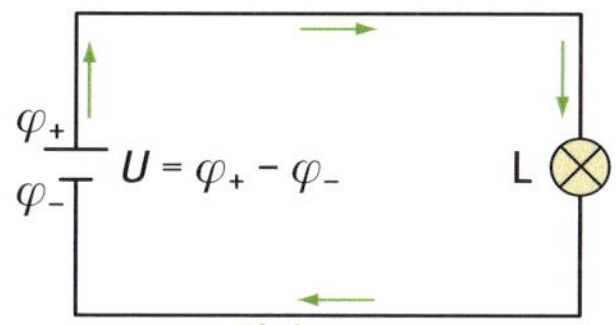

Merke

Spannung

Die **elektrische Spannung U** wird in der Maßeinheit $[U] = 1\,\text{V}$ **(Volt)** gemessen.

9 Das **Erdungs-Symbol** ⏚ zeigt an, welcher Punkt eines Stromkreises mit dem Erdpotenzial, das vereinbarungsgemäß 0 V beträgt, verbunden ist.

a) Bestimme für beide Schaltungen die Potenziale φ_A und φ_B und zeige, dass die Batterie-Spannung U_{AB} unabhängig vom Erdungspunkt 4,5 V beträgt.

(1)
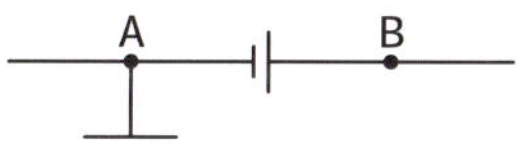

(2)
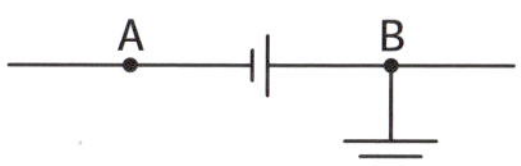

b) Zwei 4,5 V-Batterien werden in Reihe geschaltet. Bestimme jeweils die Potenziale φ_A, φ_B, φ_C und die Spannungen U_{AB}, U_{BC} und U_{AC}.

(1)
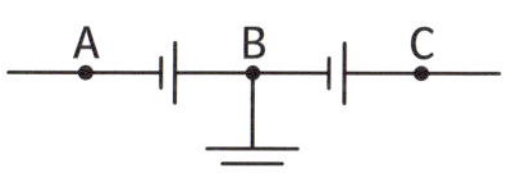

(2)
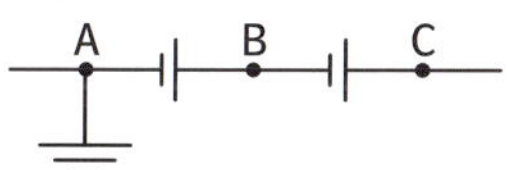

(3)
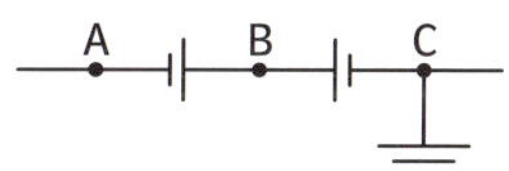

10 Als Carlo, der Schuhe mit Gummisohlen trägt, seine Freundin Carla erblickt, eilt er über den mit PVC-Teppich ausgelegten Boden zu ihr. Doch bei der ersten Berührung zucken beide zusammen. Wie kommt es zu dieser „spannenden" Begegnung?

11

a) Erkläre die Funktionsweise des rechts vereinfacht dargestellten Bandgenerators.

b) Warum kommt es zwischen der Konduktorkugel K und der Spitze S_3 zu Funkenüberschlägen?

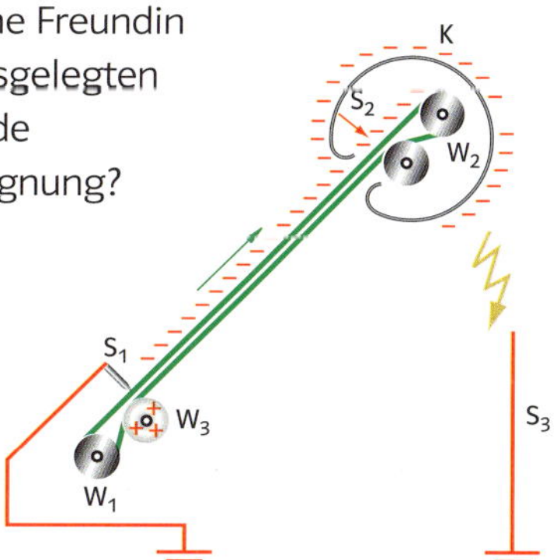

3.5 Ohm'sche Widerstände

Merke

- Für jeden **Festwiderstand R** ist die Stärke des durch R fließenden Stromes I proportional zu der an R anliegenden Spannung U und es gilt das **Ohm'sche Gesetz** $U = R \cdot I$. Man spricht daher auch von einem **Ohm'schen Widerstand**.
- Die Maßeinheit Ohm'scher Widerstände ist $[R] = \frac{1\,\text{V}}{1\,\text{A}} = 1\,\Omega$ **(1 Ohm)**.

12 Am Festwiderstand R werden folgende Spannungen U und Stromstärken I gemessen:

U (in V)	5	10	12	15
I (in A)	20	40	48	60

a) Stelle alle Messwert-Paare in einem I-U-Diagramm dar. Berechne den Wert von R und deute diese Größe im Diagramm.

b) Vervollständige die Messwerttabelle eines Ohm'schen Widerstandes:

U (in V)		100	320		960
I (in A)	0,004		0,080	0,200	

c) Gib die Schaltung an, mit der die Messung aus Teil a) oder b) durchgeführt werden kann. In welcher Größenordnung sollte der Innenwiderstand eines Strommessers (Amperemeter) und eines Spannungsmessers (Voltmeter) liegen? Begründe!

13 Ein Draht mit der Querschnittsfläche A und der Länge ℓ besitzt den Widerstand $R = \varrho \cdot \frac{\ell}{A}$. Dabei ist der **spezifische Widerstand** ϱ (Rho) eine materialabhängige Konstante.

Material	**ϱ (in $\Omega \frac{mm^2}{m}$)**
Silber	0,016
Kupfer	0,017
Eisen	0,100

a) Welchen Widerstand besitzt ein 1,5 mm dicker Kupferdraht der Länge 46,8 m?

b) Ein 11,5 m langer Eisendraht hat einen Widerstand von 2,3 Ω. Wie dick ist er?

Tipp

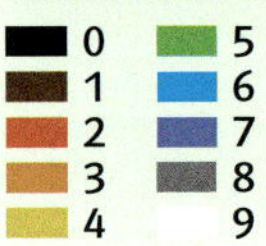

Ein Code aus drei Farbringen erleichtert das Ablesen des Widerstandwertes bei auf Platinen verarbeiteten Widerständen.

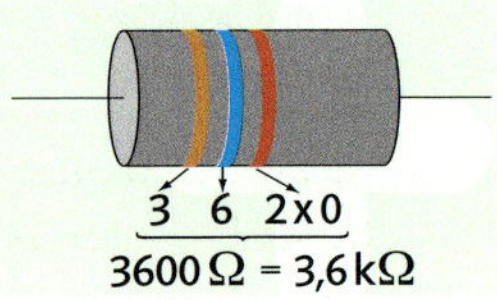

14

a) Bestimme den Widerstandswert: (1) rot, grün, braun (2) blau, rot, orange

b) Bestimme die Farbcodierung: (1) 7,9 kΩ (2) 590 Ω (3) 43 Ω

3.6 Widerstandsschaltungen

Merke

Für die **in Reihe geschalteten Widerstände** R_1 und R_2 gilt:

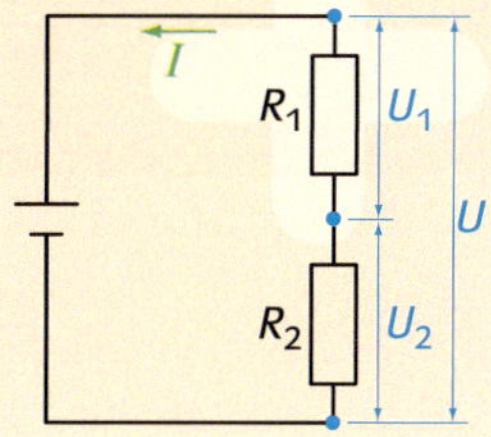

- Die Teilspannungen U_1 und U_2 addieren sich zur Gesamtspannung: $U = U_1 + U_2$
- R_1 und R_2 werden vom gleichen Strom I durchflossen.
  Wegen $I = \frac{U_1}{R_1}$ und $I = \frac{U_2}{R_2}$ folgt: $\frac{U_1}{R_1} = \frac{U_2}{R_2} \Leftrightarrow \frac{U_1}{U_2} = \frac{R_1}{R_2}$
- Für den Gesamtwiderstand gilt: $R = \frac{U}{I} = \frac{U_1}{I} + \frac{U_2}{I} = R_1 + R_2$

15

a) Die Widerstände $R_1 = 2{,}4\,\text{k}\Omega$ und $R_2 = 800\,\Omega$ sind in Reihe geschaltet und liegen an der Spannung $U = 16\,\text{V}$. Berechne der Reihe nach folgende Größen:

$R =$ ______ $I =$ ______ $U_1 =$ ______ $U_2 =$ ______

b) Die Widerstände $R_1 = 480\,\Omega$ und $R_2 = 720\,\Omega$ liegen in Reihe, wobei an R_1 die Teilspannung $U_1 = 18\,\text{V}$ gemessen wird. Berechne der Reihe nach folgende Größen:

$U_2 =$ ______ $U =$ ______ $R =$ ______ $I =$ ______

Merke

Für die **parallel geschalteten Widerstände** R_1 und R_2 gilt:

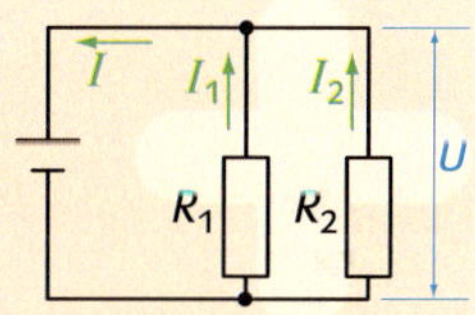

- Die Teilströme I_1 und I_2 addieren sich zum Gesamtstrom $I = I_1 + I_2$
- R_1 und R_2 liegen an der gleichen Spannung U.
  Wegen $U = R_1 \cdot I_1$ und $U = R_2 \cdot I_2$ folgt: $R_1 \cdot I_1 = R_2 \cdot I_2 \Leftrightarrow \frac{I_1}{I_2} = \frac{R_2}{R_1}$
- Für den Gesamtwiderstand gilt: $\frac{1}{R} = \frac{I}{U} = \frac{I_1}{U} + \frac{I_2}{U} = \frac{1}{R_1} + \frac{1}{R_2} \Leftrightarrow R = \frac{R_1 \cdot R_2}{R_1 + R_2}$

16

a) Die Widerstände $R_1 = 250\,\Omega$ und $R_2 = 350\,\Omega$ sind parallel geschaltet und liegen an der Spannung $U = 35\,\text{V}$. Berechne der Reihe nach folgende Größen:

$I_1 =$ ______ $I_2 =$ ______ $I =$ ______ $R =$ ______

b) Die parallel liegenden Widerstände $R_1 = 16\,\Omega$ und R_2 bilden den Gesamtwiderstand $R = 9{,}6\,\Omega$, wobei der Gesamtstrom $I = 0{,}80\,\text{A}$ beträgt. Berechne der Reihe nach:

$R_2 =$ ______ $U =$ ______ $I_1 =$ ______ $I_2 =$ ______

17 Gegeben sind drei gleich große Widerstände $R_1 = R_2 = R_3 = 100\,\Omega$. Gib hierzu alle möglichen Schaltungen an und berechne jeweils den Gesamtwiderstand.

20 Aus welchen Elementen besteht ein Stromkreis?

____

____

21 Gegeben sind die beiden Ladungen $Q_1 = 0{,}5\,\text{C}$ und $Q_2 = -0{,}3\,\text{C}$. Dann gilt:

- ☐ Q_1 stößt Q_2 ab
- ☐ Q_2 zieht Q_1 an
- ☐ Q_1 zieht Q_2 an
- ☐ $Q_1 + Q_2 = 0{,}8\,\text{C}$
- ☐ $Q_1 + Q_2 = 0{,}2\,\text{C}$
- ☐ $Q_1 + Q_2 = -0{,}2\,\text{C}$

22 Die elektrische Stromstärke beträgt genau dann 1 A, wenn …

____

____

23 Ein elektrischer Strom entsteht beispielsweise durch die Bewegung von:

- ☐ Elektronen
- ☐ Atomen
- ☐ Ionen

24 Elektrische Spannung entsteht dann, wenn…

____

____

25 Bei einem Ohm'schen Widerstand gilt:

- ☐ U ist proportional zu I.
- ☐ U ist proportional zu $\frac{1}{I}$.
- ☐ I ist proportional zu U.
- ☐ I ist proportional zu $\frac{1}{U}$.

26 Dem Ohm'schen Gesetz entsprechend gilt:

- ☐ $R \cdot I = U$
- ☐ $U = \frac{R}{I}$
- ☐ $I = \frac{U}{R}$
- ☐ $R = \frac{I}{U}$
- ☐ $R = \frac{U}{I}$

27 Entscheide, ob die beiden Widerstände R_1 und R_2 in Reihe (r) oder parallel (p) geschaltet wurden:

- ☐ $U_1 + U_2 = U$
- ☐ $U_1 = U_2 = U$
- ☐ $I_1 + I_2 = I$
- ☐ $I_1 = I_2 = I$
- ☐ $R_1 + R_2 = R$
- ☐ $\frac{1}{R_1} + \frac{1}{R_2} = \frac{1}{R}$

1 **Experiment:** Wenn man die beiden isoliert aufgestellten Metallkugeln K_1 und K_2 mit einer Glimmlampe verbindet, so leuchtet der Bereich um die rechte Elektroden kurz auf. Daraufhin behauptet Bernd: „Dann trug die Kugel K_2 negative Ladungen!" Stimmt das?
Gib alle möglichen Ladungszustände von K_1 und K_2 an. ___/6

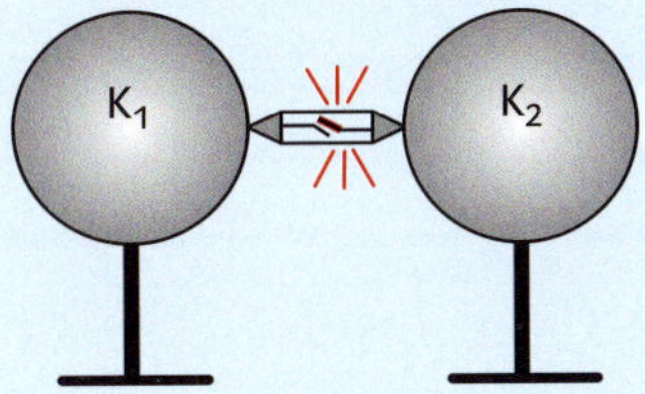

2 **Experiment:** Ein mit Graphit beschichteter Tischtennisball hängt an einem isolierenden Faden zwischen den Platten eines Kondensators. ___/8

a) Warum bewegt sich der zunächst ungeladene Ball sofort zu einer der beiden Platten hin?
b) Warum pendelt der Ball nach dem ersten Plattenkontakt zwischen beiden Platten hin und her?
c) Wann leuchtet die Glimmlampe jeweils kurz auf?

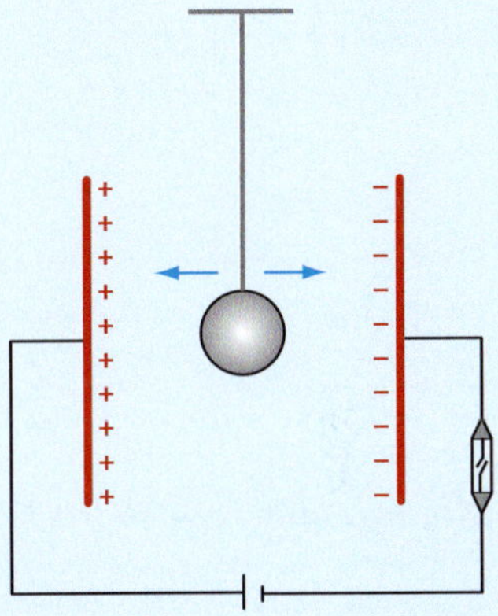

3 **Experiment:** Für eine Glühlampe werden folgende Spannungs- und Stromwerte gemessen: ___/8

***U* (in V)**	5	10	15	20
***I* (in A)**	0,20	0,35	0,45	0,50

a) Trage alle Messpunkte in ein passend beschriftetes Achsenkreuz ein. Deutet die Grafik auf einen Festwiderstand hin?
b) Wie verhält sich der Ohm'sche Widerstand der Glühlampe bei zunehmender Betriebsspannung? Erkläre diesen Effekt.

4 ___/12

a) Die Widerstände $R_1 = 1200\,\Omega$ und R_2 werden in Reihe geschaltet. Dann fließt bei der Gesamtspannung $U = 40\,V$ der Strom $I = 20\,mA$. Berechne der Reihe nach:

R = ________ R_2 = ________ U_1 = ________ U_2 = ________

b) Die beiden Widerstände aus Teil a) werden nun parallel geschaltet und erneut an die Spannungsquelle U = 40 V angeschlossen. Berechne der Reihe nach:

R = ________ I = ________ I_1 = ________ I_2 = ________

5 Sechs gleiche Widerstände (R) werden in der abgebildeten Weise tetraederförmig zusammengeschaltet. Wie groß ist der Gesamtwiderstand?
Hinweis: Stelle die räumliche Schaltung zunächst in der Papierebene als ebene Anordnung dar. ___/6

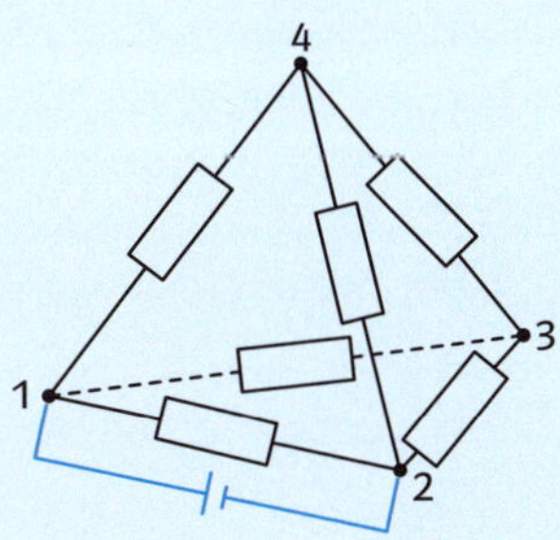

Gesamtpunktzahl ___/40

4 Elektronik

Die Elektronik hat innerhalb kürzester Zeit die Welt (und damit auch unser Verhalten) verändert: Handy, Sensoren im Kfz, Internet, dreidimensionale Aufnahmen innerer Organe und digitale Musik sind nur ein paar Beispiele dafür.
Was ist in den letzten 50 Jahren passiert, dass wir fast täglich neue elektronische Wunder erleben?
Ein kleiner Rückblick und eine Bestandsaufnahme gehören zum Allgemeinwissen – und natürlich zur Physik.

Festplatte eines Computers

Merke

Die **freien Elektronen** (nicht in den Atomen gebunden) und die **Ionen** sind die Ladungsträger des elektrischen Stromes. Die Elektronen sind **elektrisch negativ geladen** und werden vom positiven Pol einer Spannungsquelle angezogen, vom negativen Pol abgestoßen. In einem **Leiter** stehen viele, in einem **Halbleiter** wenige und in einem **Nichtleiter** (Isolator) keine freien Elektronen als Ladungsträger zur Verfügung.

Beispiel 1:
Beispiele für Leiter: Kupfer, Eisen, Aluminium, Graphit, Salzwasser, Seifenwasser
Beispiele für Halbleiter: Silizium, Selen, Germanium
Beispiele für Isolatoren: destilliertes Wasser, Keramik, Stein, Luft, Gummi, Glas, Paraffin

4.1 Elektronische Bauelemente im Lauf der Zeit

- In den **50er-Jahren** waren die **Röhren** die wesentlichen Bauelemente der elektronischen Geräte. Insbesondere wurden mit ihnen Signale verstärkt. Eine Röhre hatte ungefähr die Größe eines Daumens und musste beheizt werden. Schon alleine wegen des Energieaufwandes und der Größe werden Röhren heutzutage in der Regel nicht mehr verwendet.
- Danach wurden die **Halbleiter** zu Steuerungen der elektrischen Ströme herangezogen. Die wichtigsten Halbleiterbauelemente sind **Diode** und **Transistor**. Die Diode begegnet uns heute in vielfacher Weise.
- Seit **1958** verwendet man **IC** (*integrated circuit*, integrierte Schaltkreise), mehrere Transistoren sind hier in einem Bauteil integriert.
- Seit **1970** sind **Chips** im Einsatz. Ein Chip ist ein IC mit sehr vielen Bausteinen. Seit den Siebzigerjahren (etwa 10 000 **Transistoren** im Chip; die ersten Transistoren

wurden 1948 gebaut) werden immer mehr Transistoren auf diesen fingernagelgroßen Chips untergebracht. Zur Zeit kann man pro Chip schon über eine Million Transistoren aufdampfen und ausätzen.

- **1972** erfolgte dann die totale elektronische Revolution: Der **Mikroprozessor** wurde entwickelt. Er ist ein programmierbares Bauelement, das aus vielen speziellen Chips besteht. Durch die Programmierbarkeit ist er vielseitig verwendbar und kann deshalb aufgrund der hohen Stückzahlen sehr kostengünstig hergestellt werden. Die heutigen leistungsfähigen **Mikrocomputer** bestehen aus einem einzigen Mikroprozessor und einer sehr großen Zahl von Speicherplätzen.

4.2 Diode und Transistor

Merke

Funktionsweise einer Diode

- Eine **Diode** (Symbol: —▷|—) besteht aus zwei aufeinander aufgedampften Halbleiterschichten, die aufgrund ihrer unterschiedlichen Dotierung (n- und p-Leiter, siehe unten) in eine Richtung leitend, in die andere nicht leitend sind.
- **Dotieren** bedeutet, in einem Halbleiter etwa jedes Millionste Atom zu ersetzen: Ersetzen durch Atome mit freien Elektronen ergibt einen **n-Leiter**. Ersetzen durch Atome mit fehlenden Elektronen ergibt einen **p-Leiter**.

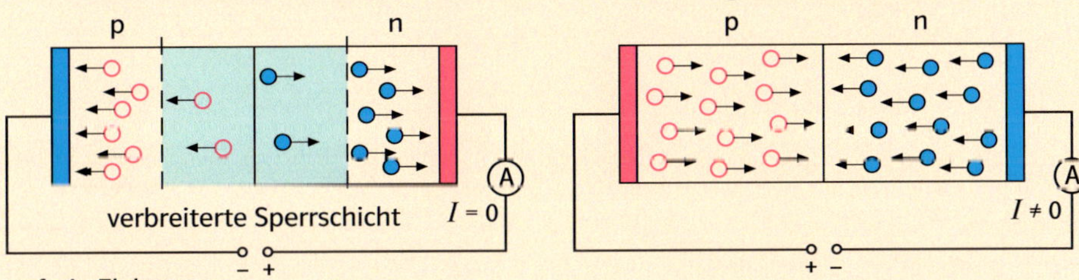

● freie Elektronen
○ Löcher (aufgrund des fehlenden Elektrons positiv geladene Atome oder Moleküle)

Liegt der Pluspol beim n-Leiter, der Minuspol beim p-Leiter, so wird eine Sperrschicht aufgebaut, die Diode leitet den Strom nicht.

Liegt der Minuspol beim n-Leiter, der Pluspol beim p-Leiter, so können sich die freien Elektronen und Löcher bewegen, die Diode leitet den Strom.

1 An einen Stromkreis mit einer Diode werden Wechselspannungen angelegt. Zeichne jeweils das Diagramm der Spannung am Widerstand *R*.

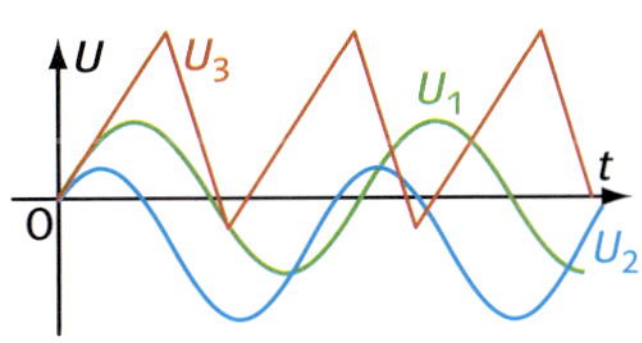

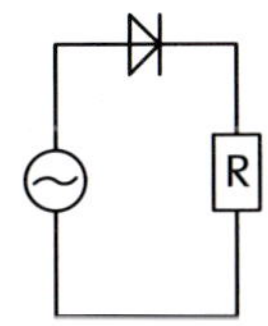

2 Für verschiedene Anwendungen werden spezielle Dioden gebaut. Entsprechend der Dotierung und der verwendeten Halbleiterkristalle erfüllen sie besondere Aufgaben. Suche im Lehrbuch und im Internet Dioden mit speziellen Aufgaben und beschreibe ihre besonderen Anwendungsgebiete.

Merke

Funktionsweise eines Transistors

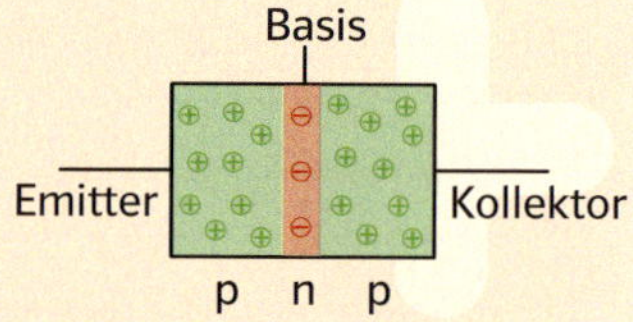

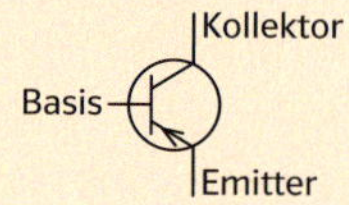

- Der Transistor ist eigentlich die Zusammensetzung zweier Dioden. Er besteht aus drei aufeinander aufgedampften präparierten Halbleiterschichten: Emitter, Basis und Kollektor. Die dotierten Schichten sind dünner als ein tausendstel Millimeter.
- Befindet sich eine n-Schicht zwischen zwei p-Schichten, so spricht man von einem pnp-Transistor, ist eine p-Schicht zwischen zwei n-Schichten von einem npn-Transistor.
- Beim Transistor kann man mit einem kleinen Basisstrom einen großen Kollektorstrom steuern. Die mittlere Schicht ist je nach Polung und Größe des Eingangssignals für den Kollektorstrom stark oder nur sehr schwach durchlässig. Der Transistor wirkt als Schalter oder als Verstärker und ist ein sehr wichtiges Halbleiterbauelement.

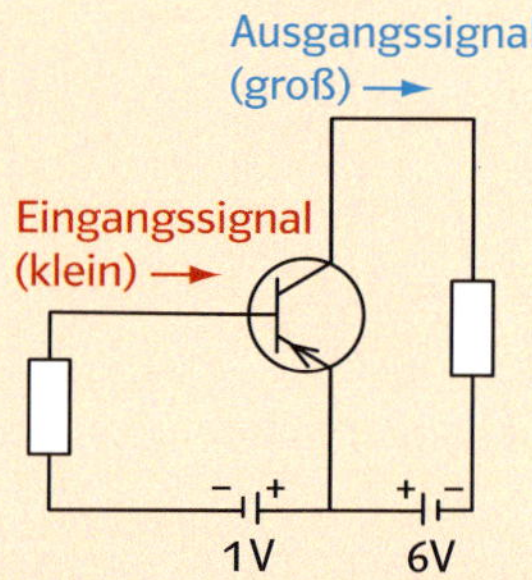

- Ein ganz spezieller Transistor ist der **Feldeffekttransistor** (FET): Er dient als Schalter und als Sensor, steuert Ströme und ist wohl die am meisten verwendete Transistorenart.

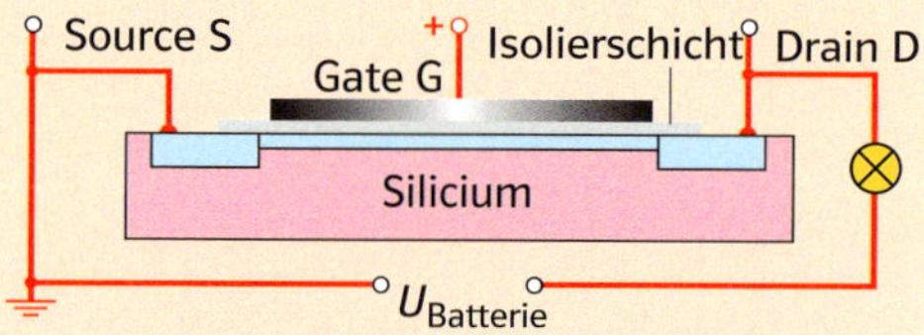

Mehrere Millionen FET steuern die Ströme in den Rechnern. Blau (S und D) sind zwei n-Leiter, rot ein p-Leiter, der zu D sperrt. Gibt man dem Gate eine positive Spannung, so zieht es bewegliche Elektronen unter sich, zwischen S und D entsteht ein Leiter. Bei negativer Spannung am Gate drückt er Elektronen weg, zwischen S und D entsteht ein Nichtleiter.

3 Was ist der große Vorteil bei den FET?

4 Vergleiche die beiden Kennlinien zweier verschiedener Transistoren T_1 und T_2. (**Kennlinien** sind Kurven, die den Zusammenhang von zwei Größen grafisch darstellen.) I_e bezeichnet den Basis-Emitter-Strom, I_b den Emitter-Kollektor-Strom, U_{BE} ist die Spannung zwischen Basis und Emitter.

a) Wie groß ist die Stromverstärkung beim T_1?

b) Kann man die Verstärkung vom T_2 auch ablesen?

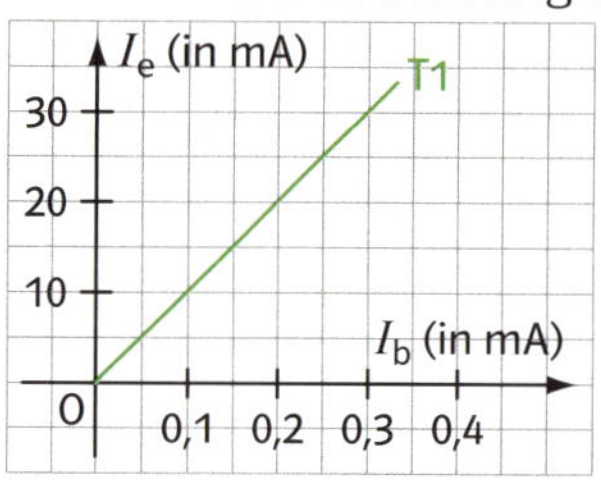

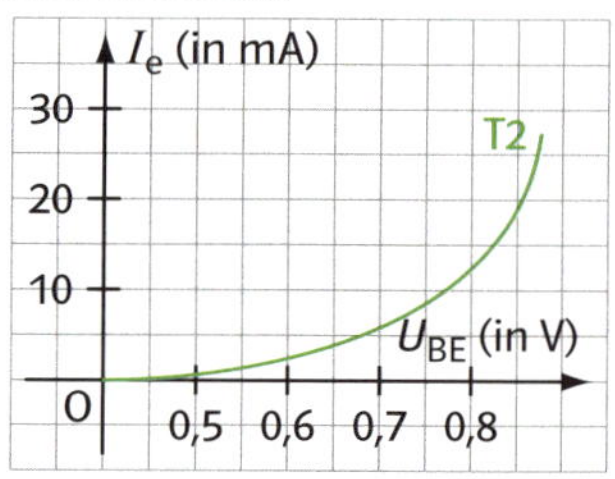

4.3 Digital und analog, digitale Musik

Merke

Während es beim **analogen Signal** (siehe Seite 7, Aufgabe 3) zu jedem Zeitpunkt einen bestimmten Wert gibt (blaue Kurve) gibt es beim **digitalen Signal** nur zu bestimmten Zeitpunkten diskrete Werte (rote Punkte).
Digitale **Musik** klingt unverfälscht, wenn man beim höchsten hörbaren Ton* mindestens zwei Messwerte pro Periode vorliegen hat.

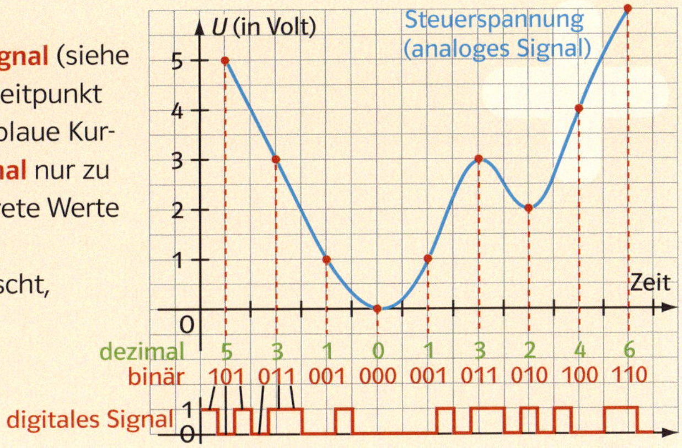

* siehe Seite 6: Menschen hören Töne bis zu 20 kHz, also 20 000 Hz, also 20 000 Schwingungen pro Sekunde. Daraus ergibt sich eine Schwingungsdauer (Periode) von $\frac{1}{20\,000}$ s.

5 Fülle die Lücken mit den angegebenen Worten aus: **Datenübermittlung · digitalen · Einzelbilder · störungsfrei · 40 000 · digitale Zahl · (analogen) Spannung · digitalisiert**

So wie das Auge bei einem Film auch keine ______________, sondern die Bewegung sieht, erkennt das Ohr auch bei einzelnen Tönen das gesamte Musikstück.

Der im Mikrofon zu einer ______________________ umgewandelte Ton wird in sehr viele Einzelspannungen aufgeteilt und die Höhe der Spannungen wird als

______________ geschrieben. Dabei werden pro Sekunde _________ Messwerte ______________. Diese einzelnen digitalen Werte können problemlos und ______________ übertragen werden. Nach der Bearbeitung werden diese __________ Daten wieder zu Spannungen umgewandelt, es entsteht in der Gesamtheit der vom Mikrofon empfangene Ton. Damit kann man mit jeglicher __________ ______________ (Telefon, sms, …) Musikstücke einwandfrei übermitteln.

Info plus

Auf der **CD (Compact-Disc)** werden sehr viele binäre Daten auf sehr kleinem Raum gespeichert.

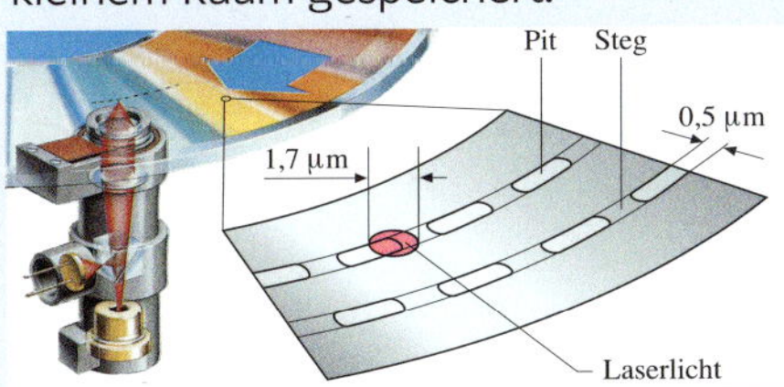

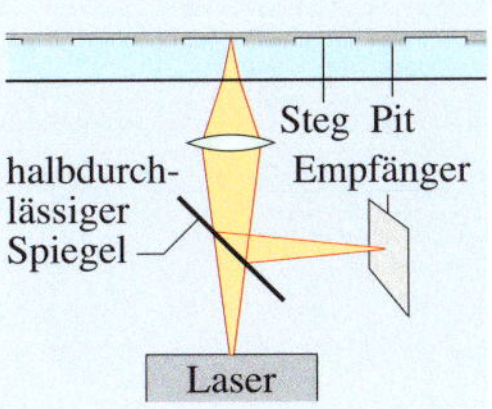

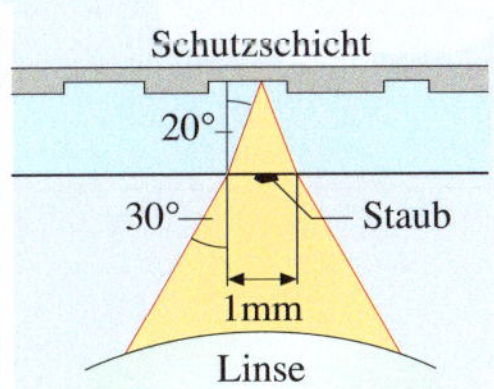

28 Kreuze alle wahren Aussagen an und korrigiere die falschen.

- ☐ Halbleiter leiten jeweils die Hälfte der Spannung weiter.
- ☐ Dotieren bedeutet, eine Halbleiterschicht gezielt mit anderen Atomen zu verunreinigen.
- ☐ Destilliertes Wasser ist ein Isolator, sobald es aber durch Säure, Lauge oder Salze verunreinigt wird, leitet es.
- ☐ Dioden werden als Schalter in Rechnern verwendet.
- ☐ Auf einem Chip können eine Million Transistoren aufgedampft sein.
- ☐ Man digitalisiert die Musik, weil sie damit weniger störungsanfällig wird.
- ☐ Eine Kennlinie ist eine Trennlinie zwischen einem p-Leiter und einem n-Leiter.
- ☐ Man benötigt 10 000 Messungen pro Sekunde, um Musik unverfälscht wiedergeben zu können.
- ☐ Ein FET wird zum größten Teil als Schalter eingesetzt.
- ☐ Beim FET ist die Steuerung leistungslos.

29 Rechts sind die p-n Kristalle einer Diode skizziert.
Zeichne ein, wie sich die Elektronen und Löcher beim Anlegen einer Spannung verhalten.

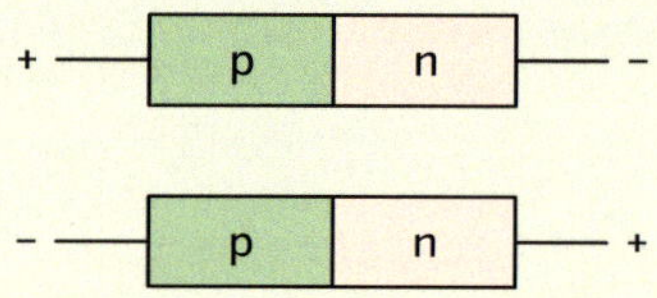

30 Gib die Zahlenliste 5, 6, 2, 3, 2, 1

a) in dreistelligen binären Zahlen an.

b) als digitales Signal an.

5	6	2	3	2	1

31 Seit wann gibt es Mikroprozessoren und was ist der entscheidende Vorteil dieser Bauelemente?

32 Wieviele Messdaten pro Minute benötigt man bei einem Musikstück, damit es für unser Ohr unverfälscht klingt?

1 In einem Wechselspannungskreis befinden sich, wie rechts skizziert, zwei Dioden und ein Motor.
Beschreibe die am Motor herrschende Spannung. ___/6

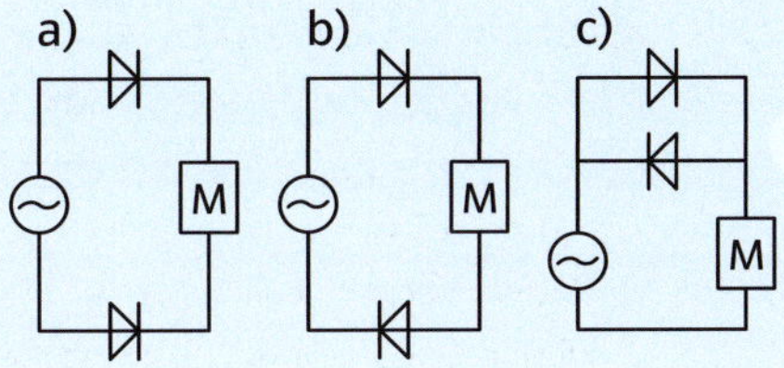

2 Die rechts abgebildete Schaltung zeigt einen Brückengleichrichter, der aus vier Dioden besteht. ___/6

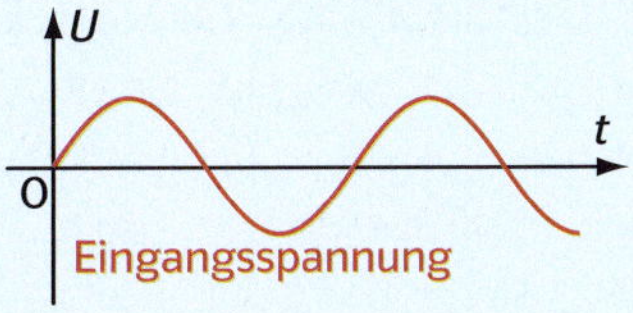

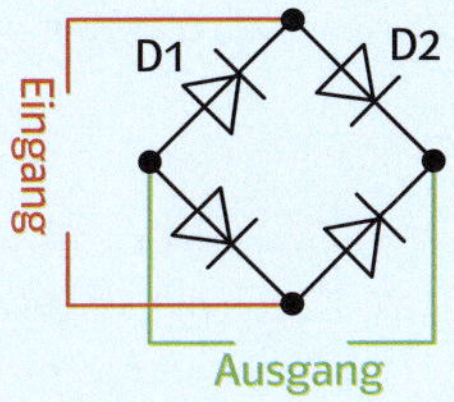

a) Skizziere das Spannungsdiagramm am Ausgang.
b) Was passiert, wenn die Diode D1 umgekehrt eingebaut wird?
c) Skizziere das Spannungsdiagramm, wenn die Diode D1 defekt ist (kein Durchgang in beide Richtungen).

3 Beschrifte den rechts skizzierten FET.
Mit welcher Spannung steuert man welchen Strom? ___/1

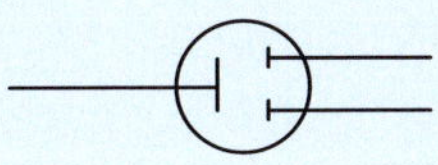

4 Ein Transistor wird als ganz einfacher Verstärker verwendet (Grafik rechts).
Gib den Steuerkreis und den Arbeitskreis an.
Ist der Arbeitsstrom größer oder kleiner als der Steuerstrom? ___/2

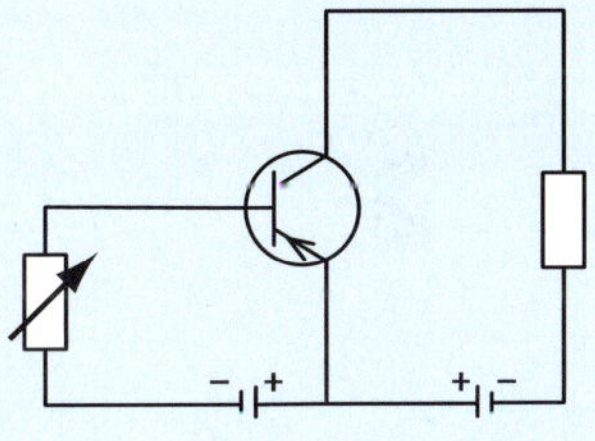

5 Wie wird die Stromstärke zwischen Source und Drain beim FET gesteuert? ___/1

6 Was ist der Unterschied zwischen einem pnp- und einem npn-Transistor?
Skizziere beide. ___/1

Gesamtpunktzahl ___/17

5 Energie und Energieerhaltung

Die fossilen Energievorräte werden immer knapper, der Ruf nach erneuerbaren Energien wird immer lauter und die Kernenergie wird immer umstrittener. Auch im Alltag ist es also wichtig, über Energie Bescheid zu wissen!

5.1 Energie und Energiearten – Definition und Übersicht

Merke

Energie

- Bei jeder Änderung, die ein Körper in Bezug auf Lage, Form, Geschwindigkeit, Temperatur etc. erfährt, wird Energie benötigt oder es wird Energie frei.
- **Energie ist die Fähigkeit eines Körpers, eines Stoffes oder eines Systems Arbeit zu verrichten oder zugeführte Arbeit zu speichern.**
- Die **Maßeinheit** der Energie ist **1 J = 1 Nm = 1 Ws**
  1 J ist die Energie, die man benötigt, um einen Körper der Gewichtskraft 1 N um 1 m zu heben. 1 kg Masse hat infolge der Fallbeschleunigung $g = 9{,}81\,\frac{\text{m}}{\text{s}^2}$ die Gewichtskraft von 9,81 N. Näherungsweise gilt: 1 kg ≙ 10 N (vgl. auch Seite 53)*.
- Ein Körper kann verschiedene Energiearten aufweisen.
- Energie kann in andere Energieformen umgewandelt werden.

Energieart	**Berechnung und Wissenswertes**
chemische Energie	z.B.: 1 ℓ Benzin liefert beim Verbrennen 4,2 MJ
elektrische Energie	$E = I \cdot U \cdot t$; $[E] = 1\,\text{A} \cdot \text{V} \cdot \text{s} = 1\,\text{Ws} = 1\,\text{J}$
Kernenergie	Man misst die aus der Kernenergie resultierenden Energieformen.
magnetische Energie	Man misst die aus der magnetischen Energie resultierenden Energieformen.
mechanische Energie	(vgl. auch Seite 64)
– kinetische Energie (Bewegungsenergie)	$E_K = 0{,}5 \cdot m \cdot v^2$
– potenzielle Energie (Lageenergie)	$E_P = G \cdot h = m \cdot g \cdot h$
– Rotationsenergie	bei Drehungen (z.B. Windrad)
– Spannungsenergie (Feder)	$E_F = 0{,}5 \cdot D \cdot s^2$, mit Federhärte $[D] = 1\,\frac{\text{N}}{\text{m}}$ und $[s] = 1\,\text{m}$
Sonnenenergie	Die Erde erhält pro Stunde die Energie von $1{,}7 \cdot 10^{14}$ kW von der Sonne.
Wärmeenergie (thermische Energie)	$E_i = c \cdot m \cdot \Delta\vartheta$; $[E] = 1\,\text{J}$ (zur Erwärmung von 1 g Wasser von 14,5 auf 15,5 °C benötigt man 4,1855 J)
Windenergie	Man misst die aus der Windenergie resultierenden Energieformen.

* Rechne bei allen Aufgaben dieses Kapitels mit $g \approx 10\,\frac{\text{m}}{\text{s}^2}$

1 Gib an, bei welchen der folgenden Vorgänge man Energie zuführen muss ☒ z und wo Energie frei wird ☒ f. Gib die jeweilige Energieart an.

Vorgang	Energie	Energieart
Ein Auto bremst und hält an	☐ z ☐ f	
laufender Föhn	☐ z ☐ f	
Beschleunigen des Motorrades	☐ z ☐ f	
Wasser stürzt einen Wasserfall herab	☐ z ☐ f	
ein Holzscheit brennt	☐ z ☐ f	
Max springt vom 3-Meter-Brett	☐ z ☐ f	
letzter Meter beim Überspringen der Latte beim Stabhochsprung	☐ z ☐ f	
Zünden des Gemisches im Kolben eines Fahrzeugs	☐ z ☐ f	
Spalten eines Atomkernes	☐ z ☐ f	
Erklimmen eines Berges	☐ z ☐ f	
die Sonne erwärmt das Wasser	☐ z ☐ f	

2 Kevin (61 kg) lässt versehentlich über Nacht (10 Stunden) seine Schreibtischlampe mit einer Glühlampe von 60 Watt brennen. Wie hoch ist der Berg, auf den er steigen müsste, damit sich seine Lageenergie um den Energiebetrag erhöht, den er durch seine Nachlässigkeit verbraucht hat?

3 Rebekka hat die Masse 50 kg, ihr Fahrrad 15 kg. Sie fährt einen Pass mit einem Höhenunterschied von 400 m hinauf.

a) Um wie viel hat ihre Lageenergie zugenommen, wenn sie oben ist?
b) In welcher Höhe hat ihre Lageenergie um 100 kJ zugenommen?
c) Was geschieht mit der Lageenergie, wenn sie den Pass wieder hinunterfährt?

4 Gib mindestens drei Beispiele an, in der die potenzielle Energie (Lageenergie) in elektrische Energie (oder umgekehrt) umgewandelt wird.

5 Gib für alle Energieformen, die in der Tabelle des Merke-Kastens auf Seite 32 genannt sind, ihr Vorkommen und Beispiele des Einsatzes an.

6 Eine Feder der Federhärte (Federkonstante) $500\,\frac{N}{m}$ wird durch Muskelkraft um 15 cm gedehnt. Wie groß ist die Energiezunahme?

7 Gib mindestens drei Beispiele an, bei denen mehrmals Lage- in Bewegungsenergie und Bewegungs- in Lageenergie umgewandelt wird.

8 In 8 Stunden liefert die Sonne zwischen dem 20. und 40. Breitengrad auf eine senkrecht zur Strahlenrichtung liegende $1\,m^2$ große Fläche 19 MJ Energie.

a) Um wie viel Grad könnte man damit 100 Liter Wasser erwärmen?

b) Wie groß müsste die Fläche sein, damit man dieselbe Energie erhält wie beim Verbrennen von einem Liter Benzin, wobei 33 MJ freiwerden?

c) Ändert sich die Energiemenge, wenn die Fläche *nicht* senkrecht zur Strahlung steht?

Info plus

Unter den **fossilen Energieträgern** versteht man die durch Photosynthese gespeicherte Sonnenenergie, die wir in der Form von Kohle, Erdöl und Erdgas heute nutzen. Die Vorräte sind natürlich begrenzt und wenn man bedenkt, dass diese Energieträger zurzeit weltweit 85 % des Energiebedarfs decken, sollte man im Blick auf spätere Generationen einfach sparsam damit umgehen.
Auch der Uranvorrat, der für die **Kernenergie** benötigt wird, ist begrenzt und muss sorgfältig verwaltet werden.
Alternativ werden heutzutage sogenannte **erneuerbare Energien** ausgenutzt. Man nutzt dabei die praktisch unerschöpfliche Energiequelle Sonne, den Wind, das strömende Wasser und nachwachsende Biomassen wie beispielsweise Raps.

Nur um einen Überblick zu gewinnen, hier einige
Heizwerte und Strahlungsleistungen im Vergleich:

Steinkohle: $36\,\frac{MJ}{kg}$	Braunkohle: $25\,\frac{MJ}{kg}$	Erdöl: $42\,\frac{MJ}{kg}$
Erdgas: $32\,\frac{MJ}{kg}$	Uran: $38\,000\,\frac{MJ}{kg}$	
Sonnenstrahlung: $1{,}37\,\frac{kW}{m^2}$	Wind $\left(6\,\frac{m}{s}\right)$: $0{,}13\,\frac{kW}{m^2}$	Wasser $\left(6\,\frac{m}{s}\right)$: $103\,\frac{kW}{m^2}$

5.2 Energieerhaltung, Wirkungsgrad und Reibung

Merke

Energieerhaltungssatz

In einem energetisch abgeschlossenen System bleibt die Summe aller Energien gleich. Das heißt: In jedem energetisch abgeschlossenen System (bei dem also von außerhalb Energie weder ab- noch zugeführt wird) kann die Energie zwar umgewandelt, aber insgesamt weder vergrößert noch verkleinert werden.
Im Alltag wird die Umwandlung der Energieformen in vielfältiger Weise genutzt.
In jeder arbeitenden Maschine wird Energie umgewandelt.

Rechne bei allen Aufgaben dieses Kapitels mit $g \approx 10\,\frac{m}{s^2}$

9 Wir vernachlässigen die Verluste (durch Reibung/Luftwiderstand) bei der Energieumwandlung von der Lageenergie zur kinetischen Energie und umgekehrt. Damit gilt: $\frac{1}{2} \cdot m \cdot v^2 = m \cdot g \cdot h$.

a) Löse die Gleichung nach v und nach h auf.

b) Wie hoch fliegt ein Pfeil der Masse 100 g, der mit einem Bogen senkrecht nach oben mit einer Geschwindigkeit von $60\,\frac{\text{km}}{\text{h}}$ abgeschossen wird?

c) Fliegt der Pfeil aus Teilaufgabe b) höher, wenn man ihn leichter macht?

d) Jussuf wirft Anna einen Schlüssel aus dem 3. Stock zu. Der Höhenunterschied beträgt 9 m. Mit welcher Geschwindigkeit schlägt der Schlüssel auf dem Boden auf?

e) Wäre der Schlüssel schneller am Boden, wenn zusätzlich am Schlüssel (20 g) ein eiserner Schlüsselanhänger von 100 g angebracht wäre?

10 Ein Elektromotor beschleunigt ein Spielzeugauto mit der Masse $m = 200\,\text{g}$. 10 % der elektrischen Energie geht als Wärme an die Umgebung und 15 % der elektrischen Energie wird aufgrund der Reibung verloren.
Wie schnell wird das Auto, wenn es mit 1 Ws Energie betrieben wird?

11 Ein 100 kg schwerer Mann setzt sich auf einen Schreibtischstuhl, bei dem zur Dämpfung eine Feder eingebaut wurde.

a) Was passiert, wenn man von jeglichen Energieverlusten (durch Reibung) absieht?

b) Welche Geschwindigkeit würde der Mann erreichen, wenn die Lageenergie von 20 cm Höhe vollständig in Bewegungsenergie umgewandelt würde?

c) Was geschieht in der Praxis wirklich mit der Energie?

d) Berechne die Federkonstante D (ohne Verluste).

12 Gibt es Maschinen, die Arbeit verrichten, ohne dass man Energie zuführt? Nenne gegebenenfalls Beispiele.

13 Die 35 kg schwere Nora schaukelt. Dabei erreicht sie eine maximale Höhe von 2,5 Meter über dem Boden. In der Ruhestellung befindet sich die Schaukel in 0,5 m über dem Boden.

a) Welche maximale Geschwindigkeit erreicht Nora $\left(\text{in } \frac{\text{km}}{\text{h}}\right)$, wenn man die Reibung vernachlässigt?

b) Weshalb muss sie stets Energie aufbringen um gleich hoch zu schaukeln?

14 Nenne drei Maschinen, in denen Energie umgewandelt wird und gib an, welche Energieart in welche umgewandelt wird.

15 Aus welcher Höhe muss ein Gegenstand fallen, damit er mit einer Geschwindigkeit von $50\,\frac{\text{km}}{\text{h}}$ auf den Boden aufschlägt? (Luftwiderstand wird vernachlässigt).

Merke

Wirkungsgrad

- Bei der Umwandlung von Energie treten immer ungewollte **Verluste** auf. Der größte Teil der Verluste entsteht bei Bewegungsabläufen durch die Reibung. Bei der Reibung wird keine Energie *vernichtet*, sondern in Wärme umgewandelt und an die Umgebung abgegeben.
- Der Quotient der genutzen Energie E_{nutz} und zugeführten Energie E_{zu} heißt **Wirkungsgrad η** (eta): $\eta = \frac{E_{nutz}}{E_{zu}}$.
- Der Wirkungsgrad ist immer < 1 und wird meist in Prozent angegeben.

Beispiel 1: $\eta = 0{,}5 = 50\,\%$ bedeutet, dass nur die Hälfte der zugeführten (aufgewendeten) Energie wie gewollt genutzt werden kann, die andere Hälfte geht verloren (oft durch Abgabe von Wärme an die Umgebung).

16 4,2 kJ erwärmen 1 Liter Wasser um 1 K. Ein Tauchsieder mit der elektrischen Leistung von 1000 W erwärmt 5 Liter Wasser in 10 Minuten um 20 K.
Welchen Wirkungsgrad hat der Tauchsieder?

17 Bei einem typischen Mittelklassewagen wird nur ca. 18 % der Energiemenge, die beim Verbrennen von einem Liter Benzin entsteht, in Bewegungsenergie umgesetzt. Der Rest der Energie wird in Wärme umgewandelt oder für die Überwindung der Reibung verbraucht.
Wie viel Energie geht verloren, wenn das Fahrzeug 1 Tonne wiegt und $50\,\frac{km}{h}$ schnell fährt?

18 Gib Beispiele an, wo Reibung im Alltag wahrgenommen wird.

19 Alte Motoren und Autos haben noch „Schmiernippel", in die man immer wieder Fett pressen musste. Weshalb?

Info plus

Mit dem aus dem Lateinischen stammenden Begriff **„perpetuum mobile"** (etwas sich ständig Bewegendes) beschreibt man eine Vorrichtung, die ohne Energiezufuhr mechanische Arbeit verrichten kann. Einmal in Gang gesetzt bleibt diese „Maschine" ewig in Bewegung und erzeugt Energie, die genutzt werden kann. Seit langem gilt es als absolut sicher, dass es laut den physikalischen Gesetzen kein perpetuum mobile geben kann. Trotzdem wird immer wieder versucht, ein perpetuum mobile zu konstruieren.
Es lohnt sich auf jeden Fall, mal im Internet mithilfe einer Suchmaschine oder einer Enzyklopädie „perpetuum mobile" aufzurufen und sich zu informieren, was alles schon versucht wurde!

Rechne bei allen Aufgaben dieses Kapitels mit $g \approx 10\,\frac{m}{s^2}$

5.3 Energie sparen

Der Generationenvertrag verlangt, dass wir sehr sorgsam mit der Energie umgehen. Zudem ist Energie teurer geworden, die Preise für Benzin, Diesel, Gas und Strom steigen ständig. Auch Umweltprobleme wie die Klimaveränderung hängen oft direkt mit dem Verbrauch fossiler Energieträger zusammen. Energie zu sparen ist sinnvoll.

20 Für eine Kilowattstunde Strom bezahlt man in Reutlingen 0,1553 € zuzüglich 0,0205 € Stromsteuer.

a) Ein Fernsehgerät nimmt eine Leistung von 145 W auf. Wie hoch sind die monatlichen Energiekosten dafür, wenn ich täglich im Schnitt 2 Stunden fernsehe?

b) Angenommen das Gerät nimmt im Stand-By-Betrieb 1 Watt auf. Welche monatliche Kosten entstehen, wenn ich das Gerät nie ausschalte?

21 Rechts ist die Energieverteilung in einem typischen Haushalt dargestellt. Gib zu jedem der aufgeführten Bereiche Möglichkeiten für die Energieeinsparung an.

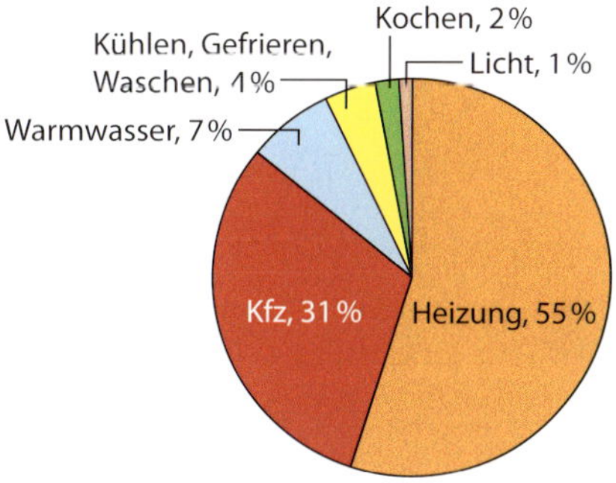

22 Recherchiere, wie lange die aufgeführten Energieträger noch reichen würden, wenn der Weltbedarf in der Größe des Bedarfes im Jahre 2004 bleiben würde.

Energieträger	Erdgas	Erdöl	Kohle	Uran
Zeitraum (in Jahren)				

23 Ein Auto der Masse $m = 850\,\text{kg}$ fährt mit der Geschwindigkeit von $100\,\frac{\text{km}}{\text{h}}$. Wie viel Prozent der Energie benötigt es bei halber (doppelter) Geschwindigkeit?

24 Der Hausmeister ersetzt im Hausflur zehn 100-Watt-Glühlampen durch 17-Watt Energiesparlampen. Zudem verkürzt er das Intervall der Treppenhausbeleuchtung von 2 min auf 1 min 40 s.

a) Wie viel Prozent Energie wird damit eingespart, wenn das Licht wie immer im Schnitt pro 24 Stunden 10-mal angeschaltet wird?

b) Wie viel Euro spart man pro Jahr, wenn 1 kWh 0,2 € kostet?

33 Was versteht man unter „Energie"?

34 In welchen Einheiten wird die elektrische und in welchen Einheiten die mechanische Energie gemessen?

elektrische Energie: *mechanische Energie:*

35 Was versteht man in der Physik unter einem energetisch abgeschlossenen System?

36 Wir betrachten einen Trampolinspringer und das Trampolin.
Handelt es sich dabei um ein energetisch abgeschlossenes System?

37 Was versteht man unter dem Wirkungsgrad?

38 Welche Werte kann der Wirkungsgrad annehmen?

39 Angelina schraubt von ihrem Kugelschreiber die vordere Kappe ab, spannt mit der Mine die Kulifeder und lässt los. Die Mine schießt senkrecht nach oben.
Welche Energieumwandlungen finden dabei statt?

40 Kann man aus der Höhe der fliegenden Mine (aus der vorigen Aufgabe) die Geschwindigkeit berechnen, mit der die Mine den Kuli verlässt?

1 Die Leistung der elektrischen Geräte wird vom Hersteller in Watt angegeben. Maximilian besitzt einen Föhn mit 2 kW = 2000 Watt Leistung. Benötigt er mehr Energie um seine Haare zwei Minuten zu föhnen oder um auf einen 60 Meter hohen Turm zu steigen? Seine Masse beträgt 85 kg. ___/2

2 Es gibt verschiedene Möglichkeiten, ein Spielzeugauto anzutreiben. Nenne Energieart und Funktionsweise. ___/3

3 Verena hat die Masse 50 kg und überspringt beim Stabhochsprung die auf 4 Meter gelegte Latte ganz knapp. ___/3

a) Mit welcher Geschwindigkeit kommt sie auf dem Boden an?
b) Wie viel Lageenergie hat sie beim Herunterfallen verloren?
c) Wie lange würde eine 100-Watt-Lampe mit der Energie, die zum Hochspringen aufgewendet wurde, brennen?

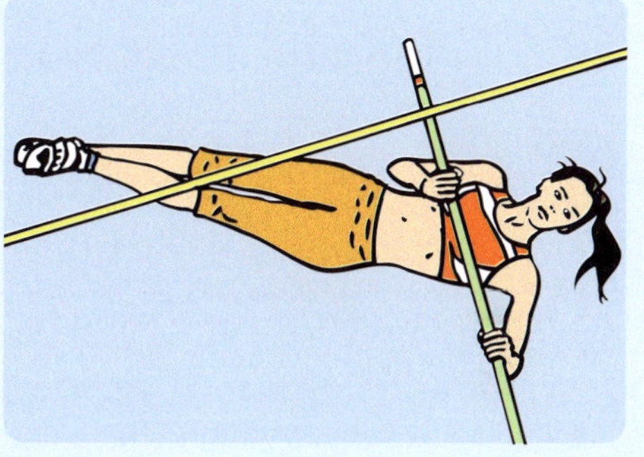

4 Vervollständige die Tabelle. ___/7

Wirkungsgrad	0,85	0,99		0,05	0,55		0,6
zugeführte Energie		255 J	56 kWh		120 Nm	23 Ws	0,4 kJ
genutzte Energie	3,4 MJ		6,16 kWh	20 J		8,05 Ws	

5 Kreuze die wahren Aussagen an und korrigiere die falschen. ___/4

☐ Um Arbeit zu verrichten, muss man Energie zuführen.
☐ Bremst man ein fahrendes Fahrrad ab, entsteht durch die Reibung der Bremsen Wärme. Diese Wärme kann wieder in mechanische Energie umgewandelt werden.
☐ 1 kg Steinkohle enthält mehr Energie als 1 kg Erdöl.
☐ Ein Körper, der aus 10 Meter Höhe auf den Boden fällt, kann nicht schneller als $5\,\frac{m}{s}$ sein.

6 Rechne um. ___/3

a) 1 kWh in Ws b) 1 J in kWh c) 1 Nm in Ws

7 Ein Keller (4 m × 5 m) steht 1 Meter unter Wasser. Mit einer Pumpe, deren Saugstutzen auf dem Kellerboden liegt, soll das Wasser 3 m hoch weggepumpt werden. Welche Leistung (in kW) muss die Pumpe haben, damit der Keller innerhalb von 20 Minuten leer ist? ___/3

Gesamtpunktzahl ___/21

Rechne bei allen Aufgaben dieses Kapitels mit $g \approx 10\,\frac{m}{s^2}$

6 Entropie und Gasgleichung

Ein Heißluftballon fliegt mit der warmen Luft in den Himmel, aber ich kann im Sommer die heiße Luft nicht einmal dazu verwenden, um die steile Straße mit dem Fahrrad leichter hochzufahren. Und beim Abwärtsfahren muss ich bremsen und kann die dabei frei werdende Energie beim nächsten Aufstieg wieder nicht verwenden. Grund dafür: Entropie!

6.1 Temperatur und Gasvolumen

Merke

- Wir messen **Temperaturen** in °C (Grad Celsius) oder K (Kelvin), siehe Seite 82.
- **Temperaturdifferenzen** geben wir in Kelvin (K) an.
- Bei 0 K (−273 °C) ist der **absolute Nullpunkt** erreicht, bei dem sich die Moleküle nicht mehr bewegen (Brown'sche Teilchenbewegung, siehe Seite 83).
- Bei einer Temperaturerhöhung um 1 K wächst das **Volumen des Gases** um $\frac{1}{273}$ seines Volumens bei 273 K. Das Volumen eines Gases bei 273 K heißt Normvolumen V_0.

1 Die **Kelvin-Skala** hat dieselben Gradschritte wie die Celsiusskala, beginnt aber beim absoluten Nullpunkt (−273 °C) bei 0 K .
Es gilt: $x\,K = (273 + x)\,°C$ oder $x\,°C = (x - 273)\,K$. Fülle die Tabelle aus.

°C	20		−173		3456		−270		−100
K		263		373		5705		9969,45	

2 Bei welcher Temperatur ist das Volumen V eines Gases
a) doppelt so groß b) halb so groß wie V_0?

6.2 Allgemeine Gasgleichung

Merke

Ein **ideales Gas** ist ein nur theoretisch existierendes „Gasmodell", bei dem die einzelnen Teilchen keine Wechselwirkungen zueinander und keine Ausdehnung haben. Für ideale Gase gelten die **drei Gasgesetze (Partialgesetze):**

- Bei konstantem Druck p ist die Temperatur T eines Gases proportional zum Volumen V.
- Bei konstantem Volumen ist der Druck p eines Gases proportional zur Temperatur T des Gases.
- Bei konstanter Temperatur T ist das Produkt aus Druck p und Volumen V eines Gases konstant: $p_1 \cdot V_1 = p_2 \cdot V_2$.

Merke

- Bei jeder Zustandsänderung eines idealen Gases ergibt sich aus den Gasgesetzen die **allgemeine Gasgleichung:** $\frac{p \cdot V}{T}$ = **konstant**.
- Bei hoher Temperatur und kleinem Druck wird die allgemeine Gasgleichung auch für reale Gase verwendet, da die Abweichungen im Vergleich zum idealen Gas gering sind.
- Will man verschiedene Gase und Gasmengen miteinander vergleichen, so verwendet man die sogenannten **Normbedingungen**: Temperatur $T = 273\,\text{K}$ (also 0 °C); Druck $p = 1{,}013\,\text{bar}$ („normaler" Luftdruck) und erhält dann das Normvolumen V_0.

3 Wegen der allgemeinen Gasgleichung gilt bei zwei verschiedenen Zuständen derselben Gasmenge: $\frac{p_1 \cdot V_1}{T_1} = \frac{p_2 \cdot V_2}{T_2}$
Löse die Gleichung nach jeder vorkommenden Größe (also $p_1 = \ldots;\ V_1 = \ldots;\ \ldots$) auf.

4 Sind die Aussagen wahr oder falsch? Begründe.

a) Bleibt der Druck konstant, dehnen sich Gase bei zunehmender Temperatur aus.
b) Erhitzt man Luft, so wird deren Dichte kleiner.
c) Verkleinert man bei konstanter Temperatur das Volumen eines Gases, so verkleinert sich auch dessen Druck.
d) Bei konstantem Volumen und konstanter Temperatur kann man den Druck eines Gases nicht ändern.
e) Verdoppelt man den Druck und die Temperatur, verdoppelt sich auch das Volumen eines Gases.
f) Beim stehenden Auto ist der Reifendruck größer als beim fahrenden Auto.

5 Ein Ballon hat bei 20 °C und 1 bar Druck ein Volumen von 2 Liter.

a) Wie ändert sich das Volumen, wenn der Druck verdoppelt und die Temperatur halbiert wird?
b) Wie ändert sich der Druck, wenn die Temperatur um 40 K erhöht wird und das Volumen gleich bleibt?
c) Wie ändert sich die Temperatur des Gases, wenn man den Druck um 0,5 bar erhöht und das Volumen um 0,5 Liter verkleinert?

6 Berechne das Normvolumen V_0 (rechne näherungsweise mit $p_0 = 1\,\text{bar}$).

	a)	b)	c)	d)	e)	f)
Temperatur T (in K)	200	10	293	293	800	273
Druck p (in bar)	3	100	1	120	50	1
Volumen V (in dm³)	5	10	1	20	1	1
Normvolumen V_0 (in dm³)						

7 Das Ventil beim Fahrradschlauch öffnet, wenn der Druck in der Luftpumpe größer als der innere Schlauchdruck ist. Auf welchen Teil muss man durch den Kolben das Volumen in der Pumpe mindestens verkleinern, wenn im Reifen schon ein Überdruck von 2 bar ist?

8 Ein Fahrradreifen hat ein Volumen von $2\,dm^3$. Der Druck im Reifen entspricht dem Luftdruck von 1 bar, die Umgebungstemperatur ist 20 °C.

a) Wie viel Liter Luft aus der Umgebung benötigt man, um den Fahrradreifen auf 4 bar aufzupumpen?

b) Wie viel Luft von 0 °C würden dazu benötigt, wenn man davon ausgeht, dass sich die Luft beim Aufpumpen nicht erwärmt und ihre Temperatur behält?

6.3 Energieentwertung und Entropie

Merke

+ Thermische Energie geht ohne Energiezufuhr nur von einem Körper höherer zu einem Körper niedriger Temperatur über (**Entropiesatz** oder **2. Hauptsatz der Thermodynamik**).
+ Kann man umgewandelte Energie vollständig wieder zurückgewinnen, spricht man von **reversiblen Vorgängen**. Solche Vorgänge findet man in der Praxis und der Natur nicht. Verliert man bei einem Vorgang Energie (ein Teil kann nicht mehr zurückgewonnen bzw. genutzt werden, die Energie wird also **entwertet**), so spricht man von **irreversiblen Vorgängen**.
+ Irreversible Prozesse beschreibt man mithilfe der **Entropie** $S = \frac{W}{T}$ $\left([S] = \frac{J}{K}\right)$.
  S ist proportional zur entwerteten Energie.
  Für die Entropie gibt es keinen Erhaltungssatz: bei reversiblen Vorgängen bleibt die Entropie erhalten, bei irreversiblen nimmt die Entropie zu.

Beispiel 1: Die in hohem Maße vorhandene thermische Energie des Meerwassers lässt sich nicht ohne großen Energieaufwand in für uns brauchbare Energien umwandeln und ist deshalb weit weniger „wertvoll" als elektrische, chemische oder mechanische Energien, die für uns nutzbar sind.

9 Gib mindestens drei Vorgänge an, bei denen sich verwandelnde Energie nicht mehr zurückgewinnen lässt. Kennst du noch andere Beispiele aus dem täglichen Leben, die irreversibel sind?

10 Welche Aussagen sind wahr, welche falsch? Kommentiere.

a) Erwärmt ein Prozess die Umgebung, so steigt die Entropie.

b) Höhere Temperatur bedeutet auch größere Brown'sche Molekularbewegung.

c) In der Natur gibt es reversible Abläufe.

d) Bei besonderen Bedingungen kann die Entropie abnehmen.

11 Wie groß ist die Entropie, wenn bei einer Temperatur von 20 °C 5 kJ Wärme fließt? Wie groß war die Temperatur, wenn nur $15 \frac{J}{K}$ Entropie fließt?

12 Berechne die fehlende Größe in der Tabelle. Achte auf die Einheiten.

$S = \frac{W}{T}$	$2000 \frac{J}{K}$		$10 \frac{J}{K}$	
W	1 kWh	200 kJ		2000 J
T		50 °C	100 °C	2000 K

13 Ein Föhn mit 1000 W wird zwei Minuten lang bei einer Zimmertemperatur von 20 °C zum Haartrocknen verwendet. Berechne, wie viel Entropie erzeugt wird.

6.4 Wärmekraftmaschinen und Wärmepumpen

Merke

- **Wärmekraftmaschinen** wandeln thermische Energie in mechanische um. In der Zeichnung rechts sieht man, wie die zugeführte Wärme dadurch, dass sich die Luft im Kolben ausdehnt, teilweise in mechanische Energie umgewandelt wird.

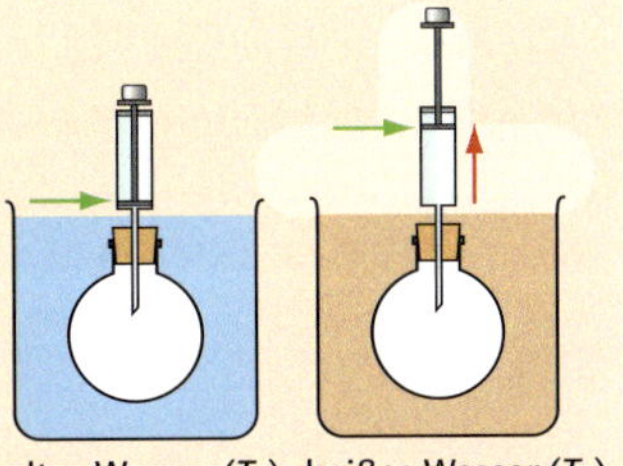

  Ihr **Wirkungsgrad η** gibt den Anteil der zur mechanischen Energie genutzten Wärme zur zugeführten (eingesetzten) Wärme an: $\eta = \frac{F_{nutz}}{E_{zu}}$, er ist kleiner als $\eta_{max} = 1 - \frac{T_t}{T_h}$, mit der hohen Temperatur T_h (zugeführte Wärme) und der tiefen Temperatur T_t (Umgebungstemperatur).
- Wird umgekehrt ein Heißluftmotor durch mechanische Energie angetrieben, wird Wärme frei: Man erhält eine **Wärmepumpe**, die dem Körper mit der niedrigeren Temperatur Wärme entzieht und dem Körper höherer Temperatur zuführt.

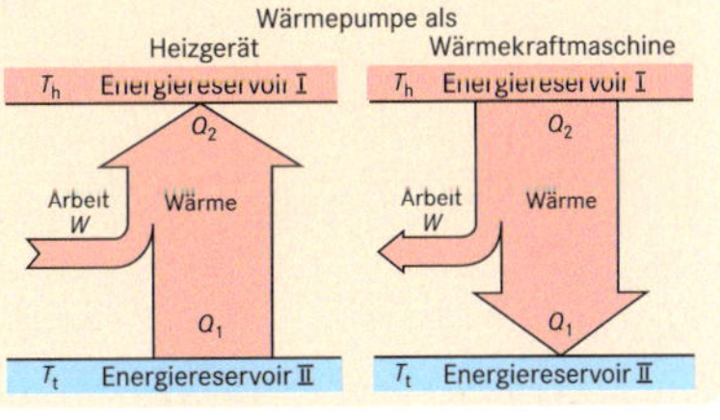

Beispiel 2: Wärmepumpen, die der Umgebung oder dem Grundwasser Wärme entziehen, werden oft zu Heizzwecken eingesetzt.

14 Gib einige Wärmekraftmaschinen an.
Informiere dich im Schulbuch oder im Internet.

15 Wie groß ist der Wirkungsgrad einer Wärmekraftmaschine höchstens, wenn ihr bei einer Umgebungstemperatur von 20 °C Wärme mit 550 K zugeführt wird?
Wie würde sich der Wirkungsgrad ändern, wenn man die Maschine auf −10 °C kühlt?

41 Wie unterscheidet sich ein reales Gas vom Modell des idealen Gases?

---

42 Verhält sich ein reales Gas wie das ideale Gas?

---

43 Wie verhält sich die Temperatur eines Körpers, dessen Umgebung kälter ist als der Körper?

---

44 Was sagt der zweite Hauptsatz der Thermodynamik aus?

---

45 Wie lautet die allgemeine Gasgleichung?

---

46 Wie verhält sich der Druck, wenn das Volumen eines Gases und die Temperatur des Gases jeweils verdoppelt werden?

---

47 Um wie viel Kelvin muss man die Temperatur eines Gases erhöhen, damit bei gleichem Druck das Volumen viermal so groß wird?

---

48 Was versteht man unter dem Normvolumen eines Gases?

---

49 Ist es möglich, einen Heißluftmotor als Wärmepumpe zu verwenden?

---

50 Was versteht man unter dem Wirkungsgrad einer Wärmekraftmaschine?

---

51 Angenommen, der Wirkungsgrad einer Wärmekraftmaschine beträgt 35 %. Was ist mit den restlichen 65 % der zugeführten Wärmeenergie passiert?

---

1 Was geschieht, wenn man bei einer Gasflasche das Ventil öffnet und Gas schnell ausströmen lässt? ___/1

2 Jessica wohnt direkt am Meer und fährt morgens mit dem Fahrrad ins Landesinnere und am heißen Nachmittag gegen 16.00 Uhr zurück zu ihrer Wohnung. ___/2
Sie behauptet, bei der Hin- und Rückfahrt Gegenwind zu haben. Kann das sein?
Erstelle Skizzen!

3 Ein Autoreifen mit dem Volumen 50 dm³ hat bei 20 °C einen Überdruck von 2 bar. ___/3
Beim Fahren erwärmt sich der Reifen auf 60 °C.

a) Wie ändert sich der Druck, wenn das Volumen gleich bleibt?
b) Wie ändert sich der Druck, wenn sich das Volumen dabei um 10 % vergrößert?
c) Wie groß ist die Masse der Luft im Reifen? Ändert sie sich? $\left(\text{Dichte Luft } 1{,}293\,\frac{\text{g}}{\ell}\right)$

4 Fließt Wärme W von der höheren Temperatur T_h zu Stellen mit tieferer Temperatur T_t, so steigt die Entropie des Systems um $\Delta S = W\left(\frac{1}{T_t} - \frac{1}{T_h}\right)$; ($T$ in K). ___/2

a) Wie groß ist die Entropie bei einem Wärmefluss von 2000 J von 200 °C zu 20 °C?
b) Wie tief muss die Umgebungstemperatur sein, damit beim Wärmefluss von 2000 J und mit 200 °C die Entropie $3\,\frac{\text{J}}{\text{K}}$ beträgt?

5 Kreuze die wahren Aussagen an. ___/3

- ☐ Es gibt keine negativen Teperaturangaben in Kelvin.
- ☐ Wenn man die Umgebungstemperatur bei Wärmekraftmaschinen senkt, erhöht sich deren Wirkungsgrad.
- ☐ Will man Wärme von einem kalteren zu einem wärmeren Körper übertragen, so ist Energie notwendig.

6 Im Winter ist die Temperatur eines stehenden Autos 0 °C. Nach einer halben Stunde Fahrzeit hat sich die Luft im Reifen auf 25 °C erhöht. ___/2
Um wie viel % ist der Reifendruck gestiegen?

7 Beim Verbrennen von 100 kg Steinkohle $\left(\text{spezifischer Heizwert: } 31\,\frac{\text{MJ}}{\text{kg}}\right)$ erzeugte die erste Dampfmaschine von James Watt eine mechanische Energie von 4 MJ. ___/2

a) Wie hoch war der Wirkungsgrad?
b) Heute erreicht man einen Wirkungsgrad von etwa 40 %.
Wie viel mechanische Energie entnimmt man dann den 100 kg Steinkohle?

8 Eine Wärmekraftmaschine wird mit Wasserdampf von 380 K gespeist. ___/1
Die Umgebung hat 20 °C. Wie hoch ist der maximal erreichbare Wirkungsgrad?

Gesamtpunktzahl ___/16

7 Magnetismus

Magnetismus ist die Lehre von den Kraftwirkungen, die von Magneten und stromdurchflossenen Leitern ausgehen. Im „täglichen Leben" begegnet uns der Magnetismus unter anderem bei Kompass, Kernspintomographie, Motoren und Generatoren sowie Bild- und Tonaufzeichnungen.

7.1 Permanentmagnet und magnetische Kräfte

Merke

- Unter einem **Permanentmagneten** (auch Dauermagnet, meist nur Magnet genannt, rechts oben z. B. ein sogenannter Hufeisenmagnet) verstehen wir einen Gegenstand, der **ferromagnetische Stoffe** (z. B. Eisen, Nickel, Kobalt) anzieht.
- Magnete sind **Dipole**. Sie haben immer einen N**o**rdpol (r**o**t) und einen S**ü**dpol (gr**ü**n). Weder ein Südpol noch ein Nordpol kann einzeln vorkommen.
- Die normalerweise ungeordneten **Elementarmagnete** (mittlere Skizze) sind beim Magneten geordnet (untere Skizze).
- Gleichnamige Pole stoßen sich ab, ungleichnamige Pole ziehen sich an.

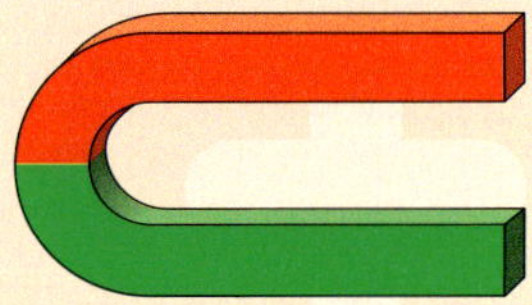

nicht magnetisch

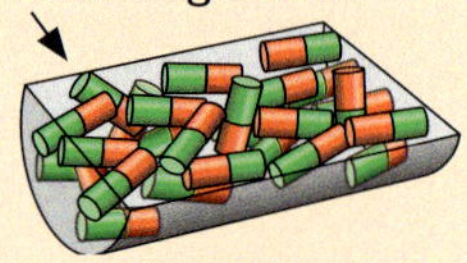

magnetisch

1 **Experiment:** Die Euromünzen werden mit einem Permanetmagneten berührt. Welche Münzen werden angezogen, welche nicht? Suche im Schulbuch oder im Internet nach einer Begründung dafür.

2 **Experiment:** An welchen Gegenständen hält ein Dauermagnet? Kreuze an.

- ☐ Karosserie eines Kfz
- ☐ Fahrradspeiche
- ☐ Eisenplatte
- ☐ Bleistift
- ☐ Aluminiumfelge eines Kfz
- ☐ Glasfenster
- ☐ Fahrradrahmen
- ☐ Holzlatte
- ☐ Marmorsims
- ☐ Plastikgießkanne

3 Der Transrapid rast, ohne die Schienen zu berühren, schwebend auf seiner Bahn. Kannst du dir das erklären?

Merke

Magnetfelder

- Der Wirkungsbereich eines Magneten heißt **magnetisches Feld**. Es reicht weit in den Raum, wird mit wachsendem Abstand zu den Polen aber immer schwächer.
- **Feldlinien** sind gerichtete Größen (sie können mit Pfeilen dargestellt werden, siehe rechts); sie laufen vom Nordpol zum Südpol. Man kann sie mithilfe von Eisenspänen sichtbar machen.
- Im Magnetfeld richten sich die ungeordneten Elementarmagnete ferromagnetischer Stoffe aus.

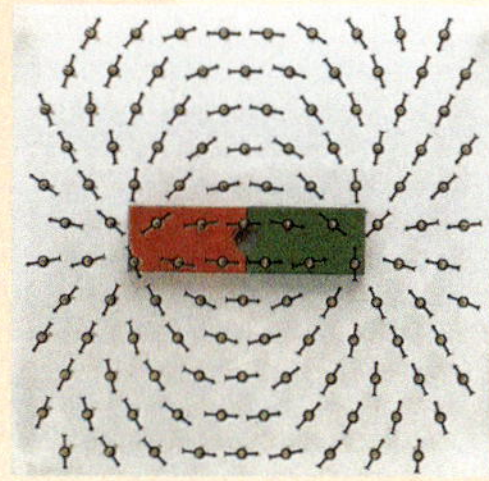

4 **Experiment:** Am Nordpol eines Stabmagneten hängt ein Eisennagel. Man berührt mit weiteren Nägeln das Ende des hängenden Nagels.

a) Skizziere den Versuchsaufbau farbig. Warum halten die Nägel aneinander?

b) Was passiert, wenn man die „Nagelkette" vom Magneten ablöst?

5 **Experiment:** Wie kann man mit einer nichtmagnetischen Stricknadel aus Stahl und einem Faden einen Kompass herstellen? Was benötigst du dazu? Begründe.

6 Weshalb kann man einen Kompass zur Orientierung verwenden?

7 Feldlinien bestehen auch zwischen zwei Magneten. Zeichne grob den Verlauf der Feldlinien zwischen den beiden Magneten in die Skizze ein.

a)

b)

Info plus

Auch unsere Erde ist ein Magnet und daher auch von einem Magnetfeld umgeben. Man geht davon aus, dass es vielen Tieren zur Orientierung dient:

- **Brieftauben** fliegen im Regelfall zielsicher in Richtung ihres Taubenschlags. Experimente zeigten, dass bei einer künstlichen Störung des Erdmagnetfeldes (indem man ein anderes Magnetfeld überlagert) die Tauben in eine andere Richtung flogen.
- Zudem konnte man nachweisen, dass **Haie und Wale** ferromagnetische Substanzen in ihren Organen haben und ebenfalls das Magnetfeld der Erde zur Orientierung nutzen.

7.2 Der Elektromagnet

Merke

- Stromdurchflossene Leiter erzeugen ein Magnetfeld. Wickelt man den Leiter als Spule um einen ferromagnetischen Kern, so verstärkt sich das Magnetfeld. Bei einem hohen Strom erhält man dadurch sehr starke Magneten: **Elektromagnete** (siehe Skizze bei Aufgabe 9)
- **Linke-Faust-Regel:** Umfasst man in Gedanken den stromdurchflossenen Leiter mit der linken Faust und zeigt dabei der Daumen in Elektronenstromrichtung (von − nach +), so geben die gekrümmten Finger die Richtung der magnetischen Feldlinien an.

8 Elektromagnete werden im Haushalt sehr häufig benutzt. Überlege dir ein paar Anwendungen. Schlage im Schulbuch nach oder nutze das Internet.

9 Wo befindet sich der Nordpol bei dem dargestellten Elektromagneten?
Was geschieht, wenn man den Plus- und den Minuspol vertauscht?

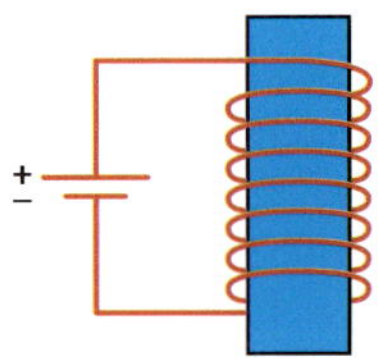

10 Eine Spule wird als Elektromagnet benutzt.
Wie kann man die magnetische Wirkung enorm verstärken?

7.3 Die elektromagnetische Induktion

Merke

- Bewegt man einen Leiter in einem Magnetfeld, so entsteht zwischen seinen Enden eine elektrische Spannung. Diese Spannung heißt **Induktionsspannung**.
- Durch Drehen einer Spule im Magnetfeld erhält man an den Enden Wechselspannung.
  In den Elektrizitätswerken werden durch Wasser-, Wind-, Gas- oder Kernkraft Spulen in Magnetfeldern gedreht, um Strom zu erzeugen. Diese Stromerzeuger heißen **Generatoren**.

11 Das Zeit-Spannungsdiagramm zeigt die Spannung, wenn der Leiter langsam und gleichmäßig im Magnetfeld gedreht wird (Abbildung oben).
Skizziere grob die Spannungskurve, wenn der Leiter

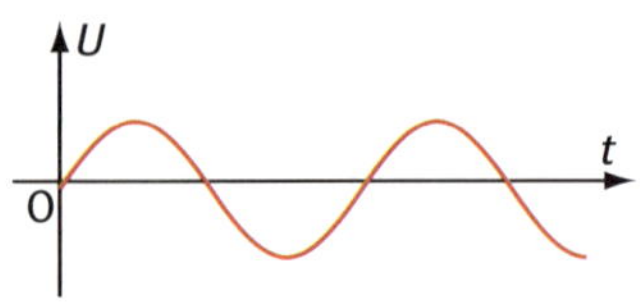

a) schneller gedreht wird.
b) zweimal schneller, dann zweimal langsamer gedreht wird.

12 Entsteht auch eine Spannung, wenn der Leiter (die Spule) ruht und sich der Magnet bewegt?

Merke

Die Umkehrung der Induktion gilt ebenfalls. Schließt man an einem Generator eine Stromquelle an die Spule an, so dreht sich die Spule. Ein **Elektromotor** ist entstanden.

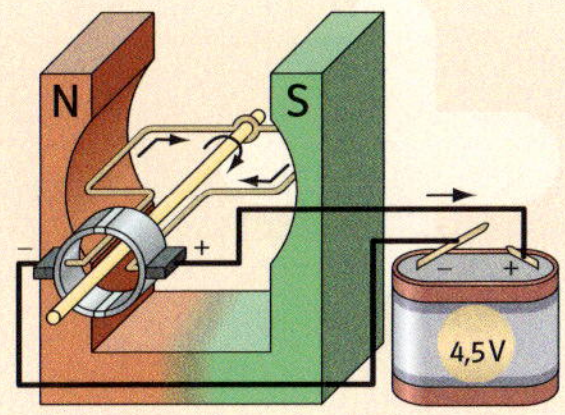

13 Kann man eine „Maschine" einmal als Generator und dann ohne Umbau als Motor benutzen?

Merke

Transformator

Da ein Wechselstrom über eine Spule in einem Eisenkern ein wechselndes Magnetfeld aufbaut, kann man dies nutzen, um über eine zweite (unabhängige) Spule durch dieses Magnetfeld eine Wechselspannung gleicher Frequenz zu erhalten. Die Spannungen verhalten sich zueinander wie die Windungszahlen der Spulen. Es gilt $U_1 : U_2 = n_1 : n_2$

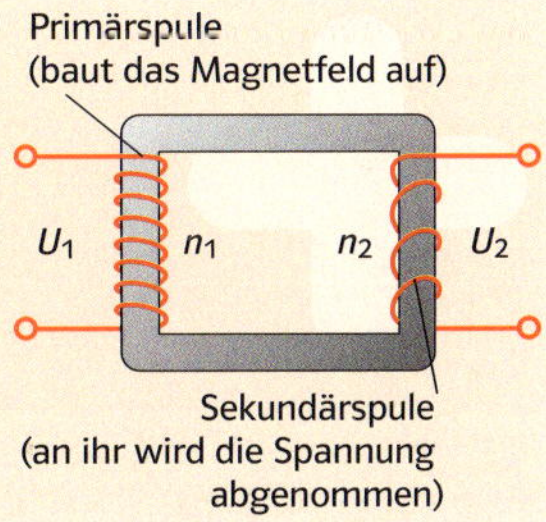

Beispiel 1: Hat die Primärspule bei $U_1 = 220\,V$ $n_1 = 2200$ Windungen und die Sekundärspule $n_2 = 240$ Windungen, erhält man eine Spannung $U_2 = \frac{U_1 \cdot n_2}{n_1} = \frac{220\,V \cdot 240}{2200} = 24\,V$.

14 Berechne die fehlenden Werte.

U_1 (in Volt)	200	750	220		220	110	220
U_2 (in Volt)		110	10	110	12	220	10 000
Windungszahl n_1	500	1500		4000	1000	1000	
Windungszahl n_2	1000		40	2000			1000

15 Franz hat einen Transformator, der die Netzspannung von 220 V auf 10 V transformiert. Er weiß, dass die Primärspule 500 Windungen hat.
Wie viele Windungen muss er an der Sekundärspule abwickeln, wenn er die 220 V auf 8 V heruntersetzen will?

16 Drei Transformatoren werden hintereinander geschaltet. Gib bei jedem Transformator die Ausgangsspannung an, wenn man an der Primärspule des 1. Trafos a) 220 V und b) 20 V anlegt.

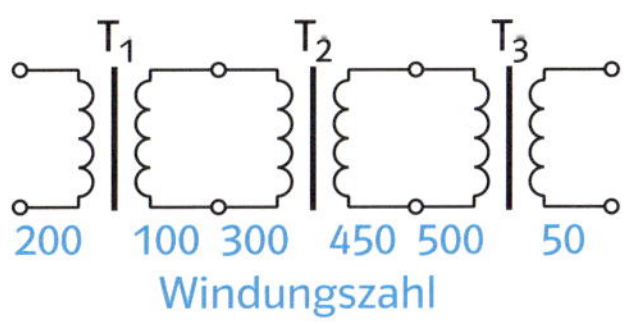

52 Kreuze die richtigen Antworten an.
Teilt man einen Stabmagneten in der Mitte, so erhält man
- ☐ zwei kürzere Magnete.
- ☐ einen Südpol und einen Nordpol.
- ☐ keinen Magneten mehr (wurde zerstört).

53 Weshalb zeigt die Kompassnadel mit ihrem Nordpol nach Norden und nicht nach Süden?

____

54 Was heißt: „Magnete sind Dipole"?

____

55 Kreuze die richtigen Antworten an.
Die Feldlinien eines Magneten
- ☐ zeigen die Stärke der magnetischen Kraft an.
- ☐ zeigen die Richtung der magnetischen Kraft an.
- ☐ gibt es nur bei Dauermagneten, nicht bei Elektromagneten.
- ☐ können mittels Hilfsmitteln sichtbar gemacht werden.
- ☐ kann man mit bloßem Auge erkennen.

56 Was sagt die Linke-Faust-Regel aus?

____

____

57 Was versteht man unter einer Induktionsspannung und wie kann man sie erzeugen?

____

58 Was versteht man unter der Primärspule eines Transformators?

____

59 Kann man einen Transformator auch mit Gleichspannung betreiben?

____

60 Wie verhalten sich die Spannungen bei einem Transformator?

____

1 Ein Hufeisenmagnet wird über einem Transformator gedreht (siehe Grafik rechts). Was beobachtet man? ___/2

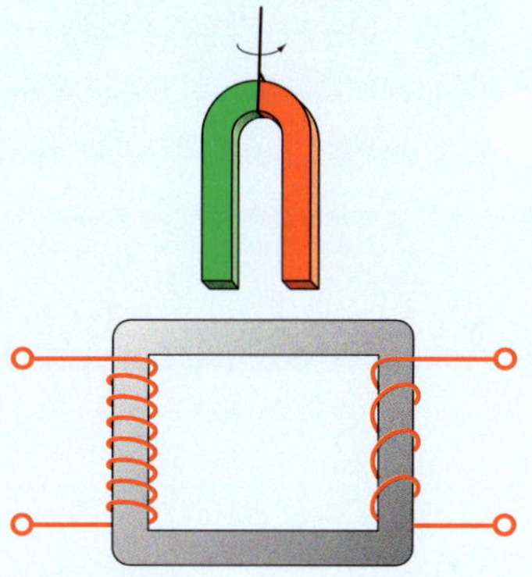

2 Unter einem Pappkarton liegen zwei Stabmagneten. Fein daraufgestreute Eisenspäne ergeben folgende Teilbilder in Polnähe: ___/2

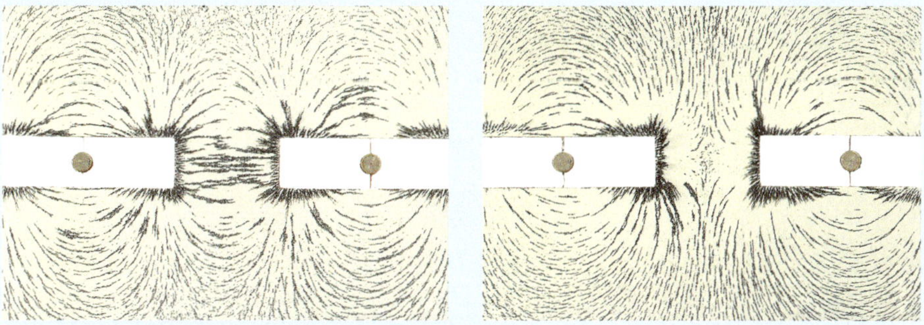

Zeichne den Nordpol rot, den Südpol grün ein.

3 **Experiment:** Ein Kupferring hängt, wie rechts skizziert, an einer Schnur vor einem Hufeisenmagneten. ___/3

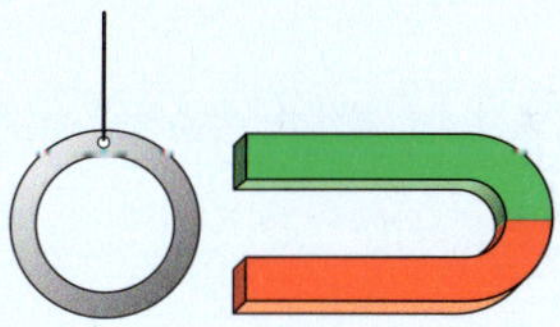

a) Was passiert, wenn die Anordnung in Ruhe bleibt?
b) Was passiert, wenn man den Kupferring bewegt?
c) Was passiert, wenn man den Hufeisenmagneten bewegt?

4 **Experiment:** Ein Transformator hat eine Primärspule mit 4000 Windungen. Wie viele Windungen muss die Sekundärspule haben, wenn man für eine Versuchsreihe bei einer Primärspannung von 220 V sekundär ___/3

a) 6 V, b) 12 V und c) 25 V erhalten möchte?
d) Gib an, wie die Sekundärspule geschickt gewickelt werden muss.

5 **Experiment:** Zwei Eisenstifte sind an der Decke aufgehängt und mit Draht umwickelt, an den Gleichspannung angelegt ist (siehe Skizze rechts). Was ist zu beobachten, wenn ___/4

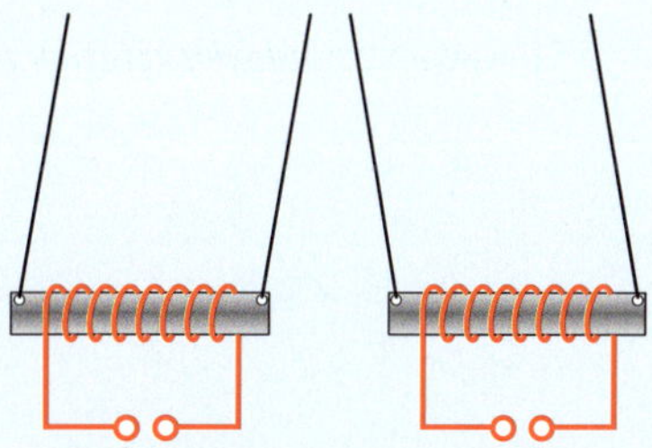

a) eine der Spannungsquellen umgepolt wird?
b) eine der Spannungsquellen abgeschaltet wird?
c) beide Spannungsquellen abgeschaltet werden?
d) beide Spannungsquellen umgepolt werden?

Gesamtpunktzahl ___/14

8 Mechanik

Warum fällt ein Stein von selbst zu Boden? Und warum muss Arbeit aufgewandt werden, um ihn wieder hochzuheben? Fragestellungen, die das Verhalten von Körpern, auf die Kräfte einwirken, betreffen, stehen im Mittelpunkt dieses Kapitels. Zur ihrer Beantwortung müssen zahlreiche sowohl grundlegende als auch weiterführende Begriffe, z.B. Kraft und Impuls, Arbeit und Energie, eingeführt werden.

8.1 Die gleichförmige Bewegung

Merke

- Legt ein Körper in der doppelten (dreifachen, …, n-fachen) Zeit t die doppelte (dreifache, …, n-fache) Strecke s zurück, so spricht man von einer **gleichförmigen Bewegung**.
- Beginnt die Wegmessung bei $s_0 = 0\,\text{m}$, so entspricht einer gleichförmigen Bewegung im t-s-Diagramm die **Ursprungsgerade $s(t) = v \cdot t$** mit der **Geschwindigkeit $v = \frac{s}{t}$**. Maßeinheit: $[v] = 1\,\frac{\text{m}}{\text{s}}$.
- Für $s_0 \neq 0\,\text{m}$ lautet das **lineare Weg-Zeit-Gesetz $s(t) = v \cdot t + s_0$** mit der **Geschwindigkeit $v = \frac{s(t_2) - s(t_1)}{t_2 - t_1}$**.
- **1. Newton'sches Grundgesetz:** Ein Körper, auf den keine äußeren Kräfte (z.B. Reibung) einwirken, verharrt in Ruhe $\left(v = 0\,\frac{\text{m}}{\text{s}}\right)$ oder im Zustand der geradlinig gleichförmigen Bewegung ($v = \text{const.}$).

1

a) Um die Geschwindigkeit des Schalls in Luft zu bestimmen, wird in einigem Abstand vor einer Pistole ein Messmikrofon und geradlinig dahinter im Abstand von 135 m ein zweites Messmikrofon aufgestellt. Nachdem ein Schuss abgegeben wurde, startet das erste Mikrofon eine elektronische Uhr und das zweite Mikrofon stoppt sie wieder nach 0,41 s. Wie schnell ist der Schall?

b) Eine einfache Regel, mit der die Entfernung eines Gewitters abgeschätzt werden kann, lautet: Beginne beim Wahrnehmen eines Blitzes im Sekundentakt zu zählen bis du den Donner hörst, multipliziere diese Zeit mit 3 und du erhältst deinen Abstand zum Gewitter in Kilometern. Kannst du diese Regel begründen?

2 Ein Schlittschuhfahrer gleitet reibungsfrei übers Eis und legt in den ersten drei Sekunden 12 m zurück.

a) Mit welcher Geschwindigkeit gleitet er?
b) Wie lautet das Weg-Zeit-Gesetz?
c) Welche Strecke hat er nach 7 Sekunden zurückgelegt?
d) Wie lange benötigt er für eine Strecke von 22 Metern?

3 Das Diagramm zeigt die Weg-Zeit-Gesetze zweier sich gleichförmig bewegender Luftkissen-Gleitwagen (a) und (b).

a) Welches Bewegungsgesetz verläuft proportional, welches linear?
b) Bestimme die Geschwindigkeiten beider Wagen mithilfe geeigneter Steigungsdreiecke und notiere die Weg-Zeit-Gesetze.
c) Wann und wo begegnen sich beide Wagen?

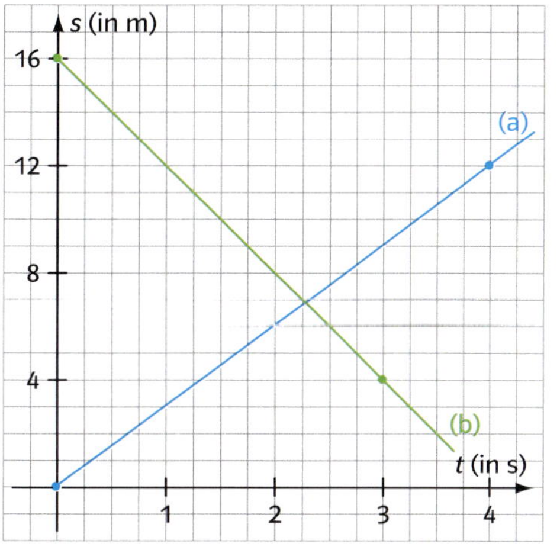

8.2 Kräfte im Gleichgewicht

Merke

- Eine **Kraft $\vec{F}$** ist eine gerichtete Größe. Ihre Wirkung hängt von ihrem Angriffspunkt, von ihrer Richtung und von ihrer **Stärke** $F = |\vec{F}|$ ab, und sie wird durch einen Kraftpfeil (= Vektor) dargestellt.
  Die **Maßeinheit** der Kraft ist **$[F] = 1\,\text{N}$ (Newton)**. Zur (statischen) Messung von Kräften dient die Federwaage.
- Vereinbarungsgemäß besitzt diejenige **Gewichtskraft G**, die ein Körper mit der Masse 1 kg ausübt, eine Stärke von 9,81 N (Faustregel: 1 kg ≙ 10 N).
- Mit **$-\vec{F}$** bezeichnet man die **Gegenkraft der Kraft $\vec{F}$**. Sie besitzt bei gleicher Stärke $\left(|-\vec{F}| = |\vec{F}| = F\right)$ die entgegengesetzte Richtung und vermag, wenn sie im gleichen Angriffspunkt wie $\vec{F}$ angreift, die Kraft $\vec{F}$ zu kompensieren.
  Dann gilt nämlich: $\vec{F} + (-\vec{F}) = \vec{F} - \vec{F} = \vec{0}$.
- Wirkt eine Kraft $\vec{F}$ auf einen unbeweglichen festen Körper ein, so „antwortet" dieser Körper durch seine elastische Verformung mit einer Gegenkraft $-\vec{F}$ zu $\vec{F}$ und man spricht dann von einem **statischen (Kräfte-)Gleichgewicht**.

4 **Experiment:** Eine Feder markiert im unbelasteten Zustand (1) den Nullpunkt einer Linealskala.
Nach Anhängen einer Masse m dehnt sich die Feder um die Länge s aus (2). Folgende Werte werden gemessen:

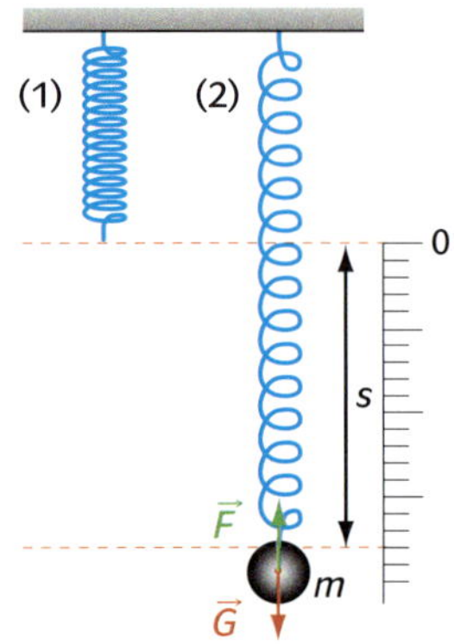

m (in g)	0	50	100	200	250	500
G (in N)						
s (in cm)	0	1	2	4	5	10

a) Bestimme zunächst die Werte der Gewichtskraft G und stelle dann die Messpunkte in einem G-s-Diagramm dar.
b) Begründe den als Hooke'sches Gesetz (auch: Federgesetz) bekannten Zusammenhang $G = D \cdot s$ und berechne den Wert der Federkonstanten D.
c) Erkläre kurz, warum bei allen Messungen ein Kräftegleichgewicht herrscht.
d) Wie lässt sich, ausgehend von der Versuchsanordnung, ein Kraftmesser herstellen?

5 Gegeben sind folgende Kräfte, bei denen die Kraftpfeile im Verhältnis $1\,\text{cm} \triangleq 50\,\text{N}$ gezeichnet wurden.

(1) (2) (3)

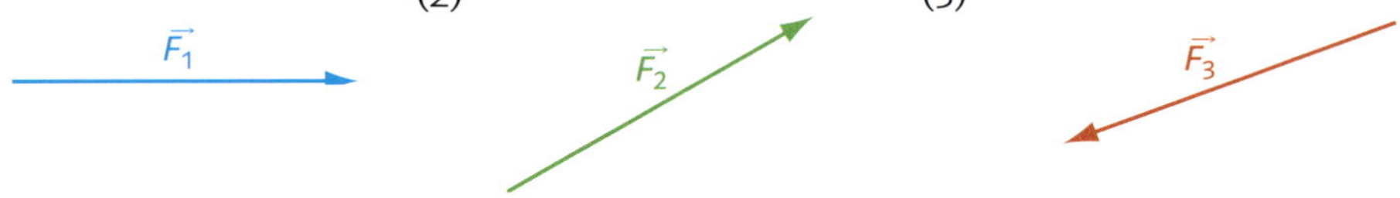

a) Welche Stärke haben die drei Kräfte? Sind die drei Kräfte gleich? – Begründe.
b) Wie könnte man die Wirkrichtung der Kräfte eindeutig beschreiben?
c) Zeichne zu jeder Kraft ihre Gegenkraft ein.

6

a) Während der linke Kraftmesser A an einem Wandhaken verankert ist, wird an dem rechten an A eingehakten Kraftmesser B so stark gezogen, dass er 1 N anzeigt.
Warum zeigt auch A 1 N an?

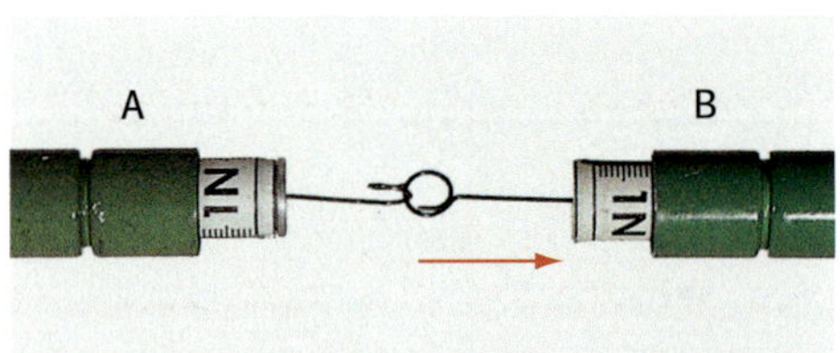

b) Angelina und Beatrix stellen beim Tauziehen fest, dass sie genauso stark sind wie ihr Gegenüber Cornelius und Dominik, denn das gespannte Tau bewegt sich nicht. Was würde geschehen, wenn man das Seil zuvor an einer beliebigen Stellen durchschneidet und wieder mit zwei Kraftmessern, so wie in Teilaufgabe a) gezeigt, miteinander verbindet?

8.3 Kräfte addieren und Kräfte zerlegen

Merke

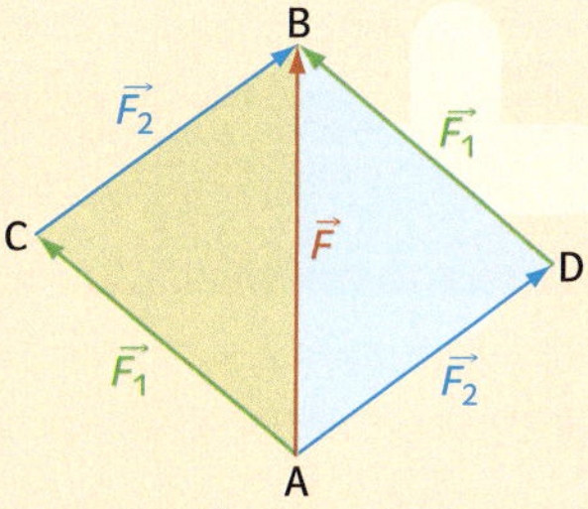

- **Zwei Kräfte $\vec{F_1}$ und $\vec{F_2}$ werden zur Gesamtkraft $\vec{F}$ addiert**, indem man $\vec{F_2}$ im Zielpunkt C von $\vec{F_1}$ an $\vec{F_1}$ anheftet. $\vec{F}$ weist dann vom Angriffspunkt A von $\vec{F_1}$ zum Zielpunkt B von $\vec{F_2}$. Der Addition $\vec{F} = \vec{F_1} + \vec{F_2}$ entspricht in der Abbildung das gelbe Dreieck.
- Die Addition kann auch in der umgekehrten Reihenfolge stattfinden, denn es gilt stets $\vec{F_2} + \vec{F_1} = \vec{F_1} + \vec{F_2}$ (hellblaues Dreieck). Beide Wege der Kräfteaddition führen auf das **Kräfte-Parallelogramm ADCB**.
- Eine Kraft $\vec{F}$ kann auch in zwei Teilkräfte (= Kraftkomponenten) zerlegt werden, die in die durch $\overrightarrow{AC}$ und $\overrightarrow{AD}$ vorgegebenen Richtungen weisen sollen. Hierzu muss man dann die Figur zu einem Kräfte-Parallelogramm, durch das die Zielpunkte C und D der Teilkräfte festgelegt werden, vervollständigen.

7 Nachfolgend werden alle Kräfte im Maßstab $1\,\text{cm} \mathrel{\hat{=}} 20\,\text{N}$ dargestellt.

a) Bestimme die Gesamtkraft $\vec{F} = \vec{F_1} + \vec{F_2}$. Wie stark ist die Kraft $\vec{F}$?

b) Bestimme nun die Gesamtkraft $\vec{F^*} = \vec{F_2} + \vec{F_1}$. Vergleiche $\vec{F^*}$ mit $\vec{F}$ aus Teilaufgabe a).

c) Angenommen, $\vec{F_1}$ und $\vec{F_2}$ weisen in dieselbe Richtung. Warum ist jetzt eine *zeichnerische* Bestimmung der Gesamtkraft nicht erforderlich?

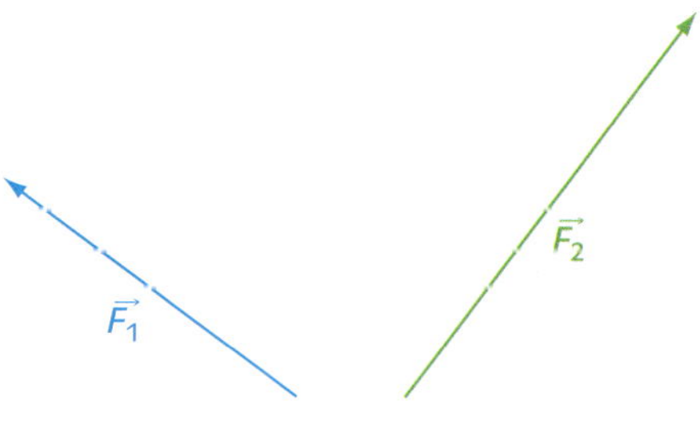

8 Das Lastenschiff S wird von den beiden Loks L_1 und L_2 durch den Kanal gezogen. Die beiden Zugkräfte schließen einen Winkel von 120° miteinander ein und besitzen jeweils die Stärke $F_1 = F_2 = 4000\,\text{N}$.

a) Stelle durch eine maßstabsgetreue Darstellung der Kräfte (z. B. $1000\,\text{N} \mathrel{\hat{=}} 1\,\text{cm}$) fest, wie stark die Zugkraft $\vec{F}$ ist, mit der das Schiff gezogen wird.

b) Was müsste geändert werden, damit dieselben Loks eine stärkere Zugkraft auf das Schiff ausüben?

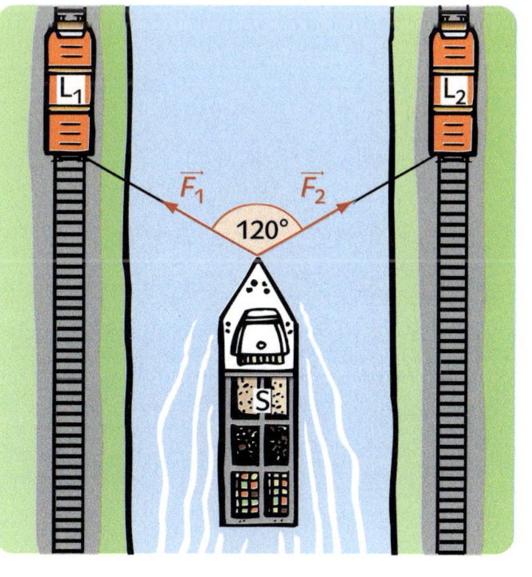

8.4 Impuls und Kraft

Merke

- Ergänzend zu dem, was auf Seite 52 über Geschwindigkeiten gesagt wurde, muss jede **Geschwindigkeit $\vec{v}$ als gerichtete Größe** betrachtet werden, denn bei jedem bewegten Körper ist ja auch die Richtung, in der er sich bewegt, von Bedeutung.
- Unter dem **Impuls $\vec{p} = m \cdot \vec{v}$ eines Körpers** versteht man das Produkt aus seiner Masse m mit seiner Geschwindigkeit $\vec{v}$.
  Er ist ebenfalls eine gerichtete Größe, weist stets in die Richtung der Geschwindigkeit und hat die Maßeinheit $[p] = 1\,\text{kg}\frac{\text{m}}{\text{s}} = 1\,\text{Ns}$.
- Wirkt eine **Kraft $\vec{F}$** während der Zeit $\Delta t = t_2 - t_1$ auf einen Körper der Masse m ein und wird nicht durch eine Gegenkraft kompensiert, so bewirkt sie eine **Änderung des Impulses $\vec{p}$ um $\Delta\vec{p} = \vec{F} \cdot \Delta t$** mit $\Delta\vec{p} = \vec{p}_2 - \vec{p}_1$.

Beispiel 1: Welche Kraft vermag ein Auto ($m = 850\,\text{kg}$) in 5 Sekunden von anfänglich $90\frac{\text{km}}{\text{h}}$ auf $45\frac{\text{km}}{\text{h}}$ abzubremsen?

Anfangsimpuls:	$p_1 = m \cdot v_1 \Rightarrow p_1 = 850\,\text{kg} \cdot 90\frac{\text{km}}{\text{h}} = 850\,\text{kg} \cdot 25\frac{\text{m}}{\text{s}} = 21\,250\,\text{kg}\frac{\text{m}}{\text{s}}$
Endimpuls:	$p_2 = m \cdot v_2 \Rightarrow p_2 = 850\,\text{kg} \cdot 45\frac{\text{km}}{\text{h}} = 850\,\text{kg} \cdot 12{,}5\frac{\text{m}}{\text{s}} = 10\,625\,\text{kg}\frac{\text{m}}{\text{s}}$
Impulsänderung:	$\Delta p = p_2 - p_1 \Rightarrow \Delta p = 21\,250\,\text{kg}\frac{\text{m}}{\text{s}} - 10\,625\,\text{kg}\frac{\text{m}}{\text{s}} = 10\,625\,\text{kg}\frac{\text{m}}{\text{s}}$
Bremskraft:	$F = \frac{\Delta p}{\Delta t} \Rightarrow F = \frac{10\,625\,\text{kg}\frac{\text{m}}{\text{s}}}{5\,\text{s}} = 2125\,\text{kg}\frac{\text{m}}{\text{s}^2} = 2125\,\text{N}$

9

a) Ein Bogenschütze schießt mit einem Pfeil ($m = 100\,\text{g}$) auf eine Zielscheibe. Beim Abschuss wird der Pfeil innerhalb von 0,4 s auf eine Geschwindigkeit von $200\frac{\text{m}}{\text{s}}$ beschleunigt. Welchen Impuls besitzt der fliegende Pfeil und wie stark ist die Beschleunigungskraft?

b) Ein Tennisspieler schlägt einen Tennisball ($m = 57{,}5\,\text{g}$), der mit $75\frac{\text{km}}{\text{h}}$ auf ihn zu fliegt, mit derselben Geschwindigkeit zurück. Welche Schlagkraft muss er aufbringen, wenn sein Schläger nur während einer Zeitspanne von 0,1 Sekunden Kontakt mit dem Ball hat?

Info plus

Die Formel $\Delta\vec{p} = \vec{F} \cdot \Delta t$ wird in der Form $\vec{F} = \frac{\Delta\vec{p}}{\Delta t} = \frac{\vec{p}_2 - \vec{p}_1}{t_2 - t_1}$ auch als das **2. Newton'sche Grundgesetz (Axiom)** der Mechanik bezeichnet. Mithilfe der Umformung $\vec{F} = \frac{m \cdot \vec{v_1} - m \cdot \vec{v_2}}{t_2 - t_1} = m \cdot \frac{\vec{v_2} - \vec{v_1}}{t_2 - t_1}$ wird deutlich, dass eine Kraft $\vec{F}$ einem Körper der Masse m die **Beschleunigung $\vec{a}$** verleiht, das ist der Quotient aus der Geschwindigkeitsänderung $\vec{v_2} - \vec{v_1}$ und der hierfür benötigten Zeitspanne $t_2 - t_1$.

8.5 Arbeit und Leistung

Merke

- Wird ein Körper durch die Kraft $\vec{F}$ um die (gerichtete) Strecke $\vec{s}$ bewegt, und wirkt $\vec{F}$ in Richtung von $\vec{s}$, so wird hierbei die **(mechanische) Arbeit** $W = |\vec{F}| \cdot |\vec{s}| = F \cdot s$ verrichtet. Maßeinheit der Arbeit: **[*W*] = 1 Nm = 1 J (Joule).**

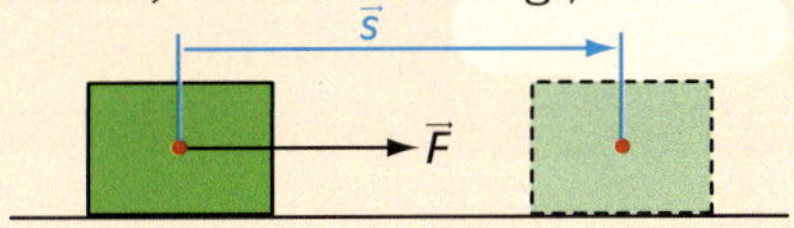

- Wirkt die Kraft $\vec{F}$ nicht in Richtung der Strecke $\vec{s}$, so wird in die Berechnung der Arbeit nur diejenige Kraftkomponente $\vec{F_s}$ von $\vec{F}$ einbezogen, die in Richtung von $\vec{s}$ wirkt, und es gilt: $W = |\vec{F_s}| \cdot |\vec{s}| = F_s \cdot s$.

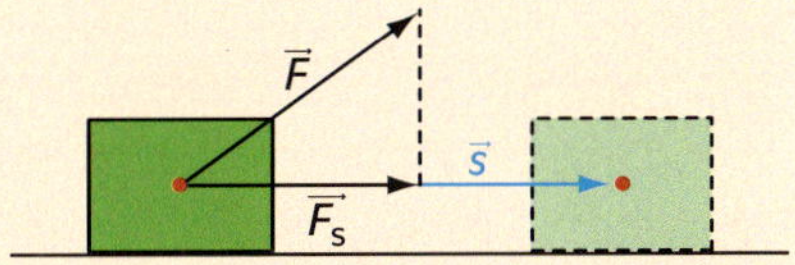

- Als **Leistung** $P = \frac{W}{t}$ bezeichnet man den Quotienten aus der Arbeit *W* und der Zeit *t*, die hierfür erforderlich ist. Maßeinheit der Leistung: **[*P*] = $1\frac{J}{s}$ = 1 W (Watt).**

10 Eine Rangierlok schiebt einen Waggon 60 m weit mit einer Schubkraft von 3500 N. Beim Auftreffen auf einen zweiten Waggon muss die Schubkraft um 2500 N erhöht werden, um beide Waggons weitere 40 m zu bewegen.

a) Berechne die gesamte von der Lok aufzubringende Arbeit.

b) Stelle den Vorgang in einem *s*-*F*-Diagramm dar. Wie lässt sich dort die Arbeit veranschaulichen?

11 Herr Radtke hat eingekauft und tritt den 1,5 km langen Heimweg mit einem voll beladenen Handwagen an. Auf der ebenen Strecke muss er ständig eine Zugkraft von 200 N aufbringen.

a) Ermittle mithilfe einer maßstabsgerechten Zeichnung (z. B. 1 cm ≙ 50 N) die Stärke derjenigen Kraftkomponente, die in Fahrtrichtung wirkt.
Welche Wirkung hat die zweite Kraftkomponente?

b) Nach 50 Minuten kommt Herr Radtke erschöpft zu Hause an.
Welche Arbeit hat er verrichtet? Welche Leistung hat er vollbracht?

c) Durch welche Maßnahme hätte er den Arbeitsaufwand verringern können?

Info plus

Früher wurden Pferde als Arbeitstiere eingesetzt, und weil sie dauerhaft während einer Sekunde eine Last von 75 kg um 1 Meter anzuheben vermochten, wurde diese Leistung von $P = \frac{(75\,\text{kg} \cdot 9{,}807\,\text{m/s}^2) \cdot 1\,\text{m}}{1\,\text{s}} = 735{,}5\,\text{W}$ als 1 **PS (Pferdestärke)** festgelegt. Später gewöhnte man sich daran, dass vor allem die Stärke von Automotoren in PS angegeben wurde. Und obwohl seit dem 1.1.1978 auch hier die Maßeinheit W (Watt) bzw. kW (Kilowatt) EU-weit vorgeschrieben ist, darf in der Autowerbung immer noch die zusätzliche Angabe in PS erfolgen, allerdings nur noch bis zum 31.12.2009.

12 Ein Expressaufzug bringt die Besucher innerhalb von 10 Sekunden auf die 45 m höher gelegene Aussichts-Plattform. Wie viele Fahrgäste ($m = 80\,\text{kg}$) dürfen höchstens in der Fahrkabine ($m = 120\,\text{kg}$) transportiert werden, wenn der Zugmotor eine Leistung von 50 kW bringt, wobei jedoch 10 % dieser Leistung für die anfängliche Beschleunigung und als Zugreserve vorgesehen sind?

8.6 Schiefe Ebene und Flaschenzug

Merke

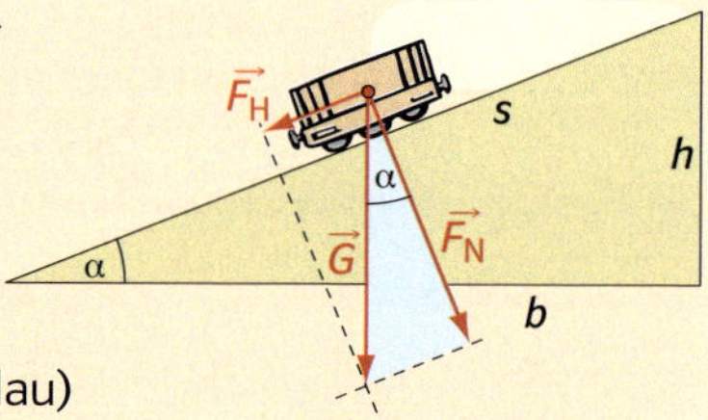

- Eine **schiefe Ebene** der Länge *s* hat die Basislänge *b* und die Höhe *h*. Die Gewichtskraft $\vec{G}$ eines Wagens auf dieser schiefen Ebene kann in die Komponenten $\vec{F}_H$ **(Hangabtriebskraft)** und $\vec{F}_N$ **(Normalkraft)** zerlegt werden, und wegen der Ähnlichkeit der beiden Dreiecke (gelb und blau) gelten die Verhältnisgleichungen:
  (1) $\frac{F_H}{G} = \frac{h}{s} \Leftrightarrow F_H = \frac{h}{s} \cdot G$ und (2) $\frac{F_N}{G} = \frac{b}{s} \Leftrightarrow F_N = \frac{b}{s} \cdot G$

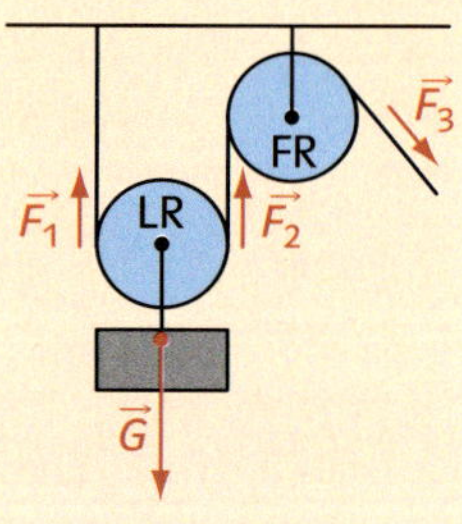

- Durch eine **feste Rolle (FR)** lässt sich die Richtung einer Kraft umlenken ohne dabei ihre Stärke zu verändern. Es gilt: $F_2 = F_3$ und $\vec{F}_2 \neq \vec{F}_3$.
- Durch eine **lose Rolle (LR)** lässt sich die Gewichtskraft, d.h. die Summe von angehängter Last und Eigengewicht der Rolle, gleichmäßig auf die beiden Seile aufteilen. Es gilt: $\vec{F}_1 = \vec{F}_2$ und $\vec{F}_1 + \vec{F}_2 = -\vec{G}$.
- Eine Kombination von *n* (= 1, 2, …) festen und *n* losen Rollen bezeichnet man als **Flaschenzug**. Hier gilt zwischen der gesamten Gewichtskraft *G* von Last und losen Rollen und der Zugkraft F_z die Relation: $F_z = \frac{G}{2n}$ und für den Zugweg *s* gilt in Relation zur Hubhöhe *h*: $s = 2n \cdot h$.

13 Eine Gondel ($m = 340\,\text{kg}$) fährt von A aus zum Gipfel B und transportiert 10 Personen von durchschnittlich je 86 kg.

a) Wie stark muss die vom Zugseil bewirkte Zugkraft sein und welche Arbeit wird während der Fahrt entlang des Tragseiles verrichtet?

b) Welche Arbeit würde verrichtet, wenn dieselbe Gondel, vergleichbar einem Lift, senkrecht von A* nach B aufsteigen würde?

c) Vergleiche die in a) und b) ermittelten Arbeitsbeträge miteinander. Lässt sich dieses Ergebnis begründen?

14 Mit der im Merke-Kasten auf Seite 58 gezeigten Anordnung aus loser und fester Rolle soll eine Masse von 160 kg um 1 Meter angehoben werden. Jede der beiden Rollen hat eine Masse von 12 kg.

a) Wie groß sind die Kräfte $\vec{F_1}$, $\vec{F_2}$ und $\vec{F_3}$? Begründe.

b) Welche Arbeit muss verrichtet werden? Welche Arbeit wird an der Last verrichtet? Vergleiche.

Tipp

Die schiefe Ebene und der Flaschenzug sind **Kraftwandler**, bei denen eine geringere Kraft $F \rightarrow \frac{F}{k}$ $(k > 1)$ auf Kosten eines längeren Arbeitsweges $s \rightarrow k \cdot s$ erzielt wird. Während bei der schiefen Ebene die Arbeit $\left(F \cdot s = W = \frac{F}{k} \cdot (ks)\right)$ *exakt* erhalten bleibt, wird sie beim Flaschenzug durch das Eigengewicht der losen Rollen vergrößert, was aber bei schweren Lasten kaum mehr „ins Gewicht" fällt.

15 Landwirt Lersch bringt alljährlich die in 50-kg-Säcke abgepackte Kornernte mithilfe eines Flaschenzuges, bei dem jede der beiden 2 kg schweren Flaschen zwei Rollen hat, auf dem Dachspeicher seines Hauses unter.

a) Dieses Jahr steht sein Sohn Leo, der gerade 9 Jahre alt geworden ist, zur Seite und möchte auch einmal einen Kornsack hochziehen. Sein Vater entgegnet ihm: „Deine Zugkraft beträgt immer nur das 10-fache deines Alters, da musst du wohl noch ein Weilchen warten, bis du helfen kannst!" Wie lange muss Leo noch warten?

b) Aber Leo lässt nicht locker und erwidert: „Ich kann es durchaus schaffen, wenn ich die beiden Flaschen mit jeweils 3 Rollen verwende, obwohl jede der Flaschen 3 kg schwer ist!" Stimmt das?

8.7 Energieformen

Merke

- Wird ein Körper der Masse m durch Zufuhr der Arbeit $W = m \cdot g \cdot h$ um eine Strecke h angehoben, so erhöht sich dadurch seine **Lageenergie E_L** um eben diesen Arbeitsbetrag: $E_{L2} = E_{L1} + W$. Die zugeführte Arbeit wird also in Form der Energieerhöhung $\boldsymbol{\Delta E_L = E_{L2} - E_{L1} = m \cdot g \cdot h}$ gespeichert.
- Wird ein zunächst ruhender Körper der Masse m durch Zufuhr der Arbeit W auf die Endgeschwindigkeit v beschleunigt, so wird die zugeführte Arbeit in Form von **kinetischer Energie** (auch: **Bewegungsenergie**) E_K gespeichert und es gilt: $E_K = \frac{1}{2} \cdot m \cdot v^2$.
- Die verschiedenen Energieformen lassen sich vollständig ineinander umwandeln, z.B. Lageenergie in Bewegungsenergie (oder umgekehrt). Bei jedem Umwandlungsvorgang ist die Summe aller beteiligten Energien stets konstant und man spricht deshalb vom **Prinzip der Energieerhaltung**.
- Sind bei einer Energieumwandlung **Reibungskräfte** zu überwinden, so wird hierfür ein Teil der Energie in Wärme umgewandelt und geht dadurch der angestrebten Energieform verloren. Das Prinzip der Energieerhaltung gilt hier nur unter Berücksichtigung des zur Wärme „entwerteten" Energieanteils, den man in diesem Zusammenhang auch als **Energieverlust** bezeichnet.

16 Ein Skifahrer ($m = 75\,\text{kg}$) fährt eine kurze Piste in Schussfahrt hinab und verliert dabei 25 m an Höhe.

a) Welche Geschwindigkeit würde der Schifahrer ohne Berücksichtigung von Reibungsverlusten erreichen?

b) Tatsächlich erzielt der Skifahrer am Fuß der Piste die Geschwindigkeit $v^* = 8{,}6\,\frac{\text{m}}{\text{s}}$. Wie viel Prozent der verfügbaren Energie wurde durch Reibung absorbiert?

17 Die nebenstehende Abbildung zeigt stark vereinfacht den Aufbau eines Wasserkraftwerkes.

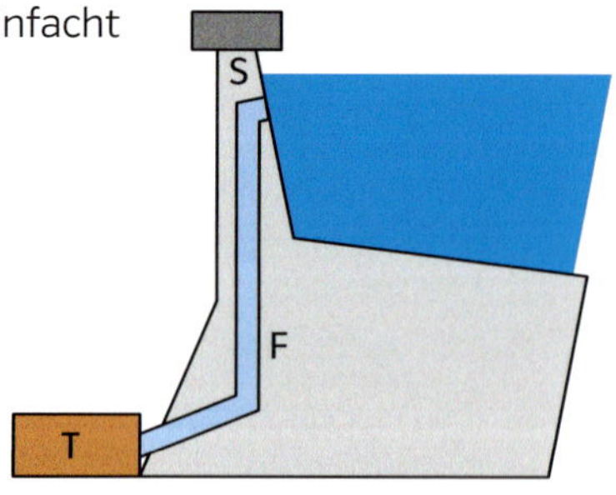

a) Erläutere kurz, wie in einem Wasserkraftwerk Strom erzeugt wird. Gehe dabei auf die Bedeutung der Staumauer S, des Fallrohrs F und der Turbinenanlage T ein.

b) Welche Energieformen treten bei dieser Form der Stromerzeugung an welcher Stelle des Prozesses auf?

c) Der Stausee speist in jeder Sekunde 1000 Liter Wasser in das Fallrohr ein. Wie viel Kilowatt Strom leistet diese Anlage bei einer Fallhöhe von 65 m, wenn alle Reibungsverluste zu einem Wirkungsgrad von 77 % bei der Energiewandlung führen?

8.8 Drehmomente am Hebel

Merke

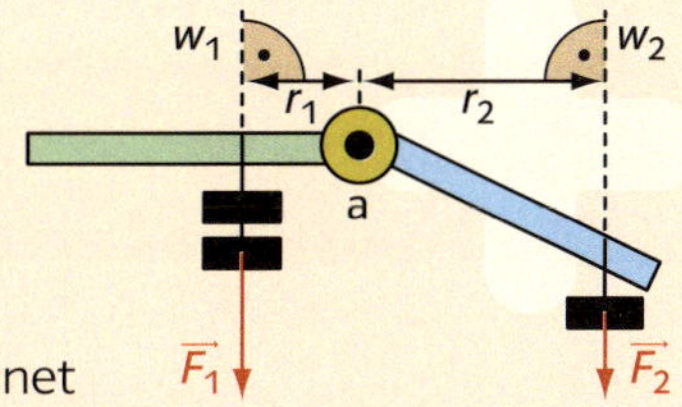

- Ein an einer drehbaren Achse a befestigter Arm wird als **einseitiger Hebel** bezeichnet, sind zwei Arme vorhanden, so spricht man von einem **zweiseitigen Hebel** (vgl. Abbildung).
- Wirkt auf einen Hebel eine **Kraft** $\vec{F}$ ein, so bezeichnet man den Abstand ihrer **Wirkungslinie** w von der Achse a als **Kraftarm** r.
- Das Produkt aus der Kraftstärke F und dem Kraftarm r wird als **Drehmoment** $M = F \cdot r$ bezeichnet und ist ein Maß für das so bewirkte Drehvermögen. Die Maßeinheit des Drehmoments ist: $[M] = 1\,\text{Nm}$.
- Ein Hebel befindet sich im statischen Gleichgewicht, wenn die Summe aller auf ihn einwirkenden rechtsdrehenden Drehmomente der Summe aller linksdrehenden Drehmomente entspricht: $M_{r1} + M_{r2} + \ldots + M_{rn} = M_{\ell 1} + M_{\ell 2} + \ldots M_{\ell m}$

18 An einen zweiseitigen Hebel, dessen Arme einen gestreckten Winkel bilden, wird links im Abstand $r_1 = 20\,\text{cm}$ von der Drehachse die Masse $m_1 = 600\,\text{g}$ angehängt.

a) Ergänze in der folgenden Tabelle jeweils den rechtsseitigen Dreharm r_2 oder die rechtsseitige Gewichtskraft G_2 bzw. die Masse m_2, sodass sich der Hebel im statischen Gleichgewicht befindet:

r_2 (in cm)	5		12		20		
G_2 (in N)		12				4	
m_2 (in g)				800			300

b) Stelle die Daten der Tabelle aus Teil a) in einem r_2-G_2-Diagramm dar. Welche mathematische Beziehung besteht zwischen dem Kraftarm r_2 und dem Gewicht G_2?

Tipp

Drehmomente $M = F \cdot r$ werden, ebenso wie die **Arbeit** $W = F \cdot s$, als Produkt aus Kraft und Weg berechnet, daher besitzen sie auch übereinstimmend die Maßeinheit $[M] = [W] = 1\,\text{Nm}$. Das sollte jedoch nicht über die physikalisch unterschiedliche Bedeutung beider Größen hinwegtäuschen. Insbesondere ist die Abkürzung $1\,\text{J} = 1\,\text{Nm}$ nur für die Arbeit, *nicht* jedoch für Drehmomente zulässig.

19 Zur sicheren Montage von Autorädern müssen die fünf Radbolzen mit dem vom Hersteller vorgeschriebenen Drehmoment von 120 Nm angezogen werden. Dazu dient ein Drehmomentschlüssel, der beim Erreichen von 120 Nm hörbar knackt. Welche Kraftstärke F ist bei einer Schlüssellänge $r = 45\,\text{cm}$ erforderlich?

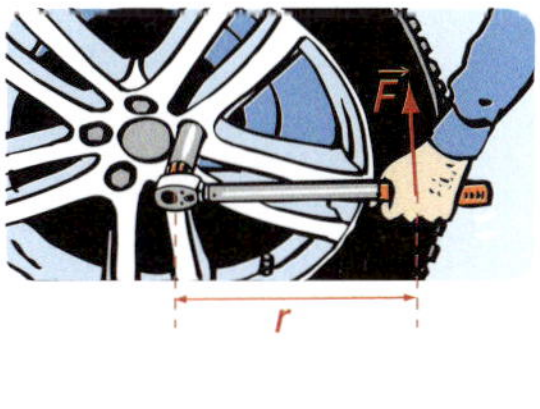

61 Woran erkennt man, das sich ein Körper gleichförmig bewegt?

____

____

62 Ein Körper hat das Gewicht $G = 20\,\text{N}$, dann beträgt seine Masse m:
☐ 200 kg ☐ 20 kg ☐ 2 kg
denn es gilt der Zusammenhang: ______________ ⇔ ______________

63 Zwei Kraftpfeile $\vec{F_1}$ und $\vec{F_2}$ werden geometrisch addiert, indem man

____

______________________________.

64 Der Impuls eines Körpers beträgt: ______________.

65 Wie hängen Arbeit und Leistung zusammen?

____

______________________________.

66 Ein rollender Wagen wird mit der konstanten Kraft $\vec{F} = 250\,\text{N}$ abgebremst und benötigt 50 m bis er steht. Dann beträgt die Bremsarbeit W:
☐ 12 500 Nm ☐ −12,5 k Nm ☐ $5\,\frac{\text{N}}{\text{m}}$ ☐ $\frac{-5\,\text{N}}{\text{m}}$
Das Vorzeichen der Bremsarbeit ist ______________ und besagt:

______________________________.

67 Für einen Wagen, der reibungsfrei eine schiefe Ebene herabrollt, lautet das Prinzip der Energieerhaltung:
In Worten: ______________________________

______________________________.

Als Formel: ______________________________.

68 Wann befindet sich ein Hebel im statischen Gleichgewicht?
In Worten: ______________________________

____

Als Formel: ______________________________

1 Boris trägt zusammen mit seinem großen Bruder Frank einen schweren Eimer. Während Boris die unter 45° einwirkende Kraft $\vec{F_1}$ der Stärke $F_1 = 56{,}6\,\text{N}$ aufwendet, bringt Frank die Kraft $\vec{F_2}$ auf, die infolge seiner größeren Körpergröße unter 30° einwirkt. Beantworte folgende Fragen mithilfe einer maßstabsgerechten Zeichnung (z.B. $10\,\text{N} \triangleq 1\,\text{cm}$).

__/14

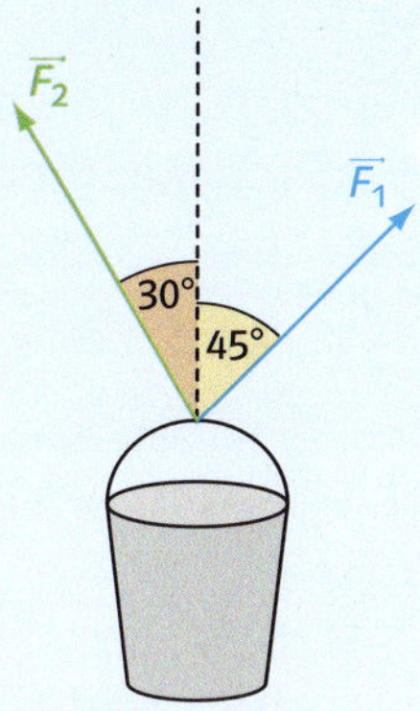

a) Welche Stärke haben die zu $\vec{F_1}$ gehörende waagerechte Kraftkomponente $\vec{F_{1w}}$ und die senkrechte Kraftkomponente $\vec{F_{1s}}$?
b) Mit welcher Kraftstärke F_2 muss Frank tragen?
c) Welches Gewicht hat der Eimer?

2 Großvaters Pendeluhr wird durch ein Gewicht ($m = 1{,}2\,\text{kg}$) angetrieben, das sich nach 5 Tagen um $h = 0{,}8\,\text{m}$ abgesenkt hat und dann mit einer kleinen Handkurbel wieder hochgezogen werden muss.

__/18

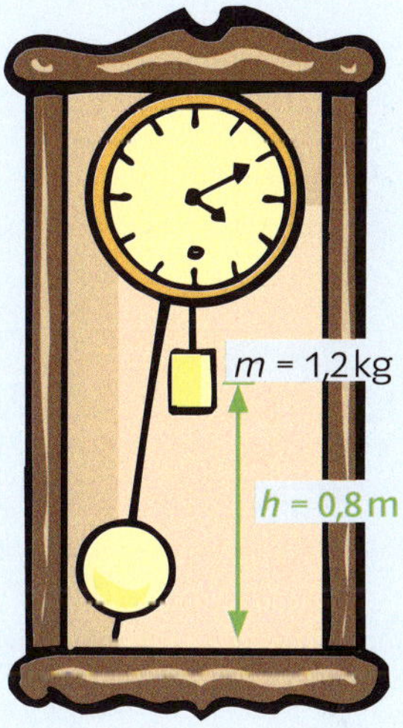

a) Welche Arbeit wird beim Hochziehen des Gewichts verrichtet?
b) Bestimme auch die Leistung, wenn das Aufziehen 12 Sekunden dauert. Mit welcher Leistung läuft die Uhr?
c) Welche Energieformen treten hier auf?
Gilt hier auch dass Prinzip der Energieerhaltung?
d) Mit der Aufzugskurbel, deren Grifflänge 4 cm beträgt, wird das Seil des Gewichtes auf eine Achse vom Durchmesser 1,6 cm aufgewickelt.
Welche Kraft ist aufzubringen und wie viele Umdrehungen sind erforderlich?

3

__/18

a) Wie stark muss die Zugkraft $\vec{F_z}$ mindestens sein?
b) Wie viel Meter Seil müssen herabgezogen werden, um den Wagen die gesamte schiefe Ebene hinauf zu befördern?
c) Als der Wagen das obere Ende der schiefen Ebene erreicht, reißt das Seil und der Wagen rollt wieder hinab. Welche Beschleunigung erfährt der Wagen höchstens?

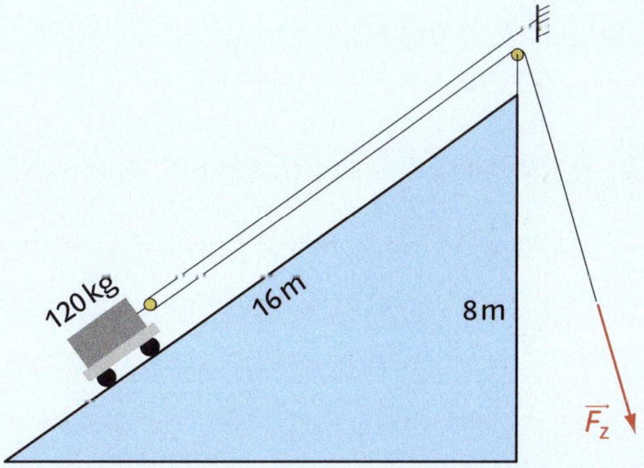

d) Welche Geschwindigkeit erzielt der Wagen am unteren Ende der schiefen Ebene höchstens?

Gesamtpunktzahl __/50

9 Optik

Alle Vorgänge, die mit der Entstehung, Ausbreitung und Wahrnehmung von Licht, aber auch mit dessen Farbwirkungen zu tun haben, werden dem physikalischen Teilgebiet der Optik zugerechnet und hier näher behandelt.

9.1 Licht und Schatten

1 Sieht man einen Gegenstand, der kein eigenes Licht aussendet, so wird er von einer Lichtquelle beleuchtet und leitet deren Licht weiter. Kreuze nachfolgend nur die tatsächlichen Lichtquellen an.

☐ Sonne ☐ Vollmond ☐ Feuer ☐ Wandbild
☐ Fernsehbild ☐ Taschenlampe ☐ Kinofilm ☐ LED

Merke

- Eine kleine, sogenannte **punktförmige Lichtquelle** strahlt Ihr Licht gleichmäßig in alle Raumrichtungen ab (a).
- Wird die Lichtabstrahlung (z. B. durch eine Blende) auf einen bestimmten Winkelbereich begrenzt, so resultiert ein **Lichtbündel** (auch: **Lichtkegel**) (b).
- Ein sehr schmales, nahezu parallel begrenztes Lichtbündel wird als **Lichtstrahl** bezeichnet (c). Lichtstrahlen werden modellmäßig als geometrische Strahlen (Halbgeraden) dargestellt.

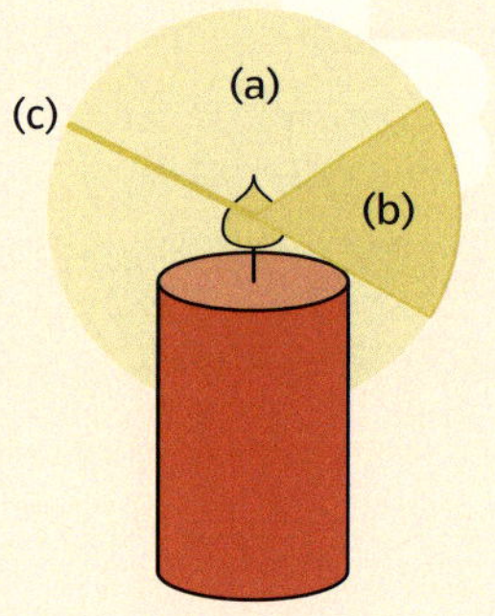

- **Ausgedehnte Lichtquellen** (z. B. Neonröhren) kann man sich aus vielen punktförmigen Lichtquellen zusammengesetzt denken.

2 **Experiment:** Parallel zur Projektionswand P stehen die beiden punktförmigen Lichtquellen L_1 und L_2, dazwischen der Gegenstand G.

a) Bestimme die Schattenbilder von G auf P im Licht von L_1 bzw. L_2.

b) In welchen Bereich von P trifft weder Licht von L_1, noch von L_2? Wie nennt man diesen Bereich?

____

c) In welche Bereiche von P trifft das Licht von L_1 oder L_2? Wie nennt man diese Bereiche?

____

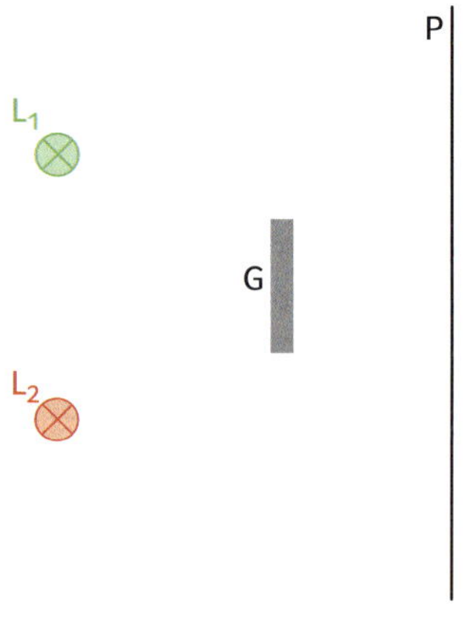

3

a) Zu welcher Tageszeit befindest du dich an einem wolkenlosen Tag im Lichtbereich, im Halbschatten- oder im Kernschattenbereich der Erde?
b) Der Mond umkreist die Erde einmal in ca. 4 Wochen. Erkläre, wie es von der Erde aus zu den einzelnen Mondphasen von Vollmond bis Neumond kommt.

4

a) In größeren Zeitabständen kann von der Erde aus eine Sonnenfinsternis beobachtet werden. Wie kommt sie zustande?
b) Erkläre den Unterschied zwischen einer totalen und einer teilweisen (auch: partiellen) Sonnenfinsternis.
c) Warum kannst du von deinem Wohnort aus vergleichsweise häufiger eine teilweise als eine totale Sonnenfinsternis beobachten?

9.2 Reflexionen an ebenen und gekrümmten Spiegeln

Merke

+ Alle von einer Lichtquelle L ausgehenden Lichtstrahlen werden beim Auftreffen auf einen ebenen Spiegel S nach dem **Reflexionsgesetz** reflektiert:
Einfallender Lichtstrahl, Lot (ℓ_1, ℓ_2) und ausfallender Lichtstrahl liegen stets in einer Ebene und die von ihnen eingeschlossenen Einfalls- und Ausfallswinkel sind stets gleich groß, also $\alpha = \beta$.

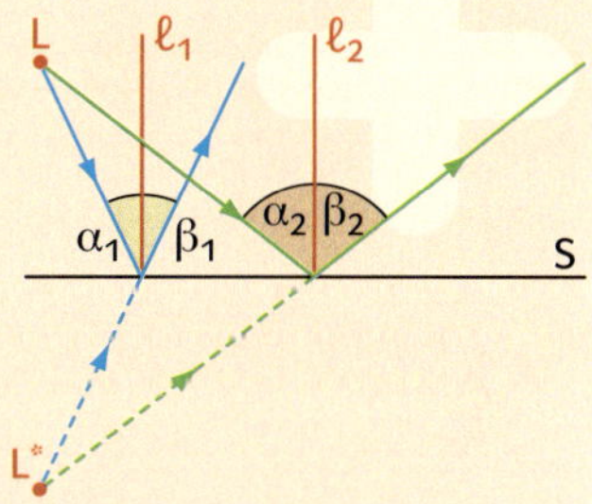

+ Das Auge wird durch die am Spiegel vollzogenen Richtungsänderungen der Lichtstrahlen getäuscht und nimmt in geradliniger Verlängerung der reflektierten Strahlen die **virtuelle (scheinbare) Lichtquelle L*** wahr, die dieselbe Größe wie L hat und ebenso weit hinter dem Spiegel erscheint, wie sich L vor dem Spiegel befindet.

5

a) Herr Heinze ist 180 cm groß und möchte sich gerne bei seiner Augenhöhe von 170 cm in einem Ankleidespiegel von Kopf bis Fuß sehen können.
Wie hoch muss der Spiegel mindestens sein und welchen Abstand darf dessen Unterkante vom Fußboden höchstens haben?
b) Nachdem Herr Heinze den Spiegel gekauft und aufgehängt hat stellt er zu seiner Überraschung fest: Egal, ob er einen Schritt vor- oder zurückgeht, er sieht sich stets in voller Körpergröße! Warum?

6

a) Bei windstillem Wetter erkennst du in der Oberfläche eines Sees ein klares Spiegelbild, das mit aufkommendem Wind verschwindet. Erkläre diese Beobachtung.

b) Man sagt, dass auch helle Flächen das Licht gut reflektieren.
Warum liefert eine weiße Hauswand kein Spiegelbild?

7 Der Schotte Mc Money ist ebenso geizig wie genial: Aus lauter Sparsamkeit hat er sich nur eine einzige Advents-Kerze gekauft, will aber dennoch den 4. Advent stilgerecht mit vier brennenden Kerzen feiern.
Wie kriegt er das mithilfe von zwei Spiegeln hin?

Merke

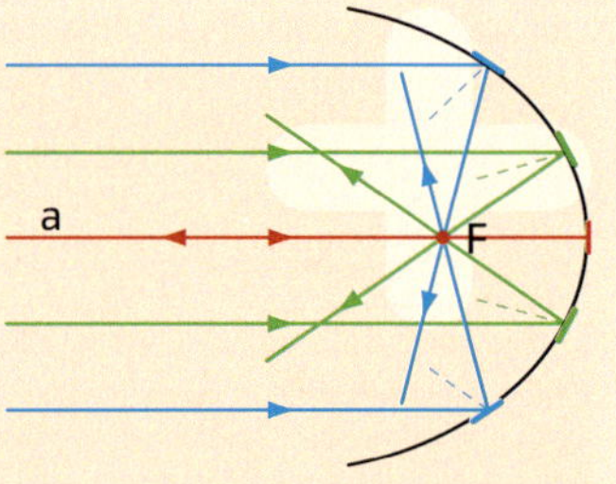

- Ein **Hohlspiegel (Konkavspiegel)** reflektiert alle Lichtstrahlen, die parallel zur optischen Achse a einfallen, durch einen gemeinsamen Punkt, den **Brennpunkt (Fokus) F**.
- In der Umgebung eines Auftreffpunktes kann der Hohlspiegel näherungsweise als eben betrachtet werden, bzw. durch einen tangential anliegenden ebenen Spiegel ersetzt werden, für den das Reflexionsgesetz zur Anwendung kommt.

8

a) Nenne einige Beispiele für die bündelnde Wirkung eines Hohlspiegels.

b) Was geschieht, wenn man im Brennpunkt eine Lichtquelle platziert? Wie verläuft hier der Weg der Lichtstrahlen im Vergleich zu den Beispielen aus Teilaufgabe a)?

9 Die Abbildung zeigt, wie der Hohlspiegel das Bild einer Kerze erzeugt.

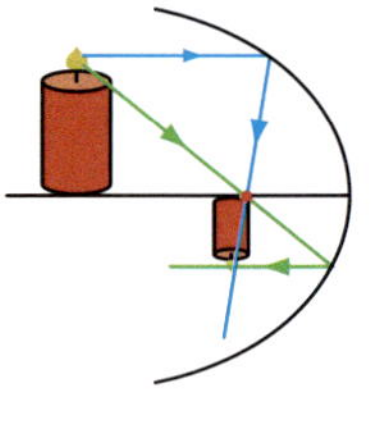

a) Mit welchen Lichtstrahlen wird das Spiegelbild konstruiert?

b) Wodurch unterscheidet sich das Spiegelbild eines Hohlspiegels von dem eines ebenen Spiegels?

c) Angenommen, das Spiegelbild wird durch eine Kerze entsprechender Größe ersetzt. Wo liegt das neue Spiegelbild? Schlussfolgerung?

10 Ein **Wölbspiegel (Konvexspiegel)** ist, anders als ein Hohlspiegel, nach außen gewölbt.

a) Wie erscheint das Spiegelbild eines Wölbspiegels? Wo findet man Wölbspiegel?

b) Verena läuft durch ein Spiegelkabinett und amüsiert sich über ihre Spiegelbilder, z.B.: 1. Extrem dünn bei unveränderter Größe
2. Extrem klein bei normaler Körperbreite
Welche Arten von Spiegeln erzeugen derartige Bilder?

9.3 Brechung und Totalreflexion

Merke

- Geht ein Lichtstrahl aus einem **optisch dünneren Medium** (z.B. Luft) in ein **optisch dichteres Medium** (z.B. Wasser) über, so wird er an der Grenzfläche teilweise reflektiert und teilweise **zum Grenzflächen-Lot hin gebrochen** ($\beta < \alpha$).
- Der einfallende Lichtstrahl, das Grenzflächen-Lot ℓ und der gebrochene Lichtstrahl liegen stets in einer Ebene.

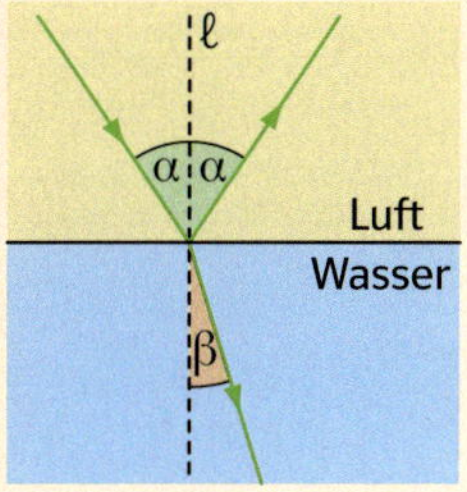

11

a) Unter welchen Bedingungen dominiert der gebrochene Anteil des einfallenden Lichtstrahls über den reflektierten Anteil? Wann sind die Verhältnisse umgekehrt?

b) Welche physikalische Eigenschaft der Lichtausbreitung wird mit den Bezeichnungen „optisch dünn" und „optisch dicht" angesprochen?

12 **Experiment:** Ein Lichtstrahl, der in M auf den halbzylindrischen Glaskörper G trifft und dort gebrochen wird, schneidet den Kreis K um M in den Punkten A und B. Von dort aus verlaufen die zum Grenzflächenlot ℓ senkrechten Strecken a und b, für die folgende Längen gemessen werden:

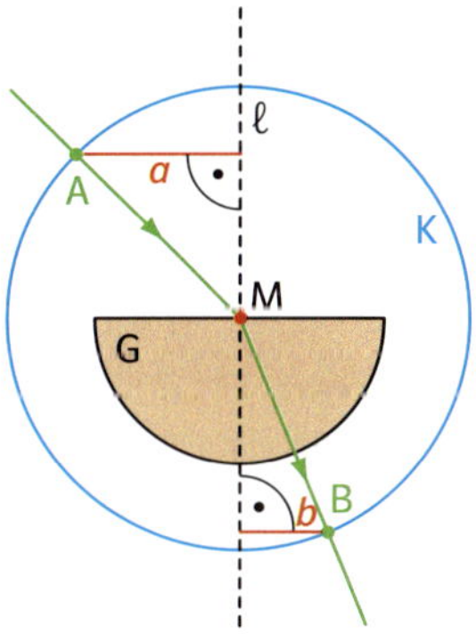

a (in cm)	1,3	2,8	4,2	5,4
b (in cm)	0,85	1,8	2,7	3,5
$n = a : b$				

a) Berechne für jedes Messpaar den Quotienten $n = a : b$ und vergleiche diese Werte miteinander. Wie nennt man die Zahl n und wovon hängt ihr Wert ab?

b) Wie lang ist b für $a = 3{,}8\,\text{cm}$? Wie lang ist a für $b = 2{,}2\,\text{cm}$?

c) Warum wird der Lichtstrahl beim Austritt aus dem Glaskörper nicht erneut gebrochen?

Info plus

Man kann zeigen, dass der Brechungsindex dem Verhältnis der in beiden Medien geltenden **Lichtgeschwindigkeiten** entspricht: $n = \frac{c_1}{c_2}$.
So besagt der Brechungsindex $n = 1{,}55$ für den Übergang Luft-Glas, dass die in Luft geltende Lichtgeschwindigkeit $c_1 = 300\,000\,\frac{\text{km}}{\text{s}}$ in Glas auf

$c_2 = \frac{c_1}{n} = \frac{300\,000\,\frac{\text{km}}{\text{s}}}{1{,}55} = 193\,548\,\frac{\text{km}}{\text{s}}$ abnimmt.

13 **Experiment:** Ein Lichtstrahl wird beim Durchgang durch eine planparallele Glasplatte in der abgebildeten Weise beeinflusst.

a) Beschreibe kurz die Vorgänge an den Punkten A und B.

b) Wie würde ein Bild beim Betrachten durch eine planparallele Glasplatte erscheinen?

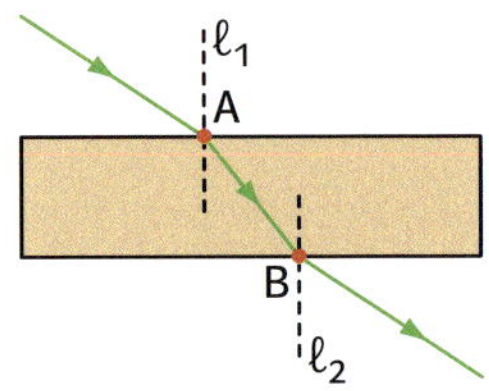

14 Gerrit sitzt im Paddelboot und wundert sich, dass der ins Wasser eingetauchte Teil des Paddels zur Wasseroberfläche hin abzuknicken scheint. Kannst du ihm das erklären?

15 **Experiment:** Von der Unterwasser-Lampe L aus treffen die Lichtstrahlen (1), (2) und (3) auf die Grenzfläche Wasser - Luft.

a) Beschreibe den Verlauf jedes Lichtstrahls.

b) An welche beiden Bedingungen ist das Auftreten von **Totalreflexion** gebunden?

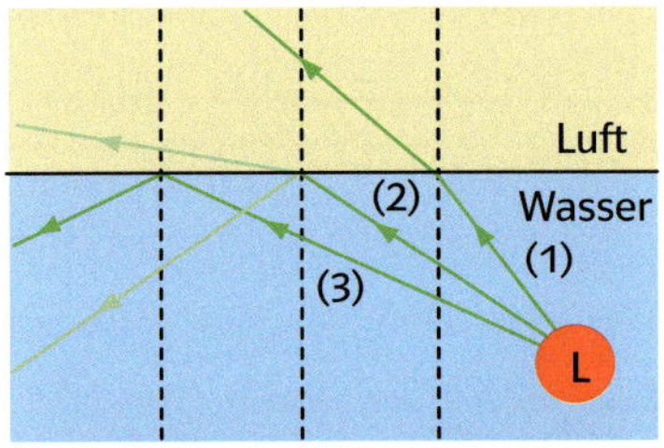

9.4 Grundzüge der Farbenlehre

16 **Experiment:** Der Lichtstrahl einer Glühlampe durchläuft das Glasprisma und erzeugt ein kontinuierliches Farbspektrum, das auf dem Schirm aufgefangen wird.

a) Wie kommt das Farbspektrum zustande?

b) Lassen sich einzelne Farben des Spektrums durch ein weiteres Prisma erneut zerlegen?

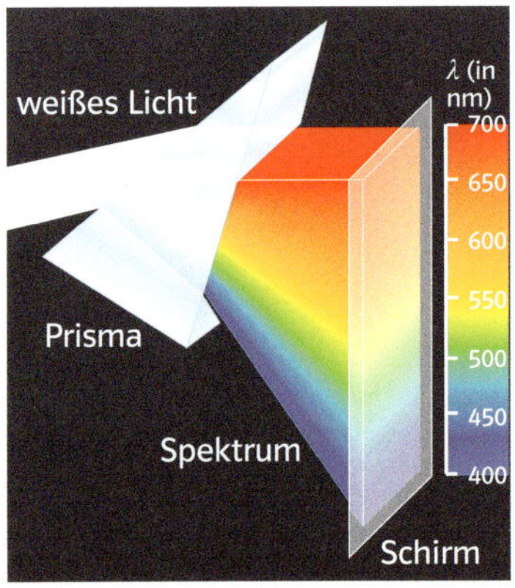

Merke

- **Weißes Licht** lässt sich in ein **kontinuierliches Farbspektrum** zerlegen, das von Rot über Gelb, Grün und Blau hin zu Violett reicht. Weiß ist somit eine Mischfarbe.
- Farbiges Licht, das sich nicht weiter spektral zerlegen lässt, wird **spektralrein** genannt. Alle Farben eines Spektrums sind spektralrein.

17 Erkläre mithilfe der Grafik rechts.

a) Weißes Licht trifft auf einen Regentropfen. Was geschieht?

b) Wie kommt ein Regenbogen zustande?

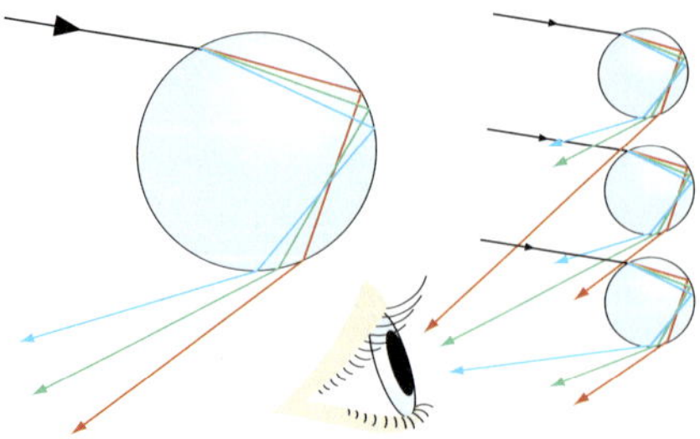

Merke

Die Spektralfarben des weißen Lichtes lassen sich zu einem **Farbkreis** anordnen.

- Farben, die sich gegenüber liegen, nennt man **Komplementärfarben**. Ihre **additive Mischung** führt auf weiß.
- Mischt man zwei Farben additiv, die nicht komplementär zueinander sind, so resultiert die Farbe in der Mitte ihrer kürzesten Verbindung.
- Mischt man die Enden des Farbspektrums, Rot und Violett, additiv, so ergibt sich Purpur, wodurch der Kreis geschlossen wird.

18

a) Was versteht man unter „additiver" Farbmischung?
b) Gib drei verschiedene Möglichkeiten an, die Farbe weiß zu mischen.
c) Welche Farben ergeben sich beim Mischen von Rot und Gelb, Blau und Gelb oder Grün und Orange?

19

a) Was hat unser Farbensehen mit der additiven Farbmischung zu tun?
b) Wie erzeugt ein PC-Bildschirm die verschiedenen Farben?

Merke

- Licht, das einen Farbfilter passiert, erscheint in der Mischfarbe all derjenigen Farben, die vom Filter durchgelassen werden.
- Passiert Licht nacheinander zwei Farbfilter, so bleiben nur diejenigen Farben übrig, die von beiden Filtern durchgelassen werden. Die resultierende Farbe entsteht jetzt durch **subtraktive Farbmischung**.

20 Weißes Licht passiert zwei Farbfilter, sodass gelbes Licht (links) und blaues Licht (rechts) resultiert. Welche Farbanteile wurden jeweils herausgefiltert, wenn dasjenige Licht, das beide Filter passiert, grün erscheint?

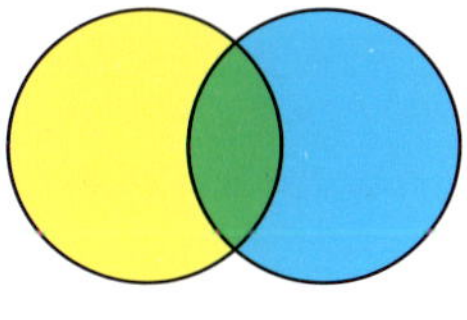

21

a) Mit welchen drei Grundfarben (abgesehen von Schwarz) arbeitet ein Farbdrucker?
b) Begründe, dass ein Farbdrucker sowohl von der additiven als auch von der subtraktiven Farbmischung Gebrauch macht.
c) Warum verwendet der Farbdrucker „überflüssigerweise" auch schwarze Tinte?

9.5 Optische Linsen und Abbildungen

Merke

Alle Lichtstrahlen werden beim Durchgang durch eine **Sammellinse (Konvexlinse)** zweimal gebrochen. Zur Vereinfachung kann man ersatzweise von einer einfachen Brechung an der Mittelebene E ausgehen, die dieselbe Wirkung hat.

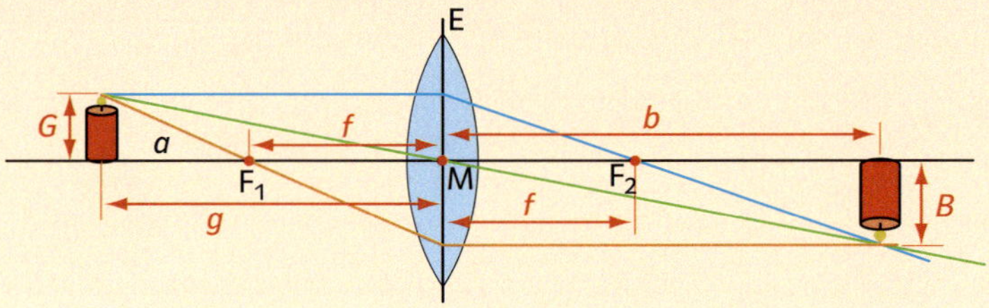

- Zur Bildkonstruktion eignen sich folgende drei Strahlengänge:
  1. Alle zur optischen Achse a parallel einfallenden Lichtstrahlen (blau) verlaufen nach der Brechung durch den rückseitigen Brennpunkt (F_2).
  2. Der durch den Mittelpunkt M verlaufende Lichtstrahl (grün) wird nicht gebrochen.
  3. Alle durch den vorderseitigen Brennpunkt (F_1) einfallenden Lichtstrahlen (rot) verlaufen nach der Brechung parallel zur optischen Achse a.
- Der **Abbildungsmaßstab** A beträgt $A = \frac{B}{G}$ oder $A = \frac{b}{g}$.
- Es gilt die **Abbildungsformel** $\frac{1}{g} + \frac{1}{b} = \frac{1}{f}$
- Für $g > f$ entstehen umgekehrte reelle Bilder, für $0 < g < f$ aufrechte virtuelle.

Beispiel 1: Mit einer Lupe (Sammellinse) kann man das Licht und die Wärmestrahlung der Sonne so in einem Punkt bündeln, dass die dortige Temperatur ausreicht, um z.B. Papier zu entzünden. Man spricht deshalb auch von einem „Brennglas".

22 a) Eine 5 cm große Kerze steht 18 cm vor einer Sammellinse mit der Brennweite $f = 6$ cm. Berechne die Bildweite b und die Bildgröße B.
Kann man das Bild auffangen?
b) Die Kerze wird nun 3 cm vor der Linse platziert. Kann man das Bild auffangen?

23

a) Vervollständige die Tabelle.

Gegenstandsweite g	Bildweite b	Verhältnis B/G
$g > 2f$		
	$b = 2f$	
$f < g < 2f$		
$g = 0{,}5f$		

b) Welcher Bereich der Tabelle wird eingangs im Merkekasten dargestellt?
c) Welcher Bereich der Tabelle beschreibt den Einsatz einer Sammellinse als Lupe?

Tipp

Für Sammellinsen und Hohlspiegel gelten dieselben Überlegungen:
- Für Bildkonstruktionen werden vergleichbare Strahlenverläufe verwendet.
- Für Berechnungen kommen dieselben Formeln zur Anwendung.

Beachte aber: Während Lichtstrahlen durch Linsen hindurchgehen, werden sie von Hohlspiegeln zurückgeworfen. Linsen haben zwei, Hohlspiegel nur einen Brennpunkt.

24

a) Nebenstehend ist eine Lochkamera abgebildet. Erläutere kurz ihre Funktionsweise. Welcher Widerspruch stellt sich zusammen mit der Anforderung an eine gute Aufnahme ein?
b) Die abgebildete Kamera besitzt nun eine Sammellinse, das „Objektiv". Welche Vorteile hat diese Kamera gegenüber der Lochkamera?

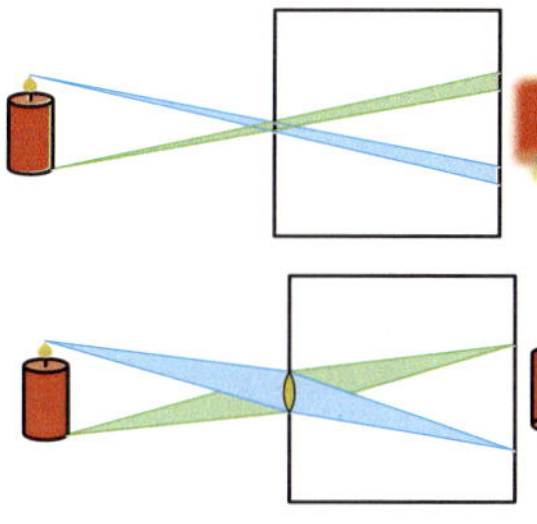

25

a) Vergleiche die Funktionsweise des menschlichen Auges mit der einer Kamera.
b) Wann liegt Kurz- bzw. Weitsichtigkeit vor? Wie können diese Sehfehler durch Linsen ausgeglichen werden?

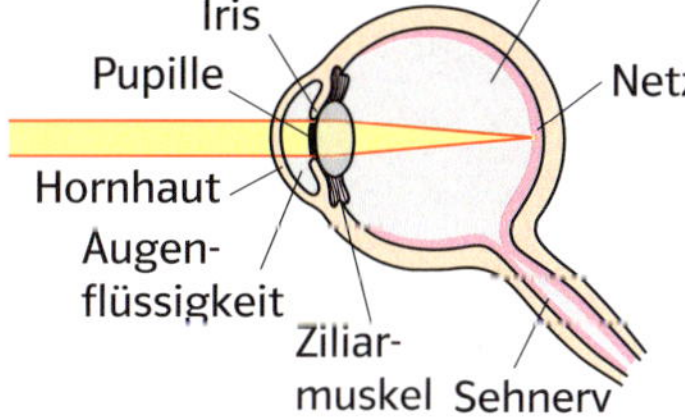

26 Die beiden folgenden Abbildungen zeigen die Strahlenverläufe, wenn sehr weit entfernte Objekte (z.B. Sterne) mit dem unbewaffneten Auge (1) oder mit dem astronomischen Fernrohr (2) betrachtet werden:

(1)

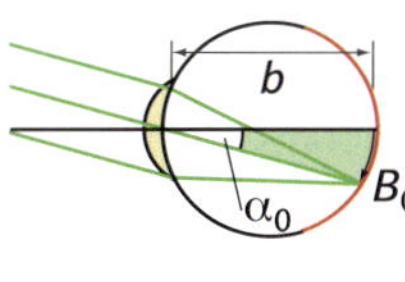

(2)

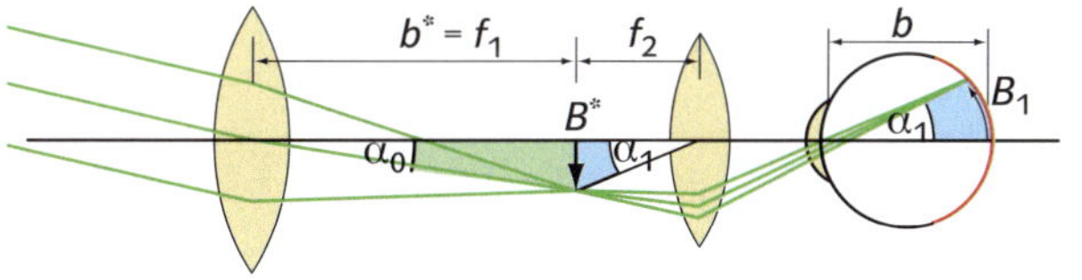

a) Erkläre den Aufbau und die Wirkungsweise des astronomischen Fernrohres.
b) Die Fernrohrvergrößerung v ist durch das Verhältnis der Bildgrößen gegeben: $v = \frac{B_1}{B_0}$.
Zeige: v ergibt sich ebenso aus dem Verhältnis der beiden Brennweiten: $v = \frac{f_1}{f_2}$.
c) Welche Vergrößerung liefert ein Fernrohr, dessen Objektiv eine Brennweite von 150 mm hat und dessen Okular die Brennweite 7,5 mm besitzt?

69 Folgende Lichtquellen können als punktförmig angesehen werden:
- ☐ Kerzenflamme ☐ Neonröhre ☐ Lagerfeuer
- ☐ Sonne ☐ Blitz ☐ Sterne

70 Bei einer Sonnenfinsternis siehst du nur noch die halbe Sonnenscheibe, dann befindest du dich im ________________ des ________________. Wenn du die Sonne gar nicht mehr siehst, dann stehst du im ________________.

71 Das Reflexionsgesetz lautet:

____

____

72 Am Hohlspiegel werden alle Lichtstrahlen, die parallel zur optischen Achse einfallen, ________________ reflektiert, hingegen fielen alle parallel zur optischen Achse reflektierten Strahlen ________________ ein.

73 Bei welchen Übergängen wird ein Lichtstrahl vom Grenzflächen-Lot weg gebrochen?
- ☐ Luft – Wasser ☐ Wasser – Luft ☐ Luft – Glas ☐ Glas – Luft

Allgemein gilt: Ein Lichtstrahl wird vom Grenzflächen-Lot weg gebrochen,

____

74 Vermischen sich zwei Farben zu einem gemeinsamen Farbeindruck, so spricht man von ________________. Werden hingegen einer Mischfarbe nacheinander verschiedene Spektralfarben entzogen, so entsteht die resultierende Farbe durch ________________.

75 Für eine Sammellinse beträgt der Abbildungsmaßstab: ________________
Und die Abbildungsformel lautet:
- ☐ $\frac{1}{b} + \frac{1}{g} = \frac{1}{f}$ ☐ $\frac{1}{g} - \frac{1}{f} = \frac{1}{b}$ ☐ $f = \frac{b \cdot g}{b + g}$ ☐ $b = \frac{f \cdot g}{g - f}$

76 Falls bei einer abbildenden Sammellinse Gegenstands- und Bildweite gleich groß sind, dann gilt:
- ☐ $g = f$ ☐ $g = 2f$ ☐ $g = 0{,}5f$ ☐ $b = -f$

und der Abbildungsmaßstab beträgt:
- ☐ $A < 0$ ☐ $A < 1$ ☐ $A = 1$ ☐ $A > 0$

1 Eine erste punktförmige Lichtquelle L_1 erzeugt auf der Projektionswand P den Schatten AB von G.

a) Bestimme die Position von L_1 durch Konstruktion.

b) Der Schatten einer zweiten punktförmigen Lichtquelle L_2, die zusammen mit L_1 parallel zu P steht, beginnt im Punkt C und endet unterhalb von B im Punkt D. Konstruiere die Positionen von L_2 und von D.

c) Gib Kern- und Halbschattenbereich an.

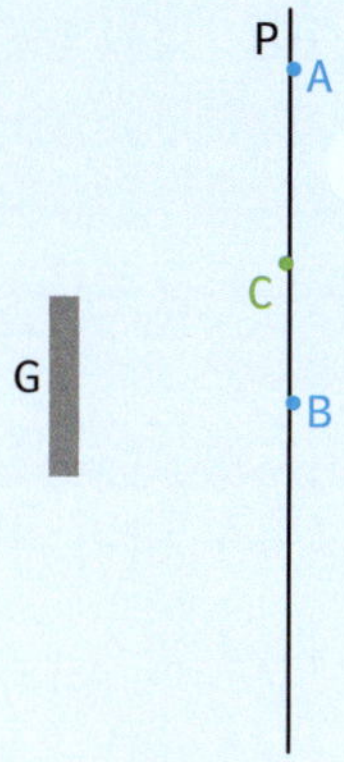

__/10

2 Auf dem Boden einer Wanne liegt der Spiegel S, darüber im Abstand *d* die punktförmige Lichtquelle L.

a) Konstruiere das Spiegelbild L* von L.

b) Nun wird die Wanne bis zur Höhe $\frac{d}{2}$ mit Wasser befüllt. Bestimme erneut, wo man das Spiegelbild L** von L sieht.

c) Aus dem Reflexionsgesetz folgt, dass das Spiegelbild ebenso weit hinter dem Spiegel liegt, wie das Original vor dem Spiegel steht. Wird diese Regel in Teilaufgabe b) außer Kraft gesetzt?

__/14

3 **Experiment:** Farbscheiben mit direkt aneinander grenzenden Farbsektoren werden sehr schnell gedreht und erzeugen dadurch den Farbeindruck einer Mischfarbe.

a) Die Farbscheibe zeigt alle Farben des Farbkreises. Welche Mischfarbe entsteht?

b) Der Farbscheibe fehlt der Farbsektor Rot (1) bzw. Blau (2). Mischfarben?

c) Der Farbscheibe fehlen die Farbsektoren Rot und Blau. Mischfarbe?

__/10

4 Ein Fotoapparat hat ein Objektiv der Brennweite 33 mm.

a) Welchen Abstand muss der Film zur Objektivmitte haben, damit die fotografierte Berglandschaft scharf abgebildet wird?

b) Nun soll eine 1 m entfernte Person fotografiert werden. Welche Einstellung ist vorzunehmen?

__/6

Gesamtpunktzahl __/40

10 Druck und Flüssigkeiten

Bei den Flüssigkeiten werden die Moleküle zwar zusammengehalten, sie sind aber im Gegensatz zu den festen Körpern untereinander verschiebbar. Flüssigkeiten schmiegen sich jedem Gefäß an.

10.1 Der Druck in Flüssigkeiten

Merke

- Wirkt eine Kraft F senkrecht auf eine Fläche A, so entsteht ein **Druck** $p = \frac{F}{A}$ $\left([p] = 1\,\text{Pa} = \frac{1\,\text{N}}{1\,\text{m}^2};\ 100\,000\,\text{Pa} = 1\,\text{bar}\right)$.
- Geräte zur Druckmessung heißen **Manometer**. Sie messen meistens den **Überdruck** gegenüber dem Luftdruck. Man muss vor einer Messung überprüfen, ob der Zeiger an der Skala ohne zusätzlichen Druck zum Luftdruck auf 0 oder 1 steht.
- Bei Flüssigkeiten in abgeschlossenen Gefäßen herrscht derselbe Druck nach allen Richtungen. Damit kann man z. B. mit Schläuchen Druck an beliebige Stellen leiten.

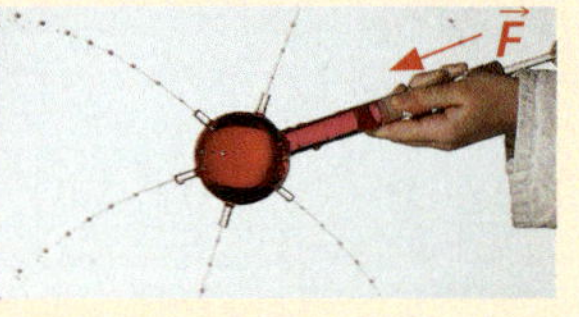

- Herrschen in einem Gefäß verschiedene Drücke, wird dies sofort ausgeglichen. Vom Punkt mit größerem Druck fließt die Flüssigkeit zum Punkt mit niedrigerem Druck. Der Druck gleicht sich aus. In gleicher Höhe ist der Druck immer gleich groß.

Beispiel 1: Nachfolgend zur Orientierung ein paar Beispiele von Druckgrößen.

Wasserleitung	Autoreifen	Luftdruck in Meereshöhe	Zunahme je 10 m Wassertiefe	Hydraulik-Bagger	Person auf Fläche von $1\,\text{m}^2$
4 bar	3 bar	1 bar	1 bar	100 bar	8 mbar

1 Fülle die Tabelle aus.

Fläche A			$0{,}1\,\text{m}^2$	$200\,\text{m}^2$			
Kraft F (in N)	100	5000			100	10	500
Druck p (in Pa)			300 000		125 000	5 000 000	
Druck p (in bar)	0,001	0,01		0,005			0,125

2 Man drückt mit der Kraft F auf einen Kolben, um Druck in einer Flüssigkeit zu erzeugen.
Kann man den Druck in der Flüssigkeit verdoppeln, ohne die Kraft zu verändern?

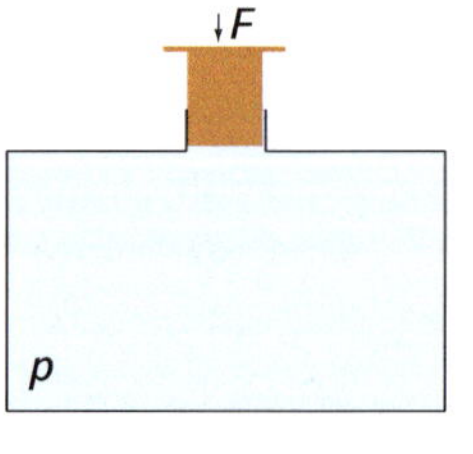

3 Ist der Druck gleich groß, so herrscht an der größeren Fläche auch eine größere Kraft. Welche Masse muss man auf die beweglichen Kolben stellen, damit sie im Gleichgewicht bleiben? (10 N ≙ 1 kg) Fülle die Tabelle aus.

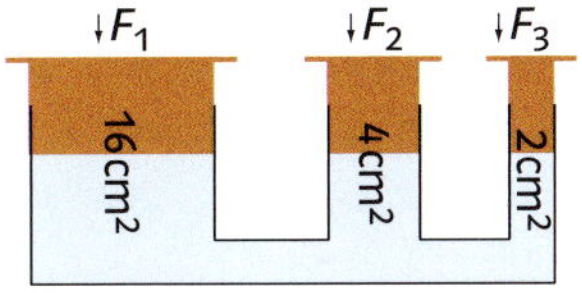

Masse auf Kolben 1 (in kg)	12					0,2
Masse auf Kolben 2 (in kg)		36			0,16	
Masse auf Kolben 3 (in kg)			4	0,002		
Druck in der Flüssigkeit (in Pa)						

4 Menschen haben ein geschlossenes Blutgefäßsystem. In den Arterien, Venen und Kapillaren fließt das Blut durch unseren Körper. Um einen Durchfluss zu ermöglichen, ist ein Druck notwendig, der vom Herzen erzeugt wird.
Der Arzt misst zwei verschiedene Blutdrücke:
- Der systolische Wert ist der Druck während der Kontraktion des Herzens.
- Der diastolische Wert ist der Druck bei der Erschlaffung der Herzmuskulatur.

Der ideale Blutdruck ist altersabhängig. Er wird auch weiterhin in Torr gemessen, einer nicht mehr zugelassenen physikalischen Einheit. 1 Torr = 135 Pa.
„120 zu 80" wäre bei einem Erwachsenen normal und bedeutet „120 Torr systolischer Wert, 80 Torr diastolischer Wert".

a) Welche Drücke in Pa herrschen im Blutkreislauf, wenn der Arzt „120 zu 80" misst?
b) Der systolische Wert steigt von 120 Torr auf 140 Torr an.
Gib den Druckunterschied in Torr, Pascal und bar an.
Welcher Masse auf einer Fläche von $1\,dm^2$ würde dieser Unterschied entsprechen?

5 **Experiment:** Wie groß ist die Kraft des Wassers bei einem offenen Wasserhahn mit einer Querschnittsfläche von $2\,cm^2$ und einem Wasserdruck von 3 bar, bei einem Schlauch mit $0{,}8\,cm^2$ Querschnittsfläche beim selben Wasserdruck? Könnte man den Wasserhahn oder Schlauch mit dem Daumen zuhalten? (Rechne mit Kilogramm.)

6 Auf Meereshöhe beträgt der Normaldruck 1013 mbar = 1,013 bar.
Mit zunehmender Höhe nimmt der Luftdruck ab:

Höhe (in km)	1	3	7	10
Luftdruck (in mbar)	900	701	411	264

a) Skizziere den Luftdruck in Abhängigkeit von der Höhe in die Grafik rechts.
b) In welcher Höhe ist der Luftdruck halb so groß wie auf Meereshöhe?
c) Die Kurve aus der Teilaufgabe a) ist keine Gerade. Was bedeutet das?

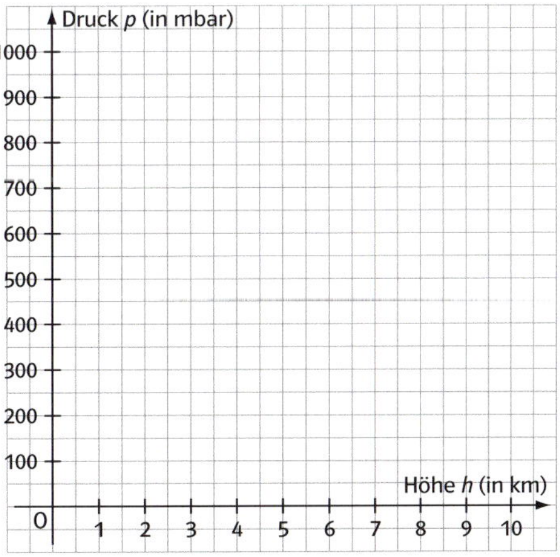

10.2 Hydraulik und hydrostatischer Druck (Schweredruck)

Merke

Die **Hydraulik** beschäftigt sich mit Antriebs-, Steuer-, Regel- und Bremsvorrichtungen, bei denen Kräfte mittels einer Flüssigkeit übertragen werden. Dabei nutzt man die Tatsache aus, dass sich die Flüssigkeiten nicht komprimieren lassen und der Druck in der Flüssigkeit überall gleich groß ist.

- Aufgrund des Eigengewichts der Flüssigkeiten herrscht in einer Flüssigkeit (und in einem Gas) unterhalb der Oberfläche ein Druck: der **hydrostatische Druck** (Schweredruck) $p = \varrho \cdot g \cdot h$. Dabei ist $\varrho = \frac{m}{V}$ die **Dichte** der Flüssigkeit in $\frac{g}{cm^3}$; g die Fallbeschleunigung $9{,}81\,\frac{m}{s^2}$ $\left(\text{rechne hier mit } g = 10\,\frac{m}{s^2}\right)$ und h die Höhe der darüber befindlichen Flüssigkeit (eigentlich: die Tiefe unter der Oberfläche).
- Der hydrostatische Druck ist **in gleicher Tiefe derselben Flüssigkeit gleich groß** und *wirkt nach allen Seiten*. Er hängt *nicht* von der Form des Gefäßes und *nicht* vom Gesamtgewicht der darüber befindlichen Flüssigkeit ab.

Beispiel 2: **verschiedene Dichten** in $\frac{g}{cm^3}$: Wasser (4 °C): 1; Alkohol: 0,79; Quecksilber: 13,6; Luft: 0,0013; Eisen: 7,86; Eis: 0,9; Glyzerin: 1,26; Mineralöl: 0,91; Wein: 0,90

Beispiel 3: Druck in 1 m Wassertiefe: $\left(\text{Umrechnung: } 1\,\frac{g}{cm^3} = 1\,000\,000\,\frac{g}{m^3} = 1000\,\frac{kg}{m^3}\right)$;
$p = \varrho \cdot g \cdot h = 1000\,\frac{kg}{m^3} \cdot 9{,}81\,\frac{m}{s^2} \cdot 1\,m = 9810\,\frac{N}{m^2} = 9810\,Pa$

7 Bei der skizzierten Presse ist im Presskolben (K_2) die Fläche 50-mal so groß wie im Pumpkolben (K_1).

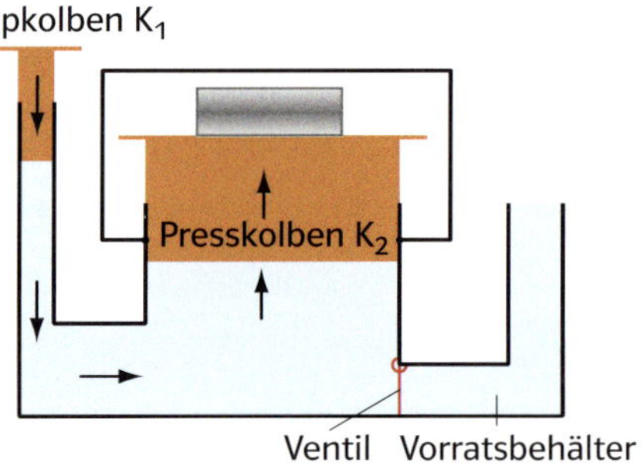

a) Welche Kraft herrscht in K_2, wenn man auf K_1 ein Gewicht der Masse 50 kg stellt?
b) Um welche Strecke s bewegt sich K_2, wenn K_1 um 50 cm bewegt wird?
c) Lässt sich etwas über das Produkt Kraft mal Weg aussagen?
d) Mit welcher Kraft muss man auf K_1 drücken, damit bei K_2 die Kraft von 1000 N herrscht? Welche Masse ist auf K_1 aufzulegen?

8 Berechne die fehlenden Größen in der Tabelle.

Stoff	Alkohol	Quecksilber	Alkohol	Wasser	Wasser	Wasser
Tiefe	1 m	1000 mm		1 m	15 m	
Druck			2 bar			5 bar

9 Herr Sauter hat einen drei Meter hohen Öltank. Er will mit einem Druckmesser, der am Boden des Tankes installiert wird, jeweils die Füllhöhe im Tank messen.

a) Ist dies prinzipiell möglich? Begründe deine Antwort.

b) Wie groß sind im Tank die maximalen Druckunterschiede?

10 Die rechts gezeichneten Behälter haben jeweils drei Öffnungen und sind bis oben mit Wasser gefüllt, das ständig von oben nachgefüllt wird.
Zeichne die an den Öffnungen austretenden Wasserstrahlen ein und erkläre die Skizze danach.

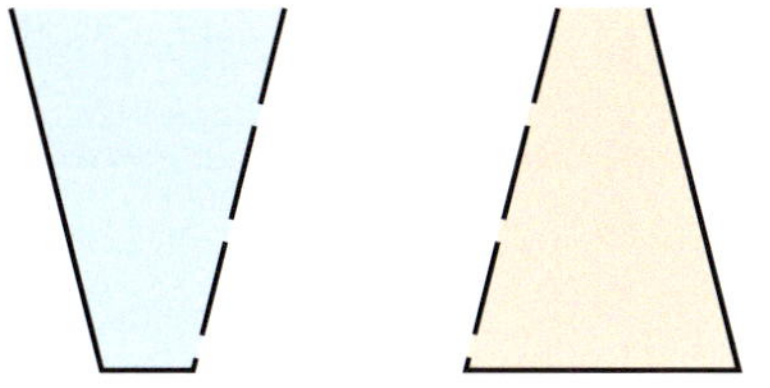

11 Die drei rechten U-Rohre sind in Ruhe und teilweise mit Flüssigkeiten gefüllt.
Sind diese „Flüssigkeitsstände" möglich? Begründe deine Antwort.

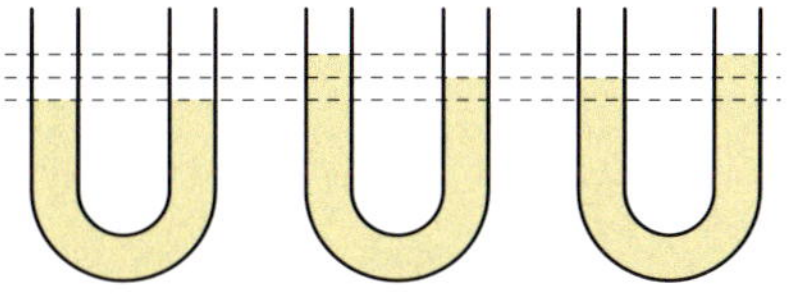

12 Wie hoch muss eine Wassersäule sein, damit am unteren Ende ein Druck von 2 bar entsteht?

Info plus

Der Pascal'sche Fassversuch

Blaise Pascal (1623 - 1662), der französische Philosoph und Naturwissenschaftler, behauptete, er könne mit ein paar Gläsern Wein ein volles Weinfass zerstören. Aber niemand glaubte ihm. Daraufhin bohrte Pascal ein Loch oben in ein Fass und steckte ein mehrere Meter langes, dünnes Rohr hinein. Nachdem er das Fass sorgfältig abgedichtet hatte, goss er Wein in das Rohr. Das dünne Rohr füllte sich schnell und plötzlich barst das Fass mit lautem Krachen.

13 Lies den Text im Info plus-Kasten.

a) Erkläre dieses erstaunliche Experiment.

b) Nehmen wir einmal an, wir wollten den Versuch von Pascal mit Wasser nachvollziehen. Es stünde uns ein zylindrisches, randvoll gefülltes 500-Liter-Fass mit einer Höhe von 1 m und ein 10 m hohes Steigrohr mit einer Querschnittsfläche von 0,9 cm^2 zur Verfügung, das wir oben absolut dicht anschließen können. Wie viel Liter Wasser müssten wir in das Steigrohr füllen, bis es voll wäre? Wie groß wäre dann der zusätzliche Druck auf den Fassboden? Welchem zusätzlichen Gewicht auf den Fassboden (Fläche A = 0,5 m^2) würde dieser Druck entsprechen?

14 Das Wasserreservoir der Stadt A liegt 35 Meter höher als das am tiefsten gelegene Haus der Stadt. Das an der höchsten Stelle der Stadt erbaute Haus liegt 20 Meter über dieser tiefsten Stelle. Wie groß ist der Wasserdruck bei den beiden Häusern, wenn kein Druckausgleich vorgenommen wurde?

15 Ein Taucher liest auf seinem Druckmesser 1,6 bar ab. Aufgrund eines Herzproblems darf er nur maximal 10 m tief tauchen. Ist er schon zu tief? Wie weit müsste er gegebenenfalls nach oben schwimmen?

16 Drei gleich hohe, verschieden geformte Gefäße sind randvoll mit Wasser gefüllt. Die Fläche ihres Wasserspiegels ist jeweils verschieden. Berechne jeweils den Druck, der auf den Gefäßboden wirkt.

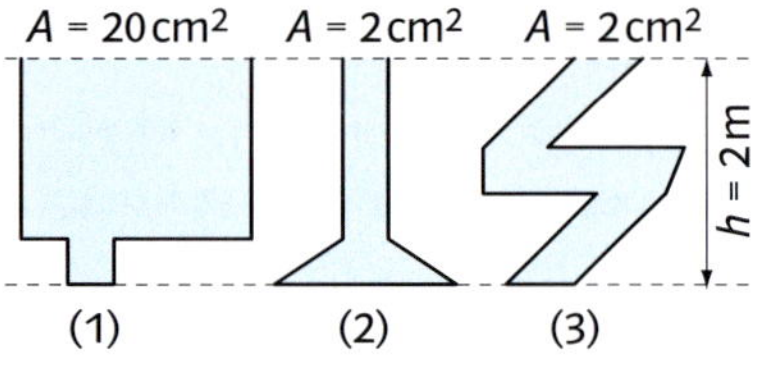

10.3 Auftrieb, Archimedisches Prinzip

Merke

- Es gibt Körper, die in einer Flüssigkeit schwimmen, die darin schweben, die darin steigen und darin sinken. Es kommt auf die beiden Dichten an: Flüssigkeit: ϱ_F Körper: ϱ_K

- **Archimedisches Prinzip:** Jeder Körper verliert in jeder Flüssigkeit so viel Gewichtskraft wie die von ihm verdrängte Flüssigkeit wiegt. Dieser scheinbare Gewichtsverlust heißt **Auftrieb**.

17 Salzwasser hat eine größere Dichte als „normales" Wasser.

a) Was ändert sich beim Schwimmen im Salzwasser?
b) Was ändert sich beim Tauchen im Salzwasser?

18 Wie viel Prozent einer Eisscholle ist unter Wasser, wie viel über Wasser?

Dichte Wasser: $1\,\frac{g}{cm^3}$ Dichte Eis: $0{,}9\,\frac{g}{cm^3}$

19 „Heureka" (Ich hab's gefunden) soll der griechische Gelehrte Archimedes gerufen haben, als er das Prinzip des Auftriebs entdeckte. Er musste überprüfen, ob eine Königskrone aus purem Gold war. Hierfür bestimmte er den Auftrieb der Krone und den Auftrieb eines reinen Goldbarrens mit demselben Gewicht.

a) Woran erkannte Archimedes, ob die Krone aus reinem Gold war?
b) Wie groß war der Unterschied des Auftriebs, wenn der Goldschmied bei der 2 kg schweren Goldkrone 25 % Silber verwendet hat? $\left(\varrho_{Gold} = 19{,}3\,\frac{kg}{dm^3};\ \varrho_{Silber} = 10{,}6\,\frac{kg}{dm^3}\right)$

77 Wie berechnet man den Druck *p* aus der Kraft *F* und der Fläche *A*?

78 Erkläre den Unterschied zwischen Druck und Kraft.

79 In welchen Einheiten misst man den Druck und wie werden die Einheiten umgerechnet?

80 „Wenn man taucht, steigt der Druck, weil sich die Menge des Wassers über dem Taucher vergrößert", behauptet jemand. Nimm Stellung.

81 Warum nehmen Bergsteiger oft ein Luftdruckmessgerät mit?

82 Eine Kraft *F* wirkt auf eine Fläche *A*. Wie ändert sich der Druck *p*, wenn man *A* auf 10 % verkleinert? Beschreibe durch eine Formel.

83 Eine etwas ungewöhnliche Blumenvase (siehe Skizze) hat drei Öffnungen für die Blumen. Man füllt in die linke Öffnung Wasser bis zur roten Markierung ein. Zeichne den Wasserstand für die ganze Vase ein.

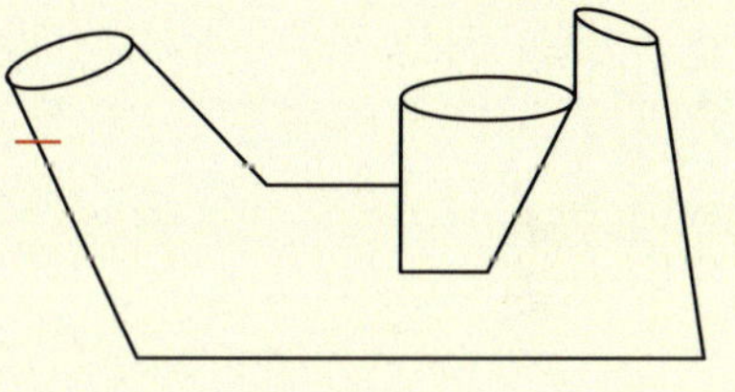

84 Was versteht man unter dem hydrostatischen Druck einer Flüssigkeit?

85 Wovon hängt der hydrostatische Druck ab?

86 Im Toten Meer schwimmt man, ohne Schwimmbewegungen zu machen, immer an der Wasseroberfläche. Erkläre.

87 Beschreibe, wann ein Körper in einer Flüssigkeit schwimmt, steigt, schwebt oder sinkt.

___/2 **1** Kennt man von den drei physikalischen Größen Kraft, Fläche und Druck zwei, so kann man die dritte Größe berechnen. (Beachte: Es geht immer um die Kraft, die *senkrecht* zur Fläche wirkt.) Berechne die fehlenden Größen der Tabelle.

Druck *p*		200 Pa	1 Pa	10000 Pa	
Fläche *A*	10 m^2		0,001 m^2		1 dm^2
Kraft *F*	100 N	200 N		1 000 000 N	100 N

___/1 **2** Die Spitze eines Reißnagels hat eine Fläche von 1 mm^2. Wie groß ist der Druck, wenn man mit einer Kraft, die dem Gewicht von 10 kg entspricht, auf den Reißnagel drückt?

___/2 **3** Wie groß ist

a) der Luftdruck auf Meereshöhe und b) der Druck in 5 m Wassertiefe?

___/2 **4** Wie kann man aus der Grafik rechts folgern, dass der Schweredruck nur von der Höhe der darüberliegenden Flüssigkeit, nicht von deren Menge oder deren Gewicht abhängt?

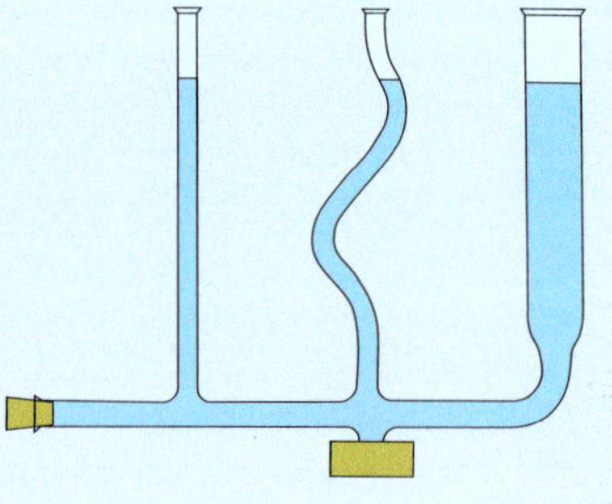

___/2 **5** **Experiment:** Zwei U-Rohre werden bis zur gestrichelten Linie mit Wasser gefüllt.
Beim U-Rohr (1) füllt man dann links eine Einheit Öl hinzu, bei (2) dieselbe Menge Quecksilber.
Zeichne den Stand der Flüssigkeiten in verschiedenen Farben ein.
Info: Die Dichte von Öl ist geringer, die von Quecksilber höher als die von Wasser.
Wir gehen davon aus, dass sich die Flüssigkeiten nicht vermischen.

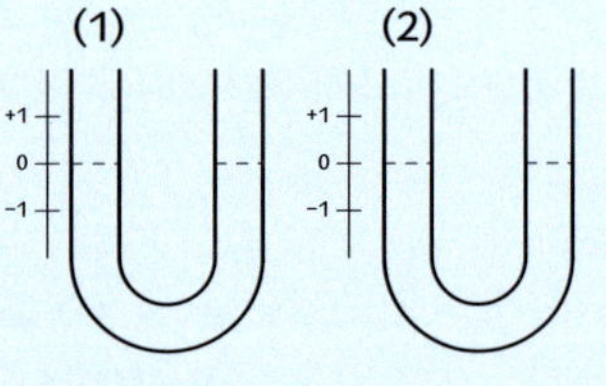

___/2 **6** Schiffe werden aus Stahl hergestellt. Stahl ist wesentlich schwerer als Wasser: Die Dichte von Stahl ist ungefähr $8\frac{g}{cm^3}$, die von Wasser $1\frac{g}{cm^3}$.
Weshalb schwimmt das Schiff dennoch?

___/2 **7** Im Druckregler der Wasserleitung in einem 40 Stockwerke hohem Hochhaus sind 3 bar Überdruck eingestellt.
Wie weit reicht der Wasserdruck bei einer Stockwerkhöhe von 2,80 m?

8 An einen Wasserschlauch mit einem Querschnitt von $2\,cm^2$ und einem Wasserdruck von 3 bar wird ein Glaszylinder mit einem inneren beweglichen Kolben angeschlossen. ___/2

a) Welches Gewicht muss man auf den Kolben mit einem Querschnitt von $30\,cm^2$ stellen, damit der Kolben in Ruhe bleibt?

b) Was passiert, wenn das Gewicht zu klein oder zu groß ist?

9 Kiefernholz hat die Dichte $0{,}7\frac{g}{cm^3}$; Lärchenholz hat die Dichte $0{,}65\frac{g}{cm^3}$. ___/3

(Rechne hier mit $g = 9{,}81\frac{m}{s^2}$.)

a) Wie groß ist die jeweilige Kraft nach oben, wenn man von beiden Holzarten jeweils einen Würfel mit dem Volumen $1\,dm^3$ unter Wasser drückt?

b) Wie weit tauchen die beiden Würfel beim Schwimmen in Wasser ein?

c) Welches Volumen müsste ein Stück Kiefernholz haben, damit es einen Aluminiumwürfel von $1\,dm^3$ $\left(\text{Dichte } 2{,}7\frac{g}{cm^3}\right)$ auf dem Wasser trägt?

10 Eine Frau wiegt 55 kg und trägt Schuhe mit Pfennigabsätzen von 1 cm Durchmesser. Ein 100 kg schwerer Mann trägt flache Turnschuhe mit einer Trittfläche von je $300\,cm^2$. Ein Vollblutpferd wiegt 580 kg, der Oberflächeninhalt seines Hufeisens beträgt näherungsweise $30\,cm^2$. Die Fußfläche eines Elefanten mit 4,2 t Gewicht beträgt ca. $7{,}5\,dm^2$. ___/3

Angenommen, es würde nur ein Bein mit dem gesamten Gewicht belastet (und die Frau belastet nur den Absatz) - wie groß ist der Druck (in bar), der jeweils auf den Fußboden ausgeübt wird?

11 **Experimente:** Das Volumen eines Körpers kann man durch ein Überlaufgefäß bestimmen: Dabei wird der zu messende Körper vollständig in ein randvoll mit Wasser gefülltes Gefäß eingetaucht, das auslaufende Wasser wird in einem Messbehälter aufgefangen. Das gemessene Wasservolumen entspricht dem Volumen des Körpers. ___/3

a) Ein Metallbolzen mit einer Querschnittsfläche von $2\,cm^2$ wird eingetaucht, $36\,cm^3$ Wasser fließen in den Messbecher. Wie lange war der Bolzen?

b) Berechne die Dichte eines 2,4 kg schweren Körpers, der 0,7 ℓ Wasser verdrängt.

c) Ein 16,77 kg schwerer Messingklotz verdrängt 2 ℓ Wasser. Wie viel Prozent des Klotzes besteht aus Kupfer $\left(\varrho_{Cu} = 8{,}9\frac{kg}{dm^3}\right)$ und wie viel aus Zink $\left(\varrho_{Zn} = 7{,}14\frac{kg}{dm^3}\right)$?

Gesamtpunktzahl ___/24

11 Wärmelehre

Zu den bekanntesten Erscheinungen der Wärmelehre gehören die Temperaturänderung eines Körpers, seine damit verbundenen Längen- und Volumenänderung und auch die Änderungen seiner Aggregatzustände.
Erst die im atomaren Bereich angesiedelten ungeordneten Bewegungen der kleinsten Teilchen führen zu einem vertieften Verständnis solcher Vorgänge.

11.1 Thermische Ausdehnung und Temperaturmessung

Beispiel 1: **Eichung einer Thermometerskala**
Ein mit Quecksilber gefüllter Glaskolben wird durch einen Gummistopfen mit Steigröhrchen verschlossen. In einem Eisbad stellt sich die Höhe h_1 zur Temperatur $\vartheta_1 = 0\,°C$, dem Gefrierpunkt des Wassers, ein. In siedendem Wasser hingegen die Höhe h_2 zur Temperatur $\vartheta_2 = 100\,°C$, dem Siedepunkt des Wassers. Der Zwischenbereich Δh wird gleichmäßig in 100 Intervalle eingeteilt, jedes Intervall entspricht dem hundertsten Teil $\frac{\Delta\vartheta}{100} = \frac{100\,K}{100} = 1\,K$ der Temperaturdifferenz $\Delta\vartheta$. Diese Temperaturskala kann über beiden Messpunkte hinaus linear „verlängert" werden.

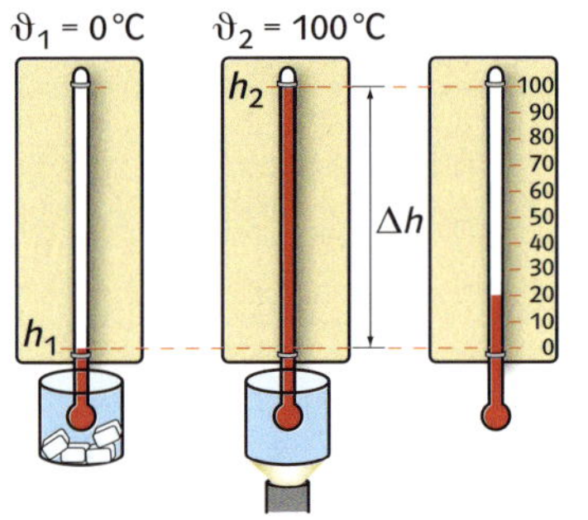

Merke

- Feste, flüssige und gasförmige Stoffe dehnen sich bei einer Temperaturerhöhung $\Delta\vartheta > 0\,K$ aus und ziehen sich bei einer Temperaturabnahme $\Delta\vartheta < 0\,K$ zusammen.
- Bei länglichen Körpern (Rohre, Drähte, Flüssigkeitssäulen, u.a.), die bei der Temperatur ϑ_0 die Länge ℓ_0 besitzen, ist die thermische Längenausdehnung $\Delta\ell$ proportional zu ℓ_0 und zur Temperaturdifferenz $\Delta\vartheta$ und es gilt $\Delta\ell = \alpha \cdot \ell_0 \cdot \Delta\vartheta$ mit der materialabhängigen **Längenausdehnungskonstante** α $\left([\alpha] = \frac{1}{K}\right)$.

Tipp

Der schwedische Astronom **A. Celsius** nutzte 1742 die thermische Längenänderung einer Flüssigkeitssäule zur Einführung der ihm gewidmeten Temperaturskala **($[\vartheta] = 1\,°C$)**. Für wissenschaftliche Zwecke verwendet man jedoch die am **absoluten Temperaturnullpunkt** orientierte Skala $T = \vartheta + 273{,}15\,°C$ (**$[T] = 1\,K$ (Kelvin)**), die auch zur Angabe von Temperatur*differenzen* $\Delta\vartheta$ dient.

1 Überlege.

a) Warum eignet sich Wasser als Thermometer-Flüssigkeit nicht zur Festlegung einer Celsius-Skala?

b) Zumeist verwendet man Alkoholthermometer, aber auch Quecksilberthermometer. Vergleiche die Vor- und Nachteile beider Thermometer-Flüssigkeiten.

c) Welche Thermometer verzichten ganz auf eine Flüssigkeit?

2 Auf der Skala eines Alkohol-Thermometers liegt die Temperatur 24 °C 1,8 cm über dem Gefrierpunkt 0 °C.

a) Welche Temperaturen liegen 4,2 cm über bzw. 0,9 cm unter dem Gefrierpunkt?

b) Welche Abstände haben die Temperaturen 38 °C bzw. –30 °C vom Skalen-Nullpunkt?

3

Material	Längenausdehnungs-konstante
Beton	$0{,}000\,012\ \text{K}^{-1}$
Plexiglas	$0{,}000\,070\ \text{K}^{-1}$
Eisen	$0{,}000\,012\ \text{K}^{-1}$

a) Begründe, warum sich Beton wärmetechnisch problemlos durch Stahl verstärken lässt.

b) Eine Beton-Brücke ist bei 0 °C 250 m lang. Welche Ausdehnung bewirken sommerliche Temperaturen von 30 °C? Wie wird das Ausdehnungsproblem technisch gelöst?

c) Die Brücke wird auf ihrer gesamten Länge beidseitig durch 5 m lange Plexiglasscheiben gesichert. Mit welcher Fugenbreite müssen diese Platten mindestens montiert werden?

4

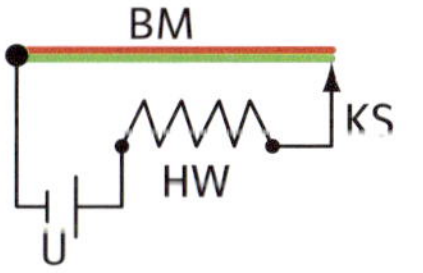

a) Der Bimetallstreifen BM besteht aus Eisen ($\alpha = 0{,}000\,012\ \text{K}^{-1}$) und Kupfer ($\alpha = 0{,}000\,017\ \text{K}^{-1}$). Erkläre seine Funktionsweise.

b) In der abgebildeten Schaltung befindet sich der Bimetallstreifen BM über der Heizwendel HW und schließt den Stromkreis, sobald er die Kontaktspitze KS berührt. Welche Seite des Streifens muss aus Eisen sein, damit die Schaltung funktioniert? Wie funktioniert sie?

11.2 Innere Energie und Wärme

Brown'sche Teilchenbewegung

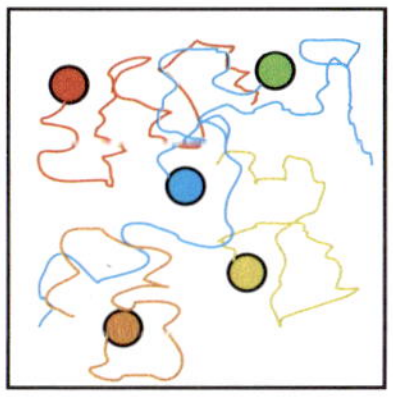

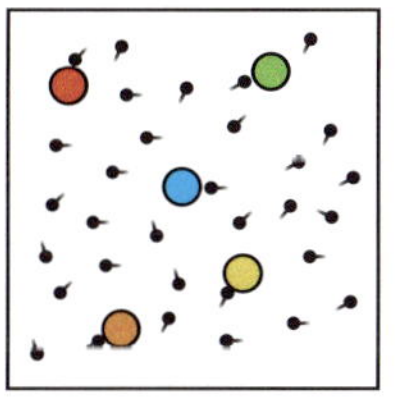

Gibt man etwas Aluminiumstaub in Wasser, so sieht man bei hinreichender Vergrößerung, dass sich die Metallpartikel beständig regellos bewegen (links). Ursache dafür sind die ebenfalls völlig ungeordneten Bewegungen der nicht direkt sichtbaren Wassermoleküle, die die Metallpartikel durch ständige Zusammenstöße in alle möglichen Richtungen „schubsen" (rechts). Diese Beobachtung wurde bereits 1827 von dem schottischen Botaniker R. Brown gemacht, aber erst 1905 durch A. Einstein schlüssig gedeutet.

Merke

- Alle Stoffe bestehen aus **kleinsten Teilchen** (Atome, Moleküle), die unregelmäßige **Mikrobewegungen** ausführen. In festen Stoffen schwingen die Teilchen um ihre festen Gitterplätze, in Flüssigkeiten können sie sich auch gegeneinander verschieben und in Gasen sogar völlig unabhängig voneinander bewegen.
- Die Summe aller Mikrobewegungsenergien eines Körpers bezeichnet man als seine **innere Energie E_i**. Sie ist proportional zu seiner absoluten Temperatur T.
- **1. Hauptsatz der Wärmelehre** (vereinfachte Fassung):
  Ändert sich die innere Energie eines Köpers der Masse m um ΔE_i, indem sich die ungeordneten Mikrobewegungen von einem heißeren Körper auf ihn übertragen, so fließt **Wärme**. Hierdurch wird die Temperaturänderung $\Delta\vartheta$ bewirkt und es gilt:
  $\Delta E_i = c \cdot m \cdot \Delta\vartheta$; c ist die **spezifische Wärmekapazität** $\left([c] = 1\frac{\text{J}}{\text{g}\cdot\text{K}} = 1\frac{\text{kJ}}{\text{kg}\cdot\text{K}}\right)$ und beträgt speziell für Wasser: $c = 4{,}2\frac{\text{J}}{\text{g}\cdot\text{K}}$.

5 **Experiment:** Ein Tropfen blauer Tinte sinkt in einem mit kaltem Wasser gefüllten Becherglas zu Boden und bildet zunächst eine blaue Schicht unterhalb des klaren Wassers. Zwei Stunden später hat sich jedoch das gesamte Wasser blau eingefärbt.

a) Erkläre diese Beobachtung, insbesondere das Einfärben des gesamten Wassers.
b) Bei einer Wiederholung des Versuchs wird das Wasser auf einer Temperatur von 80 °C gehalten. Ändert sich hierdurch etwas? Begründe.

6 Ein Isoliergefäß (Kalorimeter) enthält 500 g Wasser, die mit einem Tauchsieder (P = 250 W) erhitzt werden. Die Temperatur zeigt folgenden zeitlichen Verlauf:

t (in s)	0	60	120	240	480	600
ϑ (in °C)	18,0	25,1	32,3	46,5	72,1	84,3
ΔE_i (in kJ)						

a) Trage in der dritten Zeile der Tabelle die zugeführten Energien ein.
Liegt hier ein Wärmetransport vor? Begründe.
b) Stelle die Messwerte in einem ΔE_i-ϑ-Diagramm dar. Was sagt der Verlauf aus?
Wie verhalten sich die Messpunkte bei hohen Temperaturen? Begründe.
c) Bestimme aus dieser Messung die Wärmekapazität von Wasser.

7 **Experiment:** Ein Isoliergefäß (Kalorimeter) enthält m_1 = 200 g Wasser $\left(c_1 = 4{,}2\frac{\text{J}}{\text{g}\cdot\text{k}}\right)$ der Temperatur ϑ_1 = 55,0 °C. Nach dem Eintauchen eines Kupferstücks der Masse m_2 = 350 g und der Temperatur ϑ_2 = 18 °C sinkt die Wassertemperatur auf ϑ_m = 49,9 °C.

a) Beschreibe den Wärmetransport zwischen Wasser und Kupfer durch eine Gleichung.
b) Bestimme die Wärmekapazität c_2 von Kupfer und vergleiche sie mit dem Wert c_1.

11.3 Zustandsänderungen

Merke

- Alle Stoffe kommen, abhängig von ihrer Temperatur, in **festem, flüssigem** und **gasförmigem Zustand** vor.
- Bei seiner **Schmelztemperatur** ϑ_s wird ein fester Stoff durch Erhöhung seiner inneren Energie um $\Delta E_i = m \cdot e_s$ flüssig, eine Flüssigkeit erstarrt dort unter Erniedrigung ihrer inneren Energie um $\Delta E_i = m \cdot e_s$. Für die Zustandsänderung Eis ↔ Wasser beträgt die Schmelztemperatur $\vartheta_s = 0\,°C$ und die **spezifische Schmelzenergie:** $e_s = 334\,\frac{J}{g} \left(\triangleq \frac{kJ}{kg}\right)$
- Bei ihrer **Verdampfungstemperatur** ϑ_v verdampft eine Flüssigkeit durch Erhöhung ihrer inneren Energie um $\Delta E_i = m \cdot e_v$, das Gas kondensiert dort unter Verringerung seiner inneren Energie um $\Delta E_i = m \cdot e_v$. Für die Zustandsänderung Wasser ↔ Wasserdampf beträgt die Verdampfungstemperatur: $\vartheta_v = 100\,°C$ und die **spezifische Verdampfungsenergie:** $e_v = 2256\,\frac{J}{g} \left(\triangleq \frac{kJ}{kg}\right)$
- Bei allen Stoffen nimmt ihre Dichte beim Erwärmen ab bzw. beim Abkühlen zu. **Anomalie des Wassers:** Wasser bildet hier eine Ausnahme, weil es seine größte Dichte bereits bei 4 °C erreicht.

8

a) Im Frühjahr schützen Obstbauern die Blätter und Knospen ihrer treibenden Obstbäume vor Nachtfrösten, indem sie die Bäume mit Wasser besprühen und dadurch eine „wärmende Eisschicht" erzeugen. Erkläre das genauer.

b) Warum gefrieren im Winter die Gewässer stets von ihrer Oberfläche aus?

9 **Experiment:** Ein Isoliergefäß (Kalorimeter) enthält $m_2 = 400\,g$ Wasser der Temperatur $\vartheta_2 = 70\,°C$. Nun gibt man $m_1 = 200\,g$ Eiswürfel der Temperatur $\vartheta_1 = 0\,°C$ hinzu. Nachdem sich die Eiswürfel aufgelöst haben, stellt man die Mischtemperatur $\vartheta_m = 20{,}2\,°C$ fest.

a) Bestimme hieraus die spezifische Schmelzenergie e_s von Wasser.

b) Warum bewirkt die dem Eis zugeführte Schmelzenergie keine Temperaturerhöhung desselben?

10

a) Ina bringt einen Kessel mit 0,75 ℓ Teewasser auf einer 500-W-Herdplatte zum Kochen, nimmt ihn aber erst 10 Minuten nach Beginn des Siedens ab und stellt fest, dass 0,1 ℓ fehlen. Wie viel Prozent der zugeführten Energie gingen verloren?

b) Inzwischen herrscht in der Küche ein „tropisches" Klima und an der beschlagenen Innenseite des Küchenfensters laufen Tropfen herab. Erkläre diese Beobachtung.

11.4 Transport von thermischer Energie

Merke

- Wird thermische Energie zusammen mit dem Stoff, an den sie gebunden ist, transportiert, so spricht man von **Konvektion**, insbesondere bei bewegten Flüssigkeiten auch von **Wärmeströmung**.
- Teilt sich thermische Energie ausgehend von den heißeren Arealen eines Stoffes den kälteren Arealen mit, so spricht man von **Wärmeleitung** durch diesen Stoff.
- Körper können ihre thermische Energie auch als **Temperaturstrahlung** abgeben, ohne dass dazu ein stofflicher Strahlungsträger erforderlich ist.

11 Gib an, durch welchen Vorgang die thermische Energie transportiert wird und nenne zwei weitere Beispiele dazu.

a) Wärmeversorgung durch eine zentrale Warmwasserheizung.
b) Wärmeverluste durch schlecht isolierte Zimmerfenster.
c) Aufwärmen an einem Lagerfeuer.

12 **Experiment:** An der Unterseite des linksseitig eingespannten Metallstabes werden Wachskügelchen angeheftet. Dann erhitzt man das rechte Stabende mit einer Flamme.

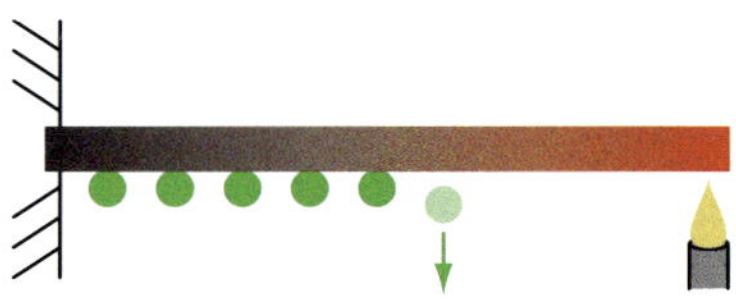

a) Beschreibe und erkläre den Versuchsverlauf.
b) Erkläre den Transport der thermischen Energie innerhalb des Metallstabes mit Hilfe der Mikrobewegungen der Metallteilchen.

Info plus

Der deutsche Physiker Rudolf J. E. Clausius (1822 - 1888) formulierte die Erfahrungstatsache, **dass sich thermische Energie nur vom wärmeren zum kälteren Gegenstand ausbreiten kann**, erstmals als grundlegendes Prinzip der Wärmelehre (**2. Hauptsatz der Wärmelehre**). Hieraus lässt sich beispielsweise die Funktionsweise und Effizienz von Wärmekraftmaschinen (z.B. von Dampfmaschinen, Stirling-Motoren, u.a.) erklären.

13 **Experiment:** Das im Brennpunkt F einer Sammellinse gebündelte Sonnenlicht entflammt dort ein Stück Seidenpapier.

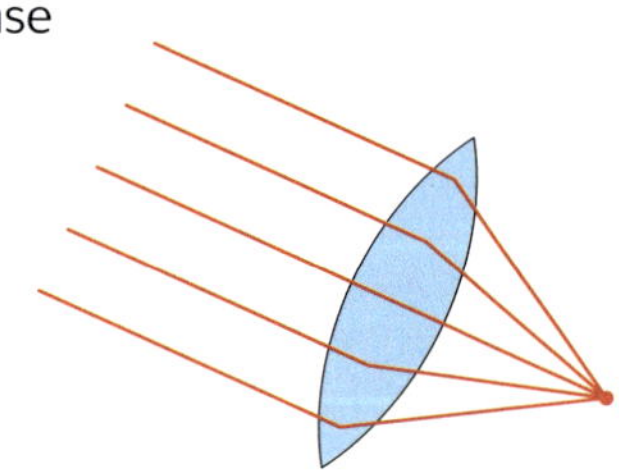

a) Deute diesen Versuch.
b) Wie kommt die thermische Energie zu uns? Warum können die anderen Formen des Energietransportes ausgeschlossen werden?

11.5 Umwandlung von Arbeit in innere Energie

Merke

- In dem Maße, in dem mechanische Arbeit ($W = F_s \cdot s$) zur Überwindung von Reibungskräften ($F_s = F_R$) geleistet wird, wird die innere Energie E_i des betreffenden Körpers um $\Delta E_i = E_R = F_R \cdot s$ erhöht.
- **1. Hauptsatz** (allgemeine Fassung): Die innere Energie E_i eines Körpers kann sowohl durch zugeführte/entnommene Wärme $E_W = c \cdot m \cdot \Delta\vartheta$ als auch durch verrichtete Reibungsarbeit $E_R = F_R \cdot s$ um ΔE_i verändert werden. Es gilt also die Formel: ΔE_i = Wärme + Reibungsarbeit $\Leftrightarrow$ $\Delta E_i = c \cdot m \cdot \Delta\vartheta + F_R \cdot s$
- Die Umwandlung einer beliebigen Energieform (z. B. Bewegungsenergie, Lageenergie) in innere Energie ist nicht umkehrbar (irreversibel). Weil die Energie jetzt nicht mehr direkt nutzbar ist, wird sie durch diese Umwandlung entwertet.

14 **Experiment:** Bei einem Federpendel nehmen die Schwingungsweiten (Amplituden) im Zeitablauf beständig ab, bis das Pendel schließlich zur Ruhe kommt.

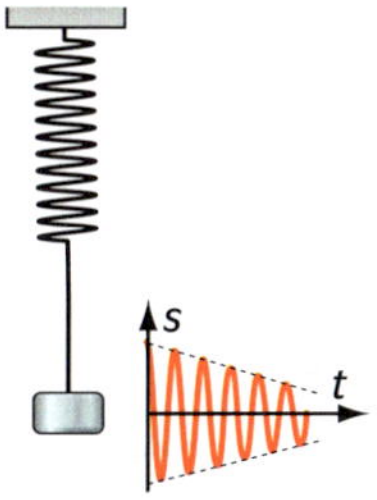

a) Beschreibe diesen Vorgang unter Beachtung aller beteiligten Energieformen.
b) Warum kann das abgeklungene Pendel nicht unter Abkühlung seiner Umgebung wieder zu schwingen beginnen?

15 **Experiment:** Die Temperatur ϑ einer drehbar gelagerten Kupfertrommel (m = 690 g) kann auf einem axial eingesetzten Thermometer abgelesen werden. Um diese Trommel vom Umfang u = 15,7 cm laufen einige Windungen eines Reibungsbandes, auf dessen unteres Ende die Gewichtskraft G = 49,1 N einwirkt und die im Ruhezustand von dem Kraftmesser am oberen Bandende angezeigt wird.

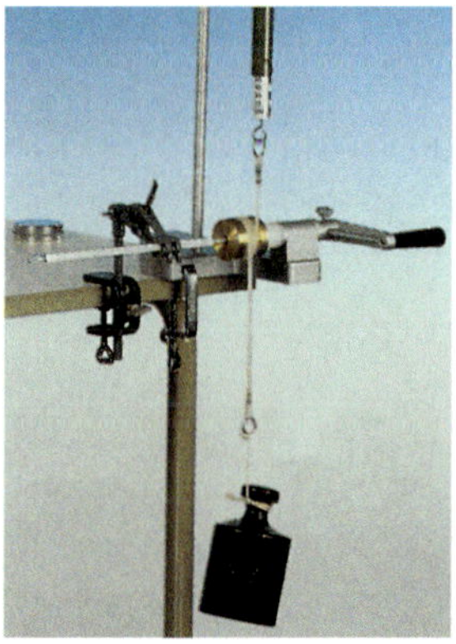

a) Dreht man die Trommel, um das Gewichtsstück anzuheben, so bleibt es zwar auf gleicher Höhe, jedoch zeigt der Kraftmesser jetzt 0 N an. Erkläre dies.
b) Nach jeweils n Drehungen der Trommel wird die Temperatur abgelesen:

n	0	50	100	150	200	250
ϑ_n (in °C)	20,2	21,7	23,2	24,6	26,1	27,5
$\Delta\vartheta_n$ (in K)						
$E_{R,n}$ (in J)						

Vervollständige die Tabelle. Welche Relation besteht zwischen der Temperaturerhöhung $\Delta\vartheta_n$ und der zugeführten Reibungsarbeit $E_{R,n}$?
c) Wie groß ist die Wärmekapazität von Kupfer? Was zeigt dieses Experiment?

88 Ein Metallrohr der Länge ℓ_0 wird von der Temperatur ϑ_0 auf die Temperatur ϑ_1 erwärmt. Wie berechnet man seine Längenänderung?

____

89 Bestimme die zugehörige absolute Temperatur:

$\vartheta_1 = 45\,°C$; $T_1 =$ ____________ $\vartheta_2 = -28\,°C$; $T_2 =$ ____________

90 Bestimme die zugehörige Celsius-Temperatur:

$T_1 = 312{,}5\,K$; $\vartheta_1 =$ ____________ $T_2 = 113{,}2\,K$; $\vartheta_2 =$ ____________

91 Was versteht man unter der inneren Energie eines Körpers?

____

92 Was bezeichnet man als Wärme?

____

93 Welches Verhältnis besteht zwischen der inneren Energie E_i eines Körpers und seiner absoluten Temperatur T?

____

94 Durch welche Gleichung wird die Änderung der inneren Energie ΔE_i eines Körpers mit der entsprechenden Temperaturänderung $\Delta\vartheta$ verknüpft?

____

95 Wie heißt die Temperatur, bei der sich ein fester Körper verflüssigt?

____

96 Wie ändert sich die innere Energie eines Festkörpers beim Verflüssigen?

____

97 Nenne alle Vorgänge, durch die thermische Energie transportiert werden kann.

____

98 Welche Wandlung zwischen den Energieformen lässt sich nicht umkehren?

- ☐ Lageenergie ↔ Bewegungsenergie
- ☐ Bewegungsenergie ↔ innere Energie
- ☐ Spannenergie ↔ Lageenergie

99 Wie lautet die allgemeine Fassung des 1. Hauptsatzes der Wärmelehre?

____

1 ___/10

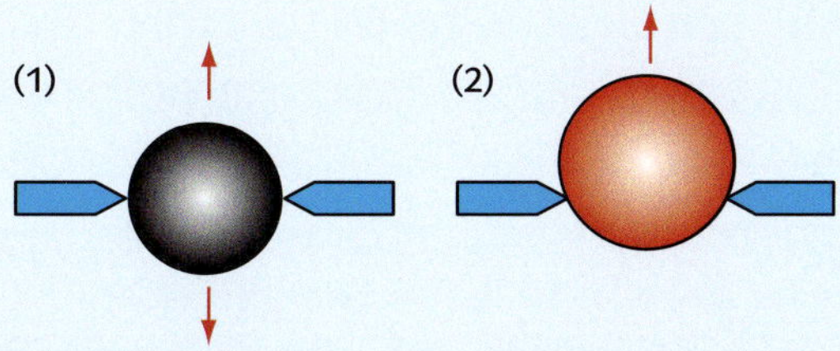

a) **Experiment:** Eine Stahlkugel $\left(\varrho_{Fe} = 7{,}6\,\frac{g}{cm^3}\right)$ besitzt bei der Raumtemperatur $\vartheta^* = 21\,°C$ den Durchmesser $d = 3{,}00\,cm$ und passt gerade durch eine Präzisionsöffnung (1), nach dem Erhitzen in der Flamme eines Bunsenbrenners jedoch nicht mehr (2). Deute diese Beobachtung. Was geschieht, wenn sich die festsitzende Kugel wieder abkühlt?

b) Nachdem nun die nochmals erhitzte Stahlkugel $\left(c_1 = 0{,}45\,\frac{J}{g \cdot K}\right)$ in $m_2 = 250\,g$ Wasser $\left(c_2 = 4{,}2\,\frac{J}{g \cdot K}\right)$ der Temperatur $\vartheta_2 = 18{,}5\,°C$ eingetaucht wird, stellt sich die Mischungstemperatur $\vartheta_m = 54{,}6\,°C$ ein. Welche Temperatur ϑ_1 besaß die erhitzte Stahlkugel?

c) Um wie viel Prozent hat der Durchmesser der Stahlkugel $(\alpha = 0{,}000\,012\,K^{-1})$ beim Erhitzen zugenommen?

2 ___/12

Experiment: Ein Gemisch aus 250 g Wasser und 150 g Eis wird vom Zeitpunkt $t = 0\,s$ an mit einem Tauchsieder erwärmt und zeigt den abgebildeten Temperaturverlauf.

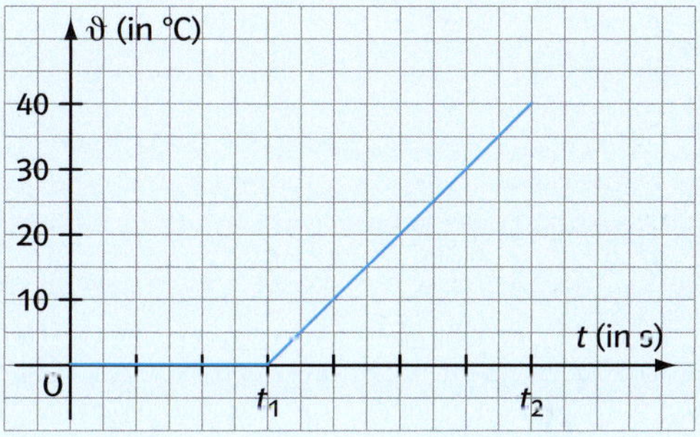

a) Erläutere den abgebildeten Temperaturverlauf. Welche Wirkung hat die zugeführte Energie während der beiden Zeitabschnitte $0 \leq t \leq t_1$ und $t_1 \leq t \leq t_2$?

b) Wasser besitzt die spezifische Wärmekapazität $c = 4{,}2\,\frac{J}{g \cdot K}$. Welche elektrische Leistung besitzt der Tauchsieder, wenn zwischen den Zeitpunkten t_1 und t_2 8 Minuten vergehen?

c) Bestimme die spezifische Schmelzenergie e_s von Eis.

3 ___/8

a) Bei der Tee-Zubereitung sollen zunächst 200 g Wasser durch Einleiten von Wasserdampf (100 °C) von anfänglich 20 °C auf 80 °C erhitzt werden. Wie viel Dampf ist hierzu erforderlich?

b) Der Tee kann erst nach Abkühlen auf 55 °C getrunken werden. Welche Vorgänge sind hierbei wirksam?

Gesamtpunktzahl ___/30

Allgemeine Hinweise zum Abschlusstest

Damit du deinen Abschlusstest bewerten kannst, addiere die Punkte und bestimme deinen Prozentsatz.
Leider ist es nicht möglich, einen allgemeingültigen Notenschlüssel vorzugeben. Er wechselt von Schule zu Schule, von Bundesland zu Bundesland. Damit du deine Leistung einschätzen kannst, gibt es folgende Orientierungspunkte:
- Wenn du mehr als 80 Prozent der Gesamtpunktzahl erreicht hast, ist dein Ergebnis gut oder besser.
- Wenn du mehr als 50 Prozent der Gesamtpunktzahl erreicht hast, ist dein Ergebnis ausreichend oder befriedigend.
- Wenn du weniger als 50 Prozent der Gesamtpunktzahl erreicht hast, ist dein Ergebnis nicht mehr ausreichend. Du solltest dann die Regeln und Aufgaben, bei denen du viele Fehler gemacht hast, noch einmal genau nachlesen und üben.

100 bis 80 Prozent	79 bis 50 Prozent	unter 50 Prozent
sehr gut bis gut	befriedigend bis ausreichend	nicht mehr ausreichend

Kapitel 1: Akustik

Aufgaben

Seite 6

1 Durch das Anschlagen wird das Glas geringfügig deformiert und beginnt infolge seiner elastischen Eigenschaften mit einer Frequenz im hörbaren Bereich zu schwingen.
Weitere schwingungsfähige Systeme: Glocken, Lautsprecher, Musikinstrumente, Motoren …

2 a) Hunde: Stimmbereich: 400 Hz bis 1 kHz Hörbereich: 15 Hz bis 40 kHz
b) Fledermäuse: Stimmbereich: 10 kHz bis 120 kHz Hörbereich: 2 kHz bis 150 kHz
c) Delfine: Stimmbereich: 50 kHz bis 150 kHz Hörbereich: 150 Hz bis 200 kHz

Seite 7

3 a) Die Periodenlänge T ergibt sich z. B. als zeitlicher Abstand zwischen zwei benachbarten Amplituden. zu (I): $T = 2{,}5\,\text{ms} - 0{,}5\,\text{ms} = 2\,\text{ms}$; $f = \frac{1}{T} = \frac{1}{2\,\text{ms}} =$ **500 Hz**
zu (II): $T = 4{,}5\,\text{ms} - 0{,}5\,\text{ms} = 4\,\text{ms}$; $f = \frac{1}{T} = \frac{1}{4\,\text{ms}} =$ **250 Hz**
b) Ton (I) ist höher als Ton (II), denn er besitzt die größere Frequenz, hingegen ist Ton (II) lauter als Ton (I), denn er hat die größere Amplitude.

4 In der Mitte der Saite haben die Grundschwingung und alle geradzahligen Oberschwingungen einen Schwingungsbauch, sodass die Frequenzen $f_0, f_2, f_4, \dots$ durch die Dämpfung abklingen. Die ungeradzahligen Oberschwingungen $f_1, f_3, \dots$ besitzen dort jedoch einen Schwingungsknoten, sodass die Dämpfung für diese Frequenzen unwirksam bleibt.
Man hört also weiterhin die ungeradzahligen Oberschwingungen, wobei die Frequenz $f_1 = 2f_0$ (Oktave) zur neuen Grundschwingung wird.

5 Zu (I): Man erkennt den periodischen Verlauf, jedoch erhält der reine Ton durch Oberschwingungen eine **Klangfarbe**. Ein **Musikinstrument** kann einen solchen Klang erzeugen.
Zu (II): Die Kürze und Heftigkeit der Ausschläge spricht für einen **Knall**, wie er z. B. beim **Platzen eines Luftballons** vernehmbar ist.
Zu (III): Dem dauerhaften Verlauf fehlt jede Regelmäßigkeit, sodass ein **Geräusch** vorliegt. Beispiel: Das **Rauschen des Meeres**.

Seite 8

6 Trotz schwingender Schallquelle (Klingel) vermag sich der Schall nur in Gegenwart eines Mediums (Luft), das die Schallquelle umgibt, auszubreiten. Andernfalls werden die Schwingungen nicht weitergeleitet.

7 a) Der gesamte Laufweg des Schallsignals setzt sich aus zwei gleich langen Teilstrecken (ℓ) zusammen. Es gilt: $2\ell = c \cdot t \Leftrightarrow \ell = \frac{1}{2} c \cdot t \Leftrightarrow \ell = \frac{1}{2} \cdot 1484 \frac{\text{m}}{\text{s}} \cdot 0{,}1\,\text{s} = 74{,}2\,\text{m}$
und weiter mit dem Satz des Pythagoras: $x = \sqrt{(74{,}2\,\text{m})^2 - (9\,\text{m})^2} = 73{,}7\,\text{m}$.
Die Wassertiefe unter dem Kiel beträgt **73,7 m**.

b) 1. In einem gleichmäßigen (= homogenen) Medium (hier: Wasser) breitet sich Schall geradlinig aus.
2. An einer elastischen Fläche (hier: Meeresgrund) ändert sich die Schall-Richtung entsprechend dem Reflexionsgesetz (Einfallswinkel α = Reflexionswinkel β).

8 a) Hinter der Membran des angeschlagenen Tamburins wird die Luft verdichtet. Diese lokale Druckschwankung breitet sich mit Schallgeschwindigkeit aus und verformt, sobald sie das zweite Tamburin erreicht, dessen Membran, wodurch dort die Styroporkugel abgestoßen wird.

b) Treffen durch Luft vermittelte Druckschwankungen auf das Trommelfell (das der Membran des zweiten Tamburins entspricht), so wird es ausgelenkt und initiiert so die weiteren Hörvorgänge im Mittel- und Innenohr.

9 a) Während sich in den beiden oberen Federn eine einzelne Verdichtung bzw. Verdünnung fortpflanzt, breitet sich in der unteren Feder eine periodische Folge von Verdichtungen und Verdünnungen aus, was typischerweise dem Bild einer (Druck-)Welle entspricht.

b) In gleicher Weise wandern Verdichtungs- und Verdünnungszustände der Luft durch dieses Trägermedium. Während die Stahlfeder die Ausbreitung in nur einer Richtung gestattet, breitet sich der Schall in alle Raumrichtungen aus.

10 a) Beginnend mit 125 Hz wird der Testperson dieser Ton mit zunehmender Lautstärke über Kopfhörer auf jeweils ein Ohr eingespielt. Sie gibt an, wann sie den Ton zu hören beginnt und der hierzu eingestellte Schallpegel wird im Audiogramm eingetragen. Die Startfrequenz wird dann sechs Mal in Folge verdoppelt, die Messung sechs Mal wiederholt und alle Messergebnisse werden abschließend miteinander verbunden. **Seite 9**

b) Das Audiogramm (I) zeigt einen normalen Verlauf, denn alle Töne werden in der Nähe der Norm-Hörschwelle 0 dB wahrgenommen. Das Audiogramm (II) zeigt einen für ältere Menschen typischen Hörverlust, der oberhalb von 500 Hz einsetzt. Testperson (II) könnte den Hörverlust durch ein Hörgerät, das die hohen Frequenzen entsprechend verstärkt, ausgleichen.

11 1. **Eindämmung der Schallquelle**: Das Gehen in Hausschuhen („Filzpantoffeln") verhindert starke Auftrittgeräusche.
2. **Unterbindung der Schallausbreitung**: Vor der Verlegung des Parkettbodens sollten Korkbahnen, die die Weiterleitung des Trittschalls dämmen, verlegt werden.
3. **Dämpfung der Schallwahrnehmung**: Frau Grummel könnte Ohrstöpsel benutzen. Dann hört sie allerdings auch andere Schallquellen kaum noch.

12 a) Eine Schallschutzmauer verhindert die Ausbreitung des Straßenlärms in Höhe der Anwohner durch Absorption und streuende (diffuse) Reflexion durch eine geeignete Feinstruktur der Maueroberfläche.

b) Erdwälle absorbieren Schall in hohem Maße. Außerdem sorgt der Böschungswinkel und die Bepflanzung für eine abweisende bzw. streuende (diffuse) Schallreflexion.

Training plus

Seite 10

1 **Periodenlänge** T ($[T]$ = 1 s): kürzester zeitlicher Abstand zwischen zwei gleichen Schwingungszuständen
Frequenz f ($[f]$ = 1 Hz): Anzahl der Schwingungen pro Sekunde
Amplitude s_0 ($[s_0]$ = 1 m): maximale Entfernung des Oszillators von seiner Ruhelage

2 z. B. Stimme, Querflöte, Glocke; alle Quellen erzeugen den Schall durch Schwingungen im Frequenzbereich von 20 Hz bis 20 kHz.

3 Man dämpft die Grundschwingung (f_0) und hört weiterhin die erste Oberschwingung (f_1).
Wegen $f_1 = 2f_0$ folgt: $f_0 = 0{,}5 f_1 = 0{,}5 \cdot 720\,\text{Hz} = 360\,\text{Hz}$.

4 (2) Ein Hund jault.
(4) Ein Windzug schlägt die Tür zu.
(3) Die Bremsen eines Autos quietschen.
(2) Eine Harfensaite wird gezupft.
(3) Regen prasselt auf das Dach.
(1) Eine Blattfeder vibriert hörbar.

5 Nicht-elastische Festkörper leiten keinen Schall, z.B. Knetgummi oder Wachs.

6 a) Der Schall wird weitestgehend reflektiert und nur in geringem Umfang absorbiert.
b) Der Schall wird weitestgehend absorbiert und nur in geringem Umfang reflektiert.

7 54 dB - 45 dB = 9 dB = 3 · 3 dB; die Lautstärke hat sich verdreifacht.

8 1. Schallpegeldifferenzen zwischen beiden Ohren;
2. Laufzeitunterschiede bezüglich beider Ohren

Seite 11

Abschlusstest

1 a) Die mit Druck aufliegende und über die rauhe Tafeloberfläche geführte Kreide wird zu hörbaren Schwingungen angeregt, deren Frequenz mit ca. 2 bis 3 kHz schon unangenehm hoch ist.
b) Das verkürzte Kreidestück schwingt nach wie vor, jedoch mit einer deutlich höheren Frequenz, die vom Menschen nicht mehr wahrgenommen wird.

2

	12 Hz	18 Hz	50 Hz	500 Hz	1900 Hz	12 000 Hz	25 kHz	160 kHz
Mensch		(x)	x	x	x	x		
Hund		x	x	x	x	x	x	
Fledermaus						x	x	
Delfin				x	x	x	x	x

3 1. Oberschwingung: $f_1 = 3f_0$
2. Oberschwingung: $f_2 = 5f_0$
3. Oberschwingung: $f_3 = 7f_0$

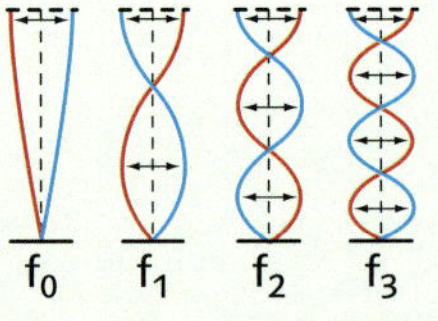

4 Der Schall trifft rundum auf harte und elastische Oberflächen (Stein, Marmor) und wird dort nahezu vollständig reflektiert. Musik kann dann wegen des permanenten Halls nicht mehr originalgetreu wahrgenommen werden. Es sollten möglichst viele reflektierende Flächen durch absorbierende Materialien, z.B. Bodenteppiche und Wandvorhänge, abgedeckt werden, um dadurch die Schallreflexionen zu unterbinden.

5 Schallpegel das alten Auto-Typs: x; Schallpegel des neuen Auto-Typs: $\left(1 - \frac{11}{100}\right) \cdot x = 0{,}89x$.
Wenn vier neue Autos denselben Pegel wie ein altes Auto erzeugen, dann beträgt die Dämpfung $2 \cdot 3\,\text{dB} = 6\,\text{dB}$
Damit folgt: $x - 0{,}89x = 6\,\text{dB} \Leftrightarrow 0{,}11x = 6\,\text{dB} \Leftrightarrow x \approx 55\,\text{dB}$ **(alt)** und $0{,}89x \approx 49\,\text{dB}$ **(neu)**.

30 – 24 Punkte	23 – 15 Punkte	unter 15 Punkte
sehr gut bis gut	befriedigend bis ausreichend	nicht mehr ausreichend

Kapitel 2: Atom- und Kernphysik

Aufgaben

Seite 12

1 a) Das chemische Verhalten der Elemente wird durch die Anzahl Z ihrer Elektronen bestimmt. Im Periodensystem der Chemie werden sie nach aufsteigenden Werten von Z angeordnet.

b) Ein n-fach positives Ion hat $n \leq Z$ Elektronen abgegeben, und weil die verbleibende Anzahl $Z - n$ kleiner als Z ist, werden nach außen hin $Z - (Z - n) = n$ positive Elementarladungen wirksam. Ein n-fach negatives Elektron hat $n \geq 1$ zusätzliche Elektronen aufgenommen. Mit $Z + n > Z$ werden $Z - (Z + n) = -n$ negative Elementarladungen nach außen hin wirksam.

2 a) Jedes Proton stößt alle weiteren Protonen durch weit reichende Coulomb-Kräfte ab. Zwischen direkt benachbarten Nukleonen wirken aber auch die anziehenden Kernkräfte, deren Reichweite wesentlich kürzer ist. Solange die anziehenden Kernkräfte die abstoßenden Coulomb-Kräfte dominieren, bilden die Nukleonen einen stabilen Kern.

b) In einer Nuklidkarte werden alle Nuklide bezüglich ihrer Neutronenzahl N (waagerechte Achse) und ihrer Protonenzahl Z (senkrechte Achse) angeordnet. Für kleine Ordnungszahlen $Z < 30$ stimmen N und Z annähernd überein. Für Ordnungszahlen $Z > 30$ werden jedoch zunehmend mehr Neutronen als Protonen benötigt, damit die Coulomb-Kräfte durch die Kernkräfte kompensiert werden. Deshalb flacht der Verlauf gegenüber der Geraden $N = Z$ zunehmend ab.

c) Alle Kerne mit gleicher Protonenzahl Z aber verschiedenen Neutronenzahlen N bilden die Isotope des Elementes mit der Ordnungszahl Z, denn trotz unterschiedlicher Massenzahlen $A = N + Z$ ist bei konstantem Z ein chemisch einheitliches Verhalten gegeben.

Seite 13

3 a) ${}^{1}_{1}\text{H}$: H-1; $N = 1 - 1 = 0$ ${}^{2}_{1}\text{H}$: H-2; $N = 2 - 1 = 1$ ${}^{3}_{1}\text{H}$: H-3; $N = 3 - 1 = 2$

b) ${}^{20}_{10}\text{Ne}$; $N = 20 - 10 = 10$ ${}^{21}_{10}\text{Ne}$; $N = 21 - 10 = 11$ ${}^{22}_{10}\text{Ne}$; $N = 22 - 10 = 12$

4 a) Die mit Wasserdampf gesättigte Luft in der Nebelkammer wird beim Zusammendrücken des Gummiballs komprimiert, erwärmt sich und nimmt weiteren Wasserdampf auf. Beim Loslassen des Gummiballs kühlt die Luft ab und der übersättigte Wasserdampf kondensiert, sobald Kondensationskeime, z. B. durch Strahlung erzeugte Ionen, auftreten. So werden im seitlichen Licht die Ionisationsspuren der ionisierend wirkenden Strahlung sichtbar.

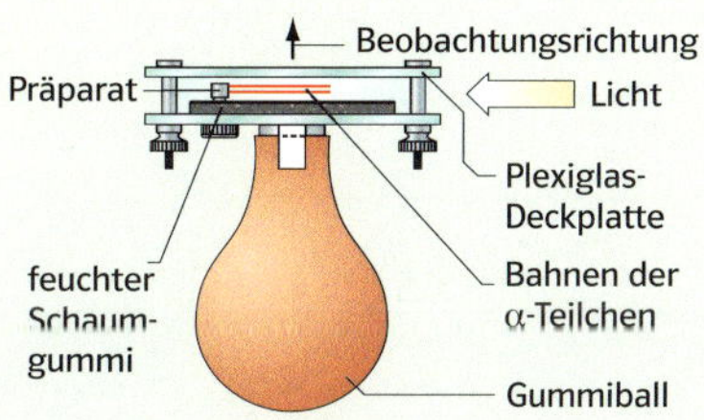

b) Die Spuren der linken Bildhälfte verlaufen geradlinig und sind von einheitlicher Länge, weil alle α-Teilchen dieselbe Energie besitzen, die nach Durchlaufen einer bestimmten Ionisationsstrecke vollständig abgegeben wurde. Alle Spuren der rechten Bildhälfte enden bei der dünnen Abschirmung, denn α-Teilchen verlieren ihre gesamte Energie bereits durch ein Blatt Papier.

c) Zerfallsgleichung: ${}^{226}_{88}\text{Ra} \rightarrow {}^{222}_{86}\text{Rn} + {}^{4}_{2}\text{He}$ (4,78 MeV); allg.: ${}^{A}_{Z}\text{X} \rightarrow {}^{A-4}_{Z-2}\text{T} + \alpha$ (Energie)

Seite 14

5 a) Weil α- und β-Teilchen im gleichen Magnetfeld in verschiedene Richtungen abgelenkt werden, müssen sie gegennamige Ladungen besitzen.

b) Für die positiv geladenen α-Teilchen bzw. negativ geladenen β^--Teilchen ergibt die Dreifingerregel der rechten Hand, dass die magnetischen Feldlinien in die Papierebene hinein weisen.

c) Zerfallsgleichung: ${}^{90}_{38}\text{Sr} \rightarrow {}^{90}_{39}\text{Y} + \bar{\nu} + e^-$ ($\leq$ 2,27 MeV); allg.: ${}^{A}_{Z}\text{X} \rightarrow {}_{Z+1}^{A}\text{T} + \bar{\nu} + e^-$ ($\leq E_{max}$)

6 a) Die bei der α- und β-Strahlung entstehenden Tochterkerne sind zumeist energetisch angeregt. Dieser Zustand wird dann durch die unmittelbar folgende Emission eines γ-Photons abgebaut.

b) Der angeregte Tochterkern gibt bei der Emission eines γ-Photons lediglich Energie ab, ohne dass sich dabei die Anzahl und Zusammensetzung seiner Nukleonen ändert.

c) Ein Magnetfeld beeinflusst die Strahlungsrichtung eines γ-Photons **nicht**, weil es keine elektrische Ladung trägt.

7 a) Die Messdaten liegen auf einer exponentiell abfallenden Kurve (blau).

b) Halbiert man die anfängliche Zählrate von 31 Imp./s, so wird der Wert von 15 bis 16 Imp./s. nach ca. 56 s erreicht.

c) Man kann jede beliebige Zählrate als Anfangswert wählen, z. B.:
N_0 = 22 Imp./s (t_0 = 30 s) halbiert sich auf
N_1 = 11 Imp./s (t_1 = 90 s) $\Rightarrow$ $t_H = t_1 - t_0$ = 60 s
oder N_0 = 14 Imp./s (t_0 = 60 s) halbiert sich auf
N_1 = 7 Imp./s ($t_1 \approx$ 120 s) $\Rightarrow$ $t_H \approx t_1 - t_0$ = 60 s
Geringfügige Unterschiede resultieren aus dem statistischen Charakter der Zerfälle.

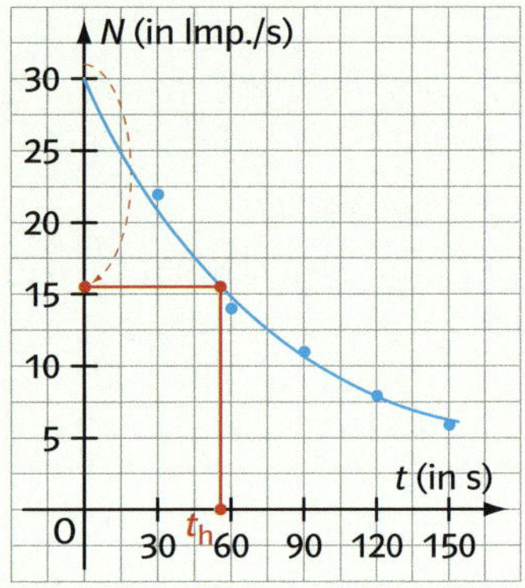

8 a) Röntgenärzte, Bergleute in Uranminen, Arbeiter und Wissenschaftler in Kernkraftwerken und Wiederaufbereitungsanlagen, Piloten und Stewardessen.

b) 1. Halte die **Aktivität** der Strahlungsquelle möglichst gering!
2. Halte den **Abstand** zur Strahlungsquelle so groß wie möglich!
3. Minimiere die **Arbeitszeit** mit Strahlungsquellen!
4. Optimiere die **Abschirmung** einer Strahlungsquelle!
5. **Abstinenz** (nicht Essen/Trinken!) während des Umgangs mit einer Strahlungsquelle!

c) Kurzfristig: Übelkeit, Haarausfall, innere und äußere Blutungen, Organversagen, Tod
Langfristig: bleibende Beeinträchtigungen, Tumorerkrankungen, Vererbung genetischer Defekte

Seite 15

9 a) Protonen: 4 + 2 = 6 = 6 + 0; Nukleonen: 9 + 4 = 13 = 12 + 1

b) 1. $^{14}_{7}N + ^{4}_{2}He \rightarrow ^{18}_{9}F^* \rightarrow ^{17}_{8}O + ^{1}_{1}p$ Kurzform: $^{14}_{7}N(\alpha, p)^{17}_{8}O$

2. $^{127}_{53}I + ^{1}_{0}n \rightarrow ^{128}_{53}I^* \rightarrow ^{128}_{54}Xe + ^{0}_{-1}e + \bar{\nu}$ Kurzform: $^{127}_{53}I\ (n, e^-)\ ^{128}_{54}Xe$

c) Sie sind instabil und zerfallen mit einer spezifischen Halbwertszeit. Viele dieser Zwischenprodukte kommen nicht in den vier natürlichen Zerfallsreihen vor und stecken somit den Bereich der **künstlichen Radioaktivität** ab.

10 a) Neutronen sind elektrisch neutral und müssen bei Annäherung an einen Kern, anders als die positiven α-Teilchen, keine abstoßenden Coulomb-Käfte überwinden. Daher können bereits niederenergetische („langsame") Neutronen eine Kernreaktion auslösen.

b) 1. Ein U-235-Kern fängt ein langsames Neutron ein und bildet einen instabilen U*-236-Kern.
2. Der U*-236-Kern schwingt heftig und vermag dadurch Hantelform anzunehmen.
3. Die abstoßenden Coulomb-Kräfte der vorgebildeten Bruchstücke werden nicht mehr durch die anziehenden Kernkräfte entlang des Hantelgriffs kompensiert, sodass der U*-236-Kern unter Freisetzung von 2 bis 3 Neutronen in zwei mittelschwere Kerne zerfällt. Reaktionsgleichung: $^{235}_{92}U + ^{1}_{0}n \rightarrow ^{236}_{92}U^* \rightarrow ^{89}_{36}Kr + ^{144}_{56}Ba + 3\,^{1}_{0}n$ + 200 MeV (!)

c) Bei jeder Kernspaltung, die ja durch ein Neutron initiiert wird, werden 2 bis 3 Neutronen freigesetzt, die weitere Spaltungen auslösen können. Dadurch kann es innerhalb kürzester Zeit zu einer riesigen Anzahl von Spaltungsprozessen kommen, verbunden mit der Freisetzung gewaltiger Energien (Atombombe). Gelingt es, die Anzahl sekundärer Neutronen zu begrenzen, so lässt sich dadurch auch die Energiefreisetzung auf das gewünschte Maß reduzieren (Kernkraftwerke).

Training plus

Seite 16

9 Atomkerne sind aus **Protonen** und **Neutronen** aufgebaut. Die Sammelbezeichnung für diese beiden Teilchenarten lautet **Nukleonen**.

10 *Z*: die Anzahl der Protonen und *A*: die Anzahl der Nukleonen

11 Das chemische Element der Ordnungszahl *Z* besitzt ***Z*** Elektronen.

12 In einer Nuklidkarte notiert man nach rechts hin die **Anzahl der Neutronen** und nach oben hin die **Anzahl der Protonen**.

13 Für alle Nuklide, die in derselben Zeile einer Nuklidkarte stehen, stimmt die Anzahl **der Protonen** überein. Man nennt sie die **Isotope des Elementes**.

14 ☐ α-Strahler ☒ β-Strahler ☒ γ-Strahler

15 Die aktuelle Aktivität hat nach 2,6 d auf die Hälfte abgenommen.

16 Bei jeder Kernreaktion bleibt die **Gesamtzahl der Protonen** und die **Gesamtzahl der Nukleonen** erhalten.

17 ${}^{9}_{4}Be + {}^{4}_{2}He \Rightarrow {}^{13}_{6}C^* \Rightarrow {}^{12}_{6}C + {}^{1}_{0}n$; Kurzform: ${}^{9}_{4}Be(\alpha, n){}^{12}_{6}C$

18 Sie liefert eine Neutronenquelle.

19 Bei der Spaltung eines U-235-Kerns wird ein Energiebetrag von ca. **200 MeV** gewonnen. Durch nachfolgende **Kettenreaktionen** können sehr schnell gewaltige Energiebeträge freigesetzt werden.

Abschlusstest

Seite 17

1 a)	${}^{137}_{56}Ba^* \Rightarrow {}^{137}_{56}Ba + \gamma$	γ-Strahlung	einige Zentimeter dicke Bleischicht
b)	${}^{9}_{3}Li \Rightarrow {}^{9}_{4}Be + {}^{0}_{-1}e + \bar{\nu}$	β^--Strahlung	eine 5 mm dicke Bleischicht
c)	${}^{213}_{85}At \Rightarrow {}^{209}_{83}Bi + {}^{4}_{2}He$	α-Strahlung	ein Blatt Papier
d)	${}^{206}_{83}Bi \Rightarrow {}^{206}_{82}Pb + {}^{0}_{+1}e + \nu$	β^+-Strahlung	eine 5 mm dicke Bleischicht

2 a) Die Zerfallsreihe weist 8 α-Zerfälle und 6 β-Zerfälle auf.

b) Zerfallsreihe: waagerecht: Protonenzahl *Z*; senkrecht: Massenzahl (= Nukleonenzahl) A
Nuklidkarte: waagerecht: Neutronenzahl *N*; senkrecht: Protonenzahl *A*

	Zerfallsreihe	Nuklidkarte
α-Zerfall	2 Schritte nach links 4 Schritte nach unten	2 Schritte nach links 2 Schritte nach unten
β^--Zerfall	1 Schritt nach rechts	1 Schritt nach links 1 Schritt nach oben

c) Die Ausgangsnuklide der Zerfallsreihen können nur *n*, *n* - 1, *n* - 2 und *n* - 3 Nukleonen aufweisen, denn das Nuklid mit *n* - 4 Nukleonen steht bereits als Zerfallsprodukt in einer dieser Reihen.

d) Nein! Mehr als 1000 künstliche Radionuklide entstehen zumeist durch Neutroneneinfang und sind in keiner natürlichen Zerfallsreihe enthalten.

3 a) ${}^{128}_{53}I \Rightarrow {}^{128}_{54}Xe + {}^{0}_{-1}e + \bar{\nu}$; β^--Zerfall

b) Die Relation 216 Imp./s : 54 Imp./s = 4 : 1 besagt, dass sich die Zählrate innerhalb von 73 Minuten zweimal halbiert hat.
Die Halbwertszeit beträgt somit $t_H = 0{,}5 \cdot 73\,\text{min} = 36{,}5\,\text{min}$.

c) Das punktförmige Jod-Isotop strahlt mit gleicher Intensität in alle Raumrichtungen. Daher wird auch die Oberfläche einer um dieses Präparat gedachten Kugel gleichmäßig bestrahlt.

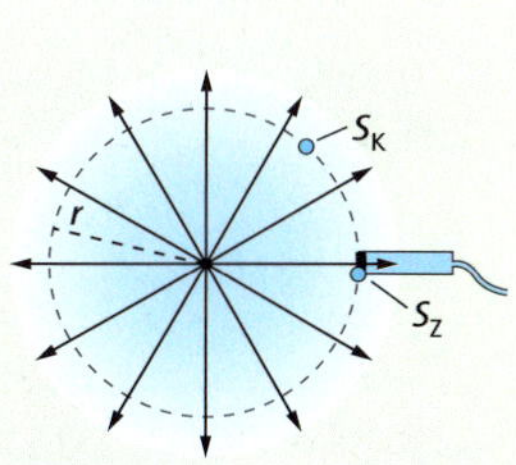

Ihre Oberfläche beträgt: $S_K = 4\pi \cdot r^2 = 4 \cdot 3{,}14 \cdot (0{,}4\,m)^2 = 2{,}0\,m^2$
Hiervon erfasst das Zählrohr lediglich einen Flächenausschnitt der Größe:
$S_Z = \pi \cdot (0{,}5\,d)^2 = 3{,}14 \cdot (0{,}025\,m)^2 = 0{,}001\,96\,m^2$
Folglich verhält sich zu jedem Zeitpunkt t die Aktivität $A(t)$ des Präparates zur Zählrate $N(t)$ wie die Kugeloberfläche zur Fensterfläche:

$$\frac{A(t)}{N(t)} = \frac{S_K}{S_Z} \Rightarrow A(t) = \frac{S_K}{S_Z} \cdot N(t) \Rightarrow A(t) = \frac{2{,}0\,m^2}{0{,}001\,96\,m^2} \cdot N(t) = 1020{,}4 \cdot N(t)$$

Anfangsaktivität: $A(0\,\text{min}) = 1020{,}4 \cdot 216\,\text{Imp./s} = 220\,406$ Zerfälle/s

Endaktivität: $A(73\,\text{min}) = 1020{,}4 \cdot 54\,\text{Imp./s} = 55\,102$ Zerfälle/s

4 a) Zerfallsgleichung: ${}^{235}_{92}U + {}^{1}_{0}n \rightarrow {}^{236}_{92}U^* \rightarrow {}^{94}_{37}Rb + {}^{140}_{55}Cs + 2{}^{1}_{0}n + 200\,MeV$
b) Die mittelschweren Zerfallsprodukte benötigen insgesamt weniger Neutronen als der schwere Urankern, um eine stabile Konfiguration zu erreichen. Folglich können die instabilen Tochterkerne ihren Neutronenüberschuss durch einen β^--Zerfall abbauen, denn hierbei wird ja ein Neutron in ein Proton und ein emittiertes Elektron umgewandelt. Die bei der Uranspaltung anfallenden Zerfallsprodukte (z.B. die Brennstäbe aus Kernkraftwerken) sind hochgradig radioaktiv und dürfen daher nur unter strengster Beachtung der Schutz- und Abschirmungsvorschriften behandelt werden.

40 – 32 Punkte	31 – 20 Punkte	unter 20 Punkte
sehr gut bis gut	befriedigend bis ausreichend	nicht mehr ausreichend

Kapitel 3: Elektrizitätslehre

Aufgaben

Seite 18

1 a) 1. Die Stromquelle, hier: Symbol für eine Batterie
2. Der Verbraucher (besser: Energiewandler), hier: Symbol einer Glühlampe
3. Die elektrischen Leitungen, dargestellt durch die Verbindungslinien
4. Ein Ein-/Ausschalter, dargestellt durch sein (geöffnetes) Symbol

b)

Bestandteile	**Stromquelle**	**Verbraucher**	**Stromleitungen**	**Ein-/Ausschalter**
Teilaufgabe a)	Batterie	Glühlampe	Leitungen	Ein-/Ausschalter
Fahrradbeleuchtung	Dynamo	Glühlampe	Leitungsdrähte	Dynamo-Ankippvorrichtung
Solar-Taschenrechner	Solarzellen	TR-Elektronik	interne Leitungen	Ein-/Aus-Taste
PC-Anlage	Steckdose	PC-Anlage	Netzkabel	Ein-/Ausschalter

2 a) ☒ Eisen ☐ Glas ☒ Messing ☐ Gummi ☒ Zink ☐ PVC
Alle Metalle (z.B. Eisen, Zink) und Metalllegierungen (z.B. Messing) sind **Leiter**. Glas, Gummi und PVC gehören zu den **Nichtleitern** und werden auch als Isolatoren eingesetzt.
b) Destilliertes Wasser leitet den Strom nur so gering, dass die Glühlampe nicht leuchtet. Bei einer Kochsalzlösung leuchtet die Glühlampe jedoch deutlich. Die Salzmoleküle (NaCl) zerfallen beim Lösen in Ionen (Na^+, Cl^-), die die Stromleitung ermöglichen.

3 a) Ein unter geringem Druck (ca. 100 mbar) mit Neon-Gas gefülltes Glasröhrchen wird beidseitig durch Metallkappen, die den Kontakt zu den beiden hineinreichenden Elektroden herstellen, abgeschlossen. Beim Anschluss an ein Netzgerät leuchtet das Neongas im Bereich um die negativ gepolte Elektrode.

b) zu (1): Jetzt leuchtet die andere Elektrode.
zu (2): Jetzt leuchten scheinbar beide Elektroden. Tatsächlich wechseln die leuchtenden Pole im 50-Hz-Rhythmus der Wechselspannung, was aber vom Auge nicht mehr wahrgenommen wird.

Seite 19

4 a) Ein Metallteller setzt sich nach unten hin fort in einen Metallbügel mit drehbarem Metallzeiger, der sich in Ruhe senkrecht einstellt. Kommt es in dieser Anordnung, die gegenüber dem Rahmen mit Standfuß gut isoliert ist, zu Ladungsverschiebungen, so schlägt der Zeiger entsprechend stark aus, weil die auf ihm sitzenden Ladungen jetzt von den gleichnamigen Ladungen auf dem Metallbügel abgestoßen werden.

b) Die negativen Ladungen des PVC-Stabes stoßen die negativ geladenen Elektronen im Metallteller ab, die daraufhin im Metallbügel nach unten ausweichen. Während nun auf dem Teller die positiven Metallatom-Rümpfe dominieren, schlägt der Elektroskopzeiger aus, weil er, genau wie der Metallbügel, überschüssige negative Ladungen aufweist.

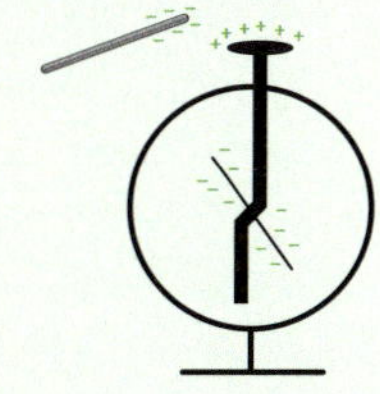

c) Nach dem Entfernen des PVC-Stabes hebt sich die Ladungsverschiebung auf und der Zeiger kehrt in seine Ruhelage zurück. Diese als **Influenz** bezeichnete Ladungsverschiebung besteht also nur, so lange die influenzierende Ladung des Stabes einwirkt.

5 a) Beim Berühren des Tellers gehen dauerhaft negative Ladungen auf das Elektroskop über. Daher bleibt der Zeigerausschlag auch nach Entfernen des Stabes bestehen.

b) Vom Glasstab werden positive Ladungen übertragen, die zunächst die schon vorhandenen negativen Ladungen neutralisieren (Rückgang des Zeigerausschlags). Werden weitere positive Ladungen übertragen, so stellt sich nun ein positiver Ladungszustand ein (erneuter Zeigerausschlag).

6 a) Jeder Atomkern enthält ebenso viele einfach positiv geladene Protonen, wie sich einfach negativ geladene Elektronen in der Atomhülle befinden. Folgende Substanzen sind nach außen hin elektrisch neutral:
Natrium: $Q_{Na} = +11 + (-11) = 0$; Chlor: $Q_{Cl} = +17 + (-17) = 0$;
Kochsalz: $Q_{NaCl} = Q_{Na} + Q_{Cl} = (+11 + 17) + (-11 - 17) = 0$

b) Natrium-Ionen sind nach außen hin einfach positiv: $Q_{Na^+} = +11 + (-10) = +1$
Chlor-Ionen sind nach außen hin einfach negativ: $Q_{Cl^-} = +17 + (-18) = -1$

Seite 20

7 a) Ein Draht der Länge ℓ_0 dehnt sich bei Erwärmung um die Temperaturdifferenz $\Delta\vartheta$ um das hierzu proportionale Stück $\Delta\ell = \text{const} \cdot \ell_0 \cdot \Delta\vartheta$ aus. Dadurch senkt sich das Spanngewicht entsprechend ab und der Zeiger dreht sich nach oben. So lassen sich bei geeigneter Skalierung wahlweise folgende Größen messen: 1. Die Drahtlänge ℓ; 2. Die Temperatur ϑ; 3. Die Stromstärke I (Hitzdraht-Amperemeter)

b) Jedes Metallatom gibt ein Elektron in die Zwischenräume des Metallgitters ab und verbleibt als positives Metallion auf seinem Gitterplatz. Die frei beweglichen Elektronen versetzen die Metallionen durch elastische Stöße in (Gitter-)Schwingungen, deren Ausmaß der Temperatur des Leiters entspricht. Bei anliegender Spannung führen die Elektronen zusätzlich eine Driftbewegung aus, wodurch die Gitterionen verstärkt schwingen. Dies wird als Erwärmung des Stromleiters wahrgenommen.

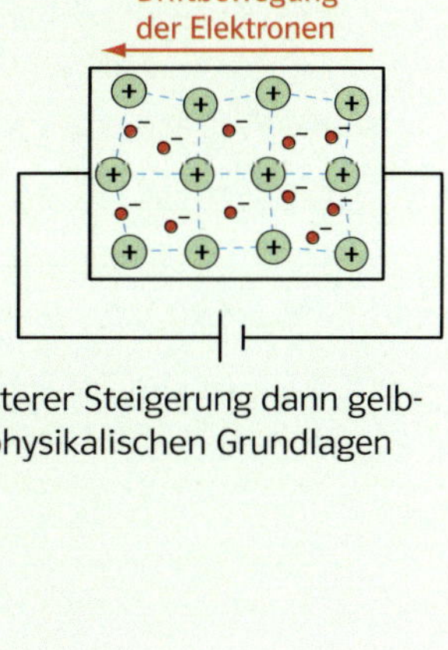

c) Bei hoher Stromstärke glüht der Draht zunächst rot, bei weiterer Steigerung dann gelblich-weiß, bevor er schließlich durchschmilzt. Dies sind die physikalischen Grundlagen der elektrischen Glühlampe und der Schmelzsicherung.

8 a) Elektrische Ladung eines einzelnen Elektrons: $e = \frac{1\,\text{C}}{6{,}242 \cdot 10^{18}} = \mathbf{1{,}602 \cdot 10^{-19}\,C}$

b) Ladung: $Q = I \cdot t \Rightarrow Q = 6{,}3\,\text{A} \cdot (38 \cdot 60\,\text{s}) = 14\,364\,\text{As} = 14\,364\,\text{C}$

Knallgasvolumen: $\frac{V}{V_0} = \frac{Q}{Q_0} \Leftrightarrow V = \frac{Q}{Q_0} \cdot V_0 \Leftrightarrow V = \frac{14364\,\text{C}}{1\,\text{C}} \cdot 0{,}174\,\text{cm}^3 = 2499\,\text{cm}^3 \approx \mathbf{2{,}5\,dm^3}$

Seite 21 9 a) zu (1): $\varphi_A = 0\text{V};\ \varphi_B = +4{,}5\text{V};\ U_{AB} = \varphi_B - \varphi_A = (+4{,}5\text{V}) - (0\text{V}) = +4{,}5\text{V}$
zu (2): $\varphi_A = -4{,}5\text{V};\ \varphi_B = 0\text{V};\ U_{AB} = \varphi_B - \varphi_A = (0\text{V}) - (-4{,}5\text{V}) = +4{,}5\text{V}$

b)

	φ_A	φ_B	φ_C	$U_{AB} = \varphi_B - \varphi_A$	$U_{BC} = \varphi_C - \varphi_B$	$U_{AC} = \varphi_C - \varphi_A$
(1)	−4,5V	0V	+4,5V	0V − (−4,5V) = +4,5V	+4,5V − 0V = +4,5V	4,5V − (−4,5V) = +9V
(2)	0V	+4,5V	+9V	4,5V − 0V = +4,5V	9V − (+4,5V) = +4,5V	9V − 0V = +9V
(3)	0V	+4,5V	0V	4,5V − 0V = +4,5V	0V − (+4,5V) = −4,5V	0V − 0V = 0V

10 Beim Abrollen der Gummisohlen auf dem PVC-Teppich kommt es zur Ladungstrennung. Carlo kann seine so gewonnenen elektrischen Ladungen nicht abgeben, weil die Gummisohlen gleichzeitig auch isolierend wirken. Somit besitzt Carlo gegenüber seiner Freundin Carla ein elektrisches Potenzial, das sich bei der ersten Berührung ausgleicht (kurzzeitiger Stromfluss) und als elektrischer „Schlag" für beide spürbar ist.

11 a) Die Kunststoffwalze W_3, die durch ihren Reibungskontakt mit dem über die metallischen Transportwalzen W_1 und W_2 laufenden Gummiband positiv aufgeladen wird, influenziert in der geerdeten Metallspitze S_1 zahlreiche negative Ladungen, die auf das Band aufsprühen (Spitzeneffekt) und so zur Spitze S_2 transportiert werden. Die Spitze S_2 ist mit der elektrisch neutralen Innenseite der Konduktorkugel K verbunden und kann daher beliebig viele Ladungen vom Band abgreifen, die sich sofort auf der Außenseite von K sammeln.

b) Das Potenzial der Konduktorkugel K kann sehr groß werden und liegt üblicherweise zwischen 100 kV und 1 MV. Die umgebende Luft wird bei solch hohen Spannungen leitend, sodass sich Funkenüberschläge, d.h. Entladungen hin zu S_3 (Spitzeneffekt) ergeben. Die der Erde über S_1 entzogenen Ladungen werden somit über S_3 wieder zur Erde zurückgeführt.

Seite 22 12 a) Alle Messpunkte führen auf denselben Widerstandswert $R = 250\,\Omega$, so liefert z.B. der Messpunkt (40 mA | 10 V):
$R = \frac{U}{I} = \frac{10\,\text{V}}{0{,}04\,\text{A}} = 250\,\Omega.$
Dem entspricht das rechts abgebildete Steigungsdreieck.

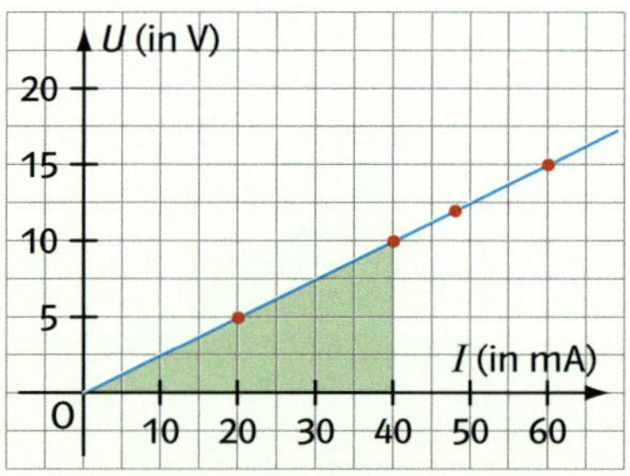

b)

U (in V)	**16**	100	320	**800**	960
I (in A)	0,004	**0,025**	0,080	0,200	**0,240**

Der Messpunkt (320 V | 0,08 A) führt auf $R = \frac{U}{I} = \frac{320\,\text{V}}{0{,}08\,\text{A}} = 4000\,\Omega = 4\,\text{k}\Omega$. Hiermit folgt …

für $I = 0{,}004\,\text{A}$: $U = R \cdot I = 4000\,\Omega \cdot 0{,}004\,\text{A} = 16\,\text{V}$

für $U = 100\,\text{V}$: $I = \frac{U}{R} = \frac{100\,\text{V}}{4000\,\Omega} = 0{,}025\,\text{A}$

für $I = 0{,}200\,\text{A}$: $U = R \cdot I = 4000\,\Omega \cdot 0{,}2\,\text{A} = 800\,\text{V}$

für $U = 960\,\text{V}$: $I = \frac{U}{R} = \frac{960\,\text{V}}{4000\,\Omega} = 0{,}24\,\text{A}$

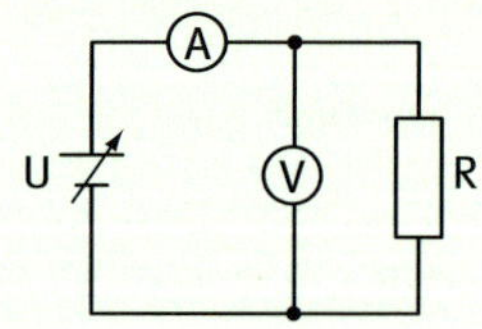

c) Das Voltmeter V liegt parallel zum Widerstand R.
Sein Innenwiderstand sollte möglichst groß sein, damit der Nebenstrom durch V den durch R fließenden Hauptstrom nicht merklich verfälscht. Das Amperemeter A, das den Gesamtstrom anzeigt, liegt im Stromkreis, daher sollte sein Innenwiderstand möglichst gering sein, um nicht den Wert von R merklich zu erhöhen.

13 a) $R = \varrho \cdot \frac{\ell}{A} \Rightarrow R = 0{,}017\,\frac{\Omega\,mm^2}{m} \cdot \frac{46{,}8\,m}{3{,}14 \cdot (0{,}75\,mm)^2} = 0{,}45\,\Omega$

b) $R = \varrho \cdot \frac{\ell}{A} \Leftrightarrow A = \varrho \cdot \frac{\ell}{R} \Leftrightarrow A = 0{,}100\,\frac{\Omega\,mm^2}{m} \cdot \frac{11{,}5\,m}{2{,}3\,\Omega} = 0{,}5\,mm^2;$

$A = \pi \cdot (0{,}5d)^2 \Leftrightarrow d = \sqrt{\frac{A}{0{,}25 \cdot 3{,}14}} \Rightarrow d = \sqrt{\frac{0{,}5\,mm^2}{0{,}25 \cdot 3{,}14}} = 0{,}80\,mm$

14 a) zu (1): 2 5 1 x 0 ≙ 250 Ω; zu (2): 6 2 3 x 0 ≙ 62 000 Ω = 62 kΩ

b) zu (1): 7,9 kΩ = 7900 Ω ⇒ 7 9 2 x 0 ≙ violett, weiß, rot
zu (2): 590 Ω ⇒ 5 9 1 x 0 ≙ grün, weiß, braun
zu (3): 43 Ω ⇒ 4 3 0 x 0 ≙ gelb, orange, schwarz

Seite 23

15 a) $R = R_1 + R_2 = 2{,}4\,k\Omega + 0{,}8\,k\Omega = 3{,}2\,k\Omega;\ I = \frac{U}{R} = \frac{16\,V}{3200\,\Omega} = 0{,}005\,A;$

$U_1 = R_1 \cdot I = 2400\,\Omega \cdot 0{,}005\,A = 12\,V;\ U_2 = U - U_1 = 16\,V - 12\,V = 4\,V$

b) $\frac{U_2}{U_1} = \frac{R_2}{R_1} \Leftrightarrow U_2 = \frac{R_2}{R_1} \cdot U_1 = \frac{720\,\Omega}{480\,\Omega} \cdot 18\,V = 27\,V;\ U = U_1 + U_2 = 18\,V + 27\,V = 45\,V;$

$R = R_1 + R_2 = 720\,\Omega + 480\,\Omega = 1200\,\Omega;\ I = \frac{U}{R} = \frac{45\,V}{1200\,\Omega} = 0{,}0375\,A$

16 a) $I_1 = \frac{U}{R_1} = \frac{35\,V}{250\,\Omega} = 0{,}14\,A;\ I_2 = \frac{U}{R_2} = \frac{35\,V}{350\,\Omega} = 0{,}10\,A;\ I = I_1 + I_2 = 0{,}14\,A + 0{,}10\,A = 0{,}24\,A;$

$R = \frac{U}{I} = \frac{35}{0{,}24\,A} = 145{,}83\,\Omega$ oder auch so: $R = \frac{R_1 \cdot R_2}{R_1 + R_2} = \frac{250\,\Omega \cdot 350\,\Omega}{250\,\Omega + 350\,\Omega} = \frac{87\,500\,\Omega^2}{600\,\Omega} = 145{,}83\,\Omega$

b) $\frac{I}{R} = \frac{I}{R_1} + \frac{I}{R_2} \Leftrightarrow R_2 = \frac{R_1 \cdot R}{R_1 - R} = \frac{16\,\Omega \cdot 9{,}6\,\Omega}{16\,\Omega - 9{,}6\,\Omega} = \frac{153{,}6\,\Omega^2}{6{,}4\,\Omega} = 24\,\Omega;\ U = R \cdot I = 9{,}6\,\Omega \cdot 0{,}8\,A = 7{,}68\,V;$

$I_1 = \frac{U}{R_1} = \frac{7{,}68\,V}{16\,\Omega} = 0{,}48\,A;\ I_2 = I - I_1 = 0{,}80\,A - 0{,}48\,A = 0{,}32\,A$

17 (1) $R = R_1 + R_2 + R_3 = 100\,\Omega + 100\,\Omega + 100\,\Omega = 300\,\Omega$

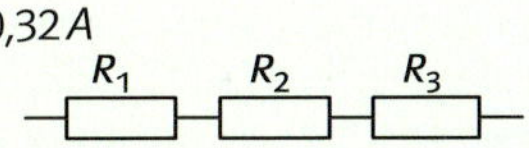

(2) $R = R_1 + \frac{R_2 \cdot R_3}{R_2 + R_3} = 100\,\Omega + \frac{100\,\Omega \cdot 100\,\Omega}{100\,\Omega + 100\,\Omega} = 100\,\Omega + 50\,\Omega = 150\,\Omega$

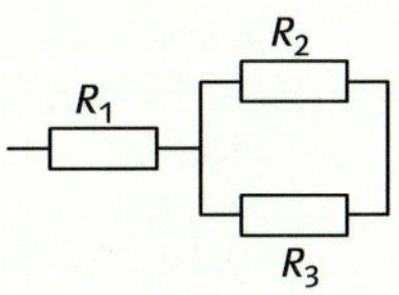

(3) $R = \frac{(R_1 + R_2) \cdot R_3}{(R_1 + R_2) + R_3} = \frac{(100\,\Omega + 100\,\Omega) \cdot 100\,\Omega}{(100\,\Omega + 100\,\Omega) + 100\,\Omega} = \frac{200\,\Omega \cdot 100\,\Omega}{200\,\Omega + 100\,\Omega} = 66{,}67\,\Omega$

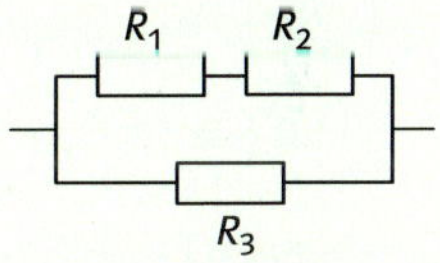

(4) $\frac{1}{R} = \frac{1}{R_1} + \frac{1}{R_2} + \frac{1}{R_3} \Leftrightarrow R = \frac{R_1 \cdot R_2 \cdot R_3}{R_2 \cdot R_3 + R_1 \cdot R_3 + R_1 \cdot R_2}$

$R = \frac{100\,\Omega \cdot 100\,\Omega \cdot 100\,\Omega}{100\,\Omega \cdot 100\,\Omega + 100\,\Omega \cdot 100\,\Omega + 100\,\Omega \cdot 100\,\Omega} = \frac{1\,000\,000\,\Omega^3}{30\,000\,\Omega^2} = 33{,}33\,\Omega$

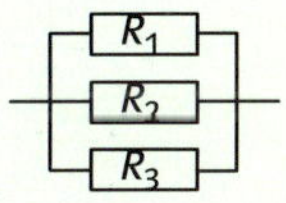

Training plus

Seite 24

20 Stromquelle, Verbraucher (Energiewandler), Stromleitungen, Ein-/Ausschalter

21 ☐ Q_1 stößt Q_2 ab ☒ Q_2 zieht Q_1 an ☒ Q_1 zieht Q_2 an
☐ $Q_1 + Q_2 = 0{,}8\,C$ ☒ $Q_1 + Q_2 = 0{,}2\,C$ ☐ $Q_1 + Q_2 = -0{,}2\,C$

22 … die Ladungsmenge 1 C einen Leitungsquerschnitt innerhalb von 1 s passiert.

23 ☒ Elektronen ☐ Atomen ☒ Ionen

24 Elektrische Spannung entsteht dann, wenn entgegengesetzte Ladungen unter Arbeitsaufwand voneinander getrennt werden.

25 Bei einem Ohm'schen Widerstand gilt:
☒ U ist proportional zu I ☐ U ist proportional zu $\frac{1}{I}$
☒ I ist proportional zu U ☐ I ist proprtional zu $\frac{1}{U}$

26 Dem Ohm'schen Gesetz entsprechend gilt:

☒ $R \cdot I = U$ ☐ $U = \frac{R}{I}$ ☒ $I = \frac{U}{R}$ ☐ $R = \frac{I}{U}$ ☒ $R = \frac{U}{I}$

27 (r) $U_1 + U_2 = U$ (p) $U_1 = U_2 = U$ (p) $I_1 + I_2 = I$

(r) $I_1 = I_2 = I$ (r) $R_1 + R_2 = R$ (p) $\frac{I}{R_1} + \frac{1}{R_2} = \frac{1}{R}$

Seite 25

Abschlusstest

1 Die Behauptung von Bernd stimmt nicht, denn die rechte Elektrode der Glimmlampe leuchtet immer dann auf, wenn die Kugel K_2 gegenüber der Kugel K_1 ein negatives Potenzial besitzt. Bezeichnen Q_1 und Q_2 die entsprechenden Ladungen, so sind folgende fünf qualitativ unterschiedliche Ladungszustände denkbar:

Ladungszustand	(1)	(2)	(3)	(4)	(5)
Ladung Q_1 auf K_1	$Q_1 > Q_2$	$Q_1 > 0$	$Q_1 > 0$	$Q_1 = 0$	$Q_1 < 0$
Ladung Q_2 auf K_2	$Q_2 > 0$	$Q_2 = 0$	$Q_2 < 0$	$Q_2 < 0$	$Q_2 < Q_1$

Hinweis: Die Behauptung von Bernd umfasst nur die Ladungszustände (3), (4) und (5).

2 a) Die Graphitbeschichtung des Balls bildet eine leitende Oberfläche, auf der die Ladungen der beiden Kondensatorplatten eine Ladungstrennung influenzieren. Während sich die negativen Ladungen (Elektronen) gegenüber der positiven Platte ansammeln, dominieren die positiven Ladungen auf der anderen Ballhälfte gegenüber der negativen Platte. Sobald der Ball auch nur geringfügig von der Plattenmitte abweicht - und das ist bei jeder noch so exakten Aufhängung der Fall - überwiegt die Anziehung zur näheren Platte und der Ball bewegt sich dorthin.

b) Bei jedem Plattenkontakt kommt es zu einer Umladung des Balls. Trifft z.B. der zunächst negativ geladene Ball auf die positive Platte, so gibt er dort nicht nur seine überschüssigen Elektronen ab, sondern nimmt sogar den positiven Ladungszustand der Platte an. Damit wird er aber von der nun gleichnamig geladenen Platte abgestoßen und von der negativen Platte angezogen, bei deren Berührung eine erneute Umladung stattfindet, in deren Folge der Ball erneut abgestoßen wird, usw.

c) Bei jedem Kontakt mit der negativen Platte werden dort Elektronen abgezogen, die von der Batterie nachgeliefert werden. Dieser Stromfluss wird von der Glimmlampe angezeigt. Bei jedem Kontakt mit der positiven Platte muss die Batterie die dort angelieferten Elektronen absaugen. Das geschieht über die linke Hälfte des Stromkreises, sodass die Glimmlampe hiervon nicht angesprochen wird.

3 a) Bei einem Festwiderstand verhält sich der Strom I stets proportional zur anliegenden Spannung U, sodass die zugehörige Kennlinie im U-I-Diagramm als Ursprungsgerade verläuft. Auch hier beginnt die Kennkurve im Ursprung, verläuft aber nicht geradlinig sondern abflachend, was auf einen zunehmenden Widerstand hinweist. Eine Glühlampe ist kein Festwiderstand.

b) Man kann zu jedem Messpunkt den Widerstandswerte $R = \frac{U}{I}$ berechnen, den ein entsprechender Festwiderstand dort hätte, und stellt übereinstimmend mit Teilaufgabe a) fest, dass die Widerstandwerte mit zunehmender Spannung anwachsen. Dieser Effekt rührt von der zunehmenden Erwärmung der (Wolfram-)Glühwendel her. Das Metallgitter wird durch den ansteigenden Strom immer stärker in Gitterschwingungen versetzt, was den Stromfluss durch die Gitterzwischenräume zunehmend behindert.

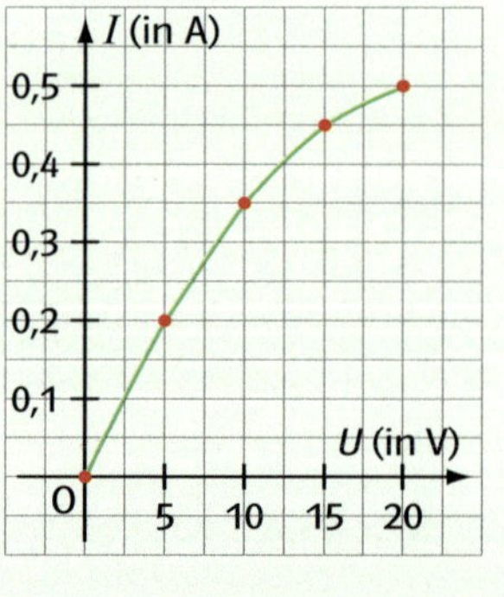

U (in V)	5	10	15	20
I (in A)	0,20	0,35	0,45	0,50
R (in Ω)	25,0	28,6	33,3	40,0

4 a) $R = \frac{U}{I} = \frac{40\,V}{0{,}02\,A} = 2000\,\Omega;\ R_2 = R - R_1 = 2000\,\Omega - 1200\,\Omega = 800\,\Omega;$

$U_1 = R_1 \cdot I = 1200\,\Omega \cdot 0{,}02\,A = 24\,V;\ U_2 = U - U_1 = 40\,V - 24\,V = 16\,V$

b) $R = \frac{R_1 \cdot R_2}{R_1 + R_2} = \frac{1200\,\Omega \cdot 800\,\Omega}{1200\,\Omega + 800\,\Omega} = 480\,\Omega;\ I = \frac{U}{R} = \frac{40\,V}{480\,\Omega} = 83{,}3\,mA;\ I_1 = \frac{U}{R_1} = \frac{40\,V}{1200\,\Omega} = 33{,}3\,mA;$

$I_2 = I - I_1 = 83{,}3\,mA - 33{,}3\,mA = 50\,mA$

5 In der Papierebene zeigt sich, dass die Kontaktpunkte 3 und 4 aus Symmetriegründen das gleiche Potenzial aufweisen. Weil somit zwischen 3 und 4 keine Spannung (= Potenzialdifferenz) besteht, ist auch der diese Punkte verbindende Widerstand (grau) funktionslos und kann für die Berechnung des Gesamtwiderstandes weggelassen werden:

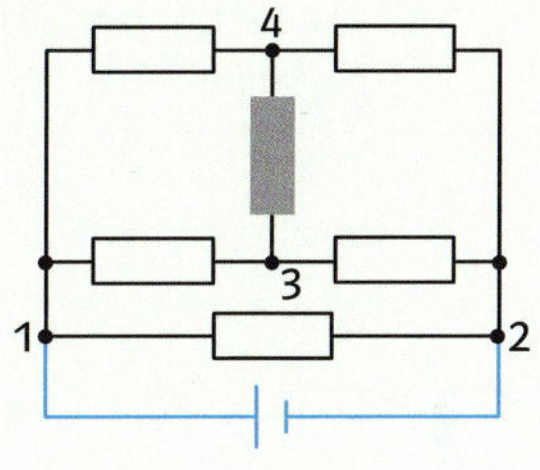

$\frac{1}{R_{ges}} = \frac{1}{R} + \frac{1}{R+R} + \frac{1}{R+R} \Leftrightarrow \frac{1}{R_{ges}} = \frac{2+1+1}{2R} \Leftrightarrow \frac{1}{R_{ges}} = \frac{2}{R}$

$\Leftrightarrow R_{ges} = 0{,}5\,R.$

40 – 32 Punkte	31 – 20 Punkte	unter 20 Punkte
sehr gut bis gut	befriedigend bis ausreichend	nicht mehr ausreichend

Kapitel 4: Elektronik

Aufgaben

1 siehe Grafik rechts Seite 27
(Bei einer negativen Spannung sperrt die Diode, am Widerstand R wird keine Spannung aufgebaut.)

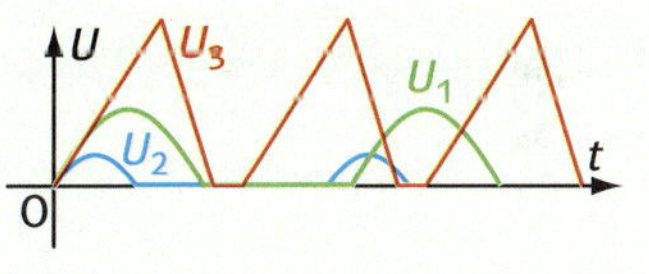

2 zum Beispiel:
Fotodiode: Widerstand nimmt bei Dunkelheit zu
Leuchtdiode (LED): setzt elektrische Energie ohne großen Wärmeverlust in Licht um
Laserdiode: eine spezielle LED zum Abtasten und Schreiben bei DVD-Player und PC
Magnetdiode: Sperrzone wird durch Magnetfelder verändert
Solarzelle: hat denselben Aufbau wie eine Diode
Zenerdiode: dient der Stabilisierung von Spannungen

3 Es fließt überhaupt **kein Steuerstrom**, da zwischen Gate und der p-Schicht ein Isolator ist. Damit tritt keinerlei Verlust und keine Wärmeerzeugung auf. Zudem benötigen FET wesentlich weniger Platz als normale Transistoren. Seite 28

4 a) T1 **verstärkt um das 100-fache**.
b) **Nein**, man müsste I_{BE} messen oder berechnen.

5 So wie das Auge bei einem Film auch keine **Einzelbilder**, sondern die Bewegung sieht, erkennt das Ohr auch bei einzelnen Tönen das gesamte Musikstück. Der im Mikrofon zu einer **(analogen) Spannung** umgewandelte Ton wird in sehr viele Einzelspannungen aufgeteilt und die Höhe der Spannungen wird als **digitale Zahl** geschrieben. Dabei werden pro Sekunde **40 000** Messwerte **digitalisiert**. Diese einzelnen digitalen Werte können problemlos und **störungsfrei** übertragen werden. Nach der Bearbeitung werden diese **digitalen** Daten wieder zu Spannungen umgewandelt, es entsteht in der Gesamtheit der vom Mikrofon empfan- Seite 29

gene Ton. Damit kann man mit jeglicher **Datenübermittlung** (Telefon, sms, ...) Musikstücke einwandfrei übermitteln.

Seite 30 Training plus

28 ☐ Halbleiter leiten jeweils die Hälfte der Spannung weiter.
Falsch: Halbleiter sind Materialien, in denen sich nur wenige freie Elektronen als Ladungsträger befinden.
☐ Dioden werden als Schalter in Rechnern verwendet
Falsch: In Rechnern verwendet man *Mikroprozessoren*, Dioden wären viel zu groß.
☐ Eine Kennlinie ist eine Trennlinie zwischen einem p-Leiter und einem n-Leiter
Falsch: Eine Kennlinie zeigt in einem Koordinatensystem den Zusammenhang von zwei Größen.
☐ Man benötigt 10 000 Messungen pro Sekunde, um Musik unverfälscht wiedergeben zu können
Falsch: der höchste hörbare Ton hat 20 000 Hz, also eine Schwingungsdauer von $\frac{1}{20\,000}$ s. Man benötigt pro Schwingung 2 Messwerte, also 40 000 Messungen pro Sekunde.

26 Siehe Grafik rechts.

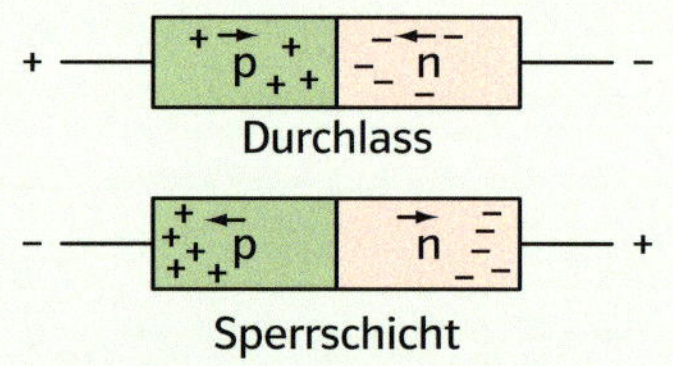

27

	5	6	2	3	2	1
a)	1 0 1	1 1 0	0 1 0	0 1 1	0 1 0	0 0 1

b) 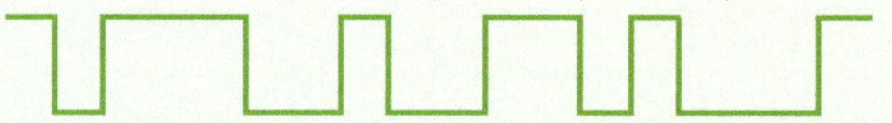

28 Mikroprozessoren gibt es seit **1972**. Der große Vorteil ist, dass sie **programmierbar** sind. Bislang musste für jedes „Problem" eine eigene Schaltung erdacht und gebaut werden, was sehr zeitaufwendig und teuer war. Mikroprozessoren sind **vielseitig einsetzbar** und, da in der Masse hergestellt, auch wesentlich **billiger** geworden.

29 Siehe Anmerkung auf Seite 29: Für die optimale Qualität muss man 20 000 Schwingungen pro Sekunde hören und, weil man pro Schwingung zwei Messwerte benötigt:
$2 \cdot 20\,000 = 40\,000$-mal pro Sekunde abtasten,
pro Minute sind das $40\,000 \cdot 60 =$ **2,4 Millionen Messdaten**.

Seite 31 Abschlusstest

1 a) Beide Halbwellen werden gesperrt, es fließt kein Strom, am Motor herrscht keine Spannung.
b) Am Motor herrscht die positive Halbwelle der Wechselspannung.
c) Am Motor liegt die vollständige Wechselspannung.

2 a) Siehe Grafik rechts (oben): die beiden Halbwellen der Wechselspannung ergeben eine pulsierende Gleichspannung.
b) Es entsteht ein Kurzschluss bei der positiven Halbwelle, die negative Halbwelle wird gesperrt.
c) Siehe Grafik rechts (unten): Die Spannung verläuft so, als ob nur eine Diode vorhanden wäre. Die positive Halbwelle hat Durchlass; die negative wird unterdrückt.

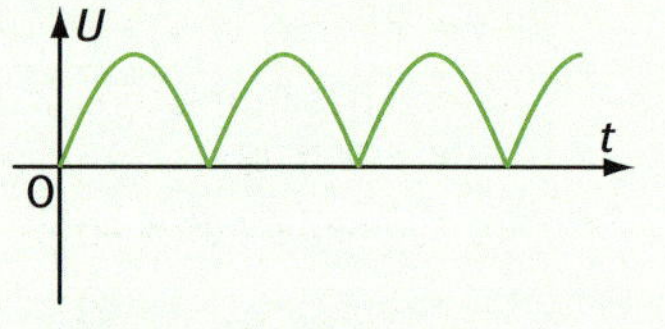

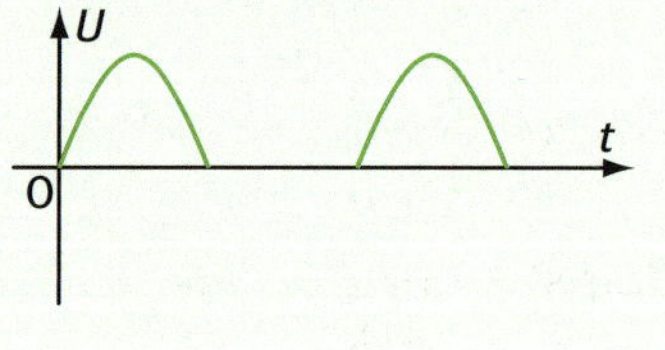

3 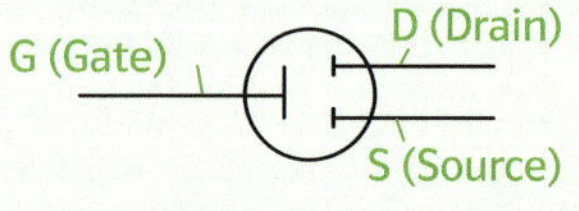

U_{GS} steuert I_{DS}

4 Der Arbeitsstrom fließt vom Emitter über den Kollektor und ist wesentlich größer als der Steuerstrom, der vom Emitter über die Basis fließt.

5 Durch die Spannung zwischen **Gate** und **Source**.

6 Der Unterschied besteht in der Beschichtung:
pnp: Zwischen zwei p-dotierten Schichten befindet sich eine n-dotierte Schicht.
npn: Zwischen zwei n-dotierten Schichten befindet sich eine p-dotierte Schicht.
Basis, Emitter und Kollektor sind umgekehrt dotiert. Man muss nur die Betriebsspannung wechseln (+ und -), damit ändern sich natürlich auch die Stromrichtungen, aber was die Funktionsweise des Transistors betrifft, bleibt alles gleich.

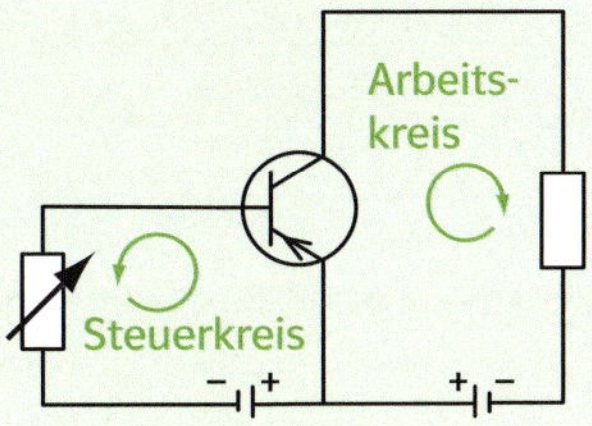

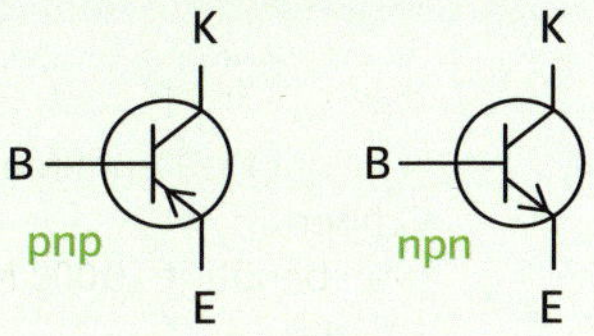

17 – 14 Punkte	13 – 8 Punkte	unter 8 Punkte
sehr gut bis gut	befriedigend bis ausreichend	nicht mehr ausreichend

Kapitel 5: Energie

Aufgaben

1 Bei vielen Vorgängen sind mehrere Energiearten betroffen. Bei einer Glühlampe wird elektrische Energie verbraucht, aber es wird Lichtenergie und Wärme frei. Seite 33

Vorgang	Energie	Umwandlung
Ein Auto bremst und hält an	☐ z ☒ f	kinetische E. → thermische E.
laufender Föhn	☒ z ☐ f	elektrische E. → thermische E.
Beschleunigen des Motorrades	☒ z ☐ f	chemische E. → kinetische E.
Wasser stürzt einen Wasserfall herab	☐ z ☒ f	potenzielle E. → kinetische E.
ein Holzscheit brennt	☐ z ☒ f	chemische E. → thermische E.
Max springt vom 3-Meter-Brett	☐ z ☒ f	potenzielle E. → kinetische E.
letzter Meter beim Überspringen der Latte beim Stabhochsprung	☒ z ☐ f	Spannungsenergie des Stabes → potenzielle Energie des Springers
Zünden des Gemisches im Kolben eines Fahrzeugs	☐ z ☒ f	chemische Energie → Bewegungsenergie und Wärme
Spalten eines Atomkernes	☐ z ☒ f	Kernenergie → thermische E.
Erklimmen eines Berges	☒ z ☐ f	Muskelkraft → potenzielle E.
die Sonne erwärmt das Wasser	☒ z ☐ f	Sonnenenergie → thermische E.

2 Elektrische Energie: $E = I \cdot U \cdot t = 60\,\text{W} \cdot 10\,\text{h} = 600\,\text{Wh} = 600 \cdot 60 \cdot 60\,\text{Ws} = 2\,160\,000\,\text{Ws} \triangleq$ **2160 kJ**

Potenzielle Energie: $E = G \cdot h \Rightarrow h = \frac{E}{G} = \frac{2\,160\,000\,\text{Nm}}{610\,\text{N}} \approx 3540\,\text{m}$

3 a) Zunahme der Lageenergie (potenzielle Energie) $E = G \cdot h = 650\,\text{N} \cdot 400\,\text{m} =$ **260 kJ**

b) $E = G \cdot h \Rightarrow h = \frac{E}{G} = \frac{100\,000\,\text{Nm}}{650\,\text{N}} \approx$ **154 m**

c) Die Lageenergie wird in **Bewegungsenergie und Wärme** (durch Reibung, z. B. Bremsen) umgewandelt.

4 z. B.:
- Bei einem Stausee wird nachts (mit billigem Nachtstrom) Wasser nach oben gepumpt (elektrische Energie → Lageenergie); tagsüber wird das Wasser abgelassen, es treibt eine Turbine an, der Generator erzeugt Strom (Lageenergie → elektrische Energie).
- Elektromotor des Krans zieht Lasten in die Höhe (elektrische Energie → Lageenergie)
- Elektrobike bei steigender Straße (elektrische Energie → Lageenergie)
- Fensterheber im Auto (elektrische Energie → Lageenergie)

5

Energieart	Vorkommen	Beispiele
chemische Energie	Gas, Benzin, Diesel, Pflanzen, Raps	Benzinmotor, Dieselmotor, Gasherd, Rasenmäher, Kettensäge
elektrische Energie	Stromnetz, Batterien, Akku,	Föhn, Glühlampe, Motoren, Herdplatte
Kernenergie	in *jedem* Atomkern vorhanden, technisch nutzbar aber nur bei wenigen Atomarten	Kernkraftwerk, Atomwaffen
magnetische Energie	Permanentmagnet, Elektromagnet	Generator, Elektromagnet auf Schrottplatz, Relais
kinetische Energie/ Bewegungsenergie	jeder bewegte Körper, z. B. Flugzeug, Bahn, Speer, Ball	Wasserrad, Schaukel, Hammerschlag
potenzielle Energie/Lageenergie	jeder Körper besitzt eine positive potenzielle Energie oberhalb des Nullniveaus, eine negative unterhalb des Nullniveaus	freier Fall, Wasserfall, Schaukel, Bergsteiger, Rakete
Rotationsenergie	Hubschrauber, Windmühle	Windmühlenflügel; Bohrmaschine
Spannungsenergie	Uhrfeder, Expandergummi	Uhr, Spielzeugauto, Luftdruckgewehr, Bogen, Armbrust
Sonnenenergie	Sonnenstrahlen	Solarkollektoren; Solarzellen
Wärmeenergie innere Energie	in jedem Körper, der wärmer als der abs. Nullpunkt (−237 °C) ist	Heißluftballon, Herdplatte, Schweißapparat, Wärmepumpe
Windenergie	Luft, Sturm	Windrad, Windmühle

6 $W_f = 0{,}5 \cdot D \cdot s^2 = 0{,}5 \cdot 500\,\frac{\text{N}}{\text{m}} \cdot 0{,}15^2\,\text{m}^2 = \mathbf{5{,}625\,Nm}$

Seite 34 7 z. B.: Schaukel, springender Ball, Skater in Halfpipe, Achterbahn, Trampolin

8 a) 4,1855 J erwärmen 1 g Wasser um 1 K ⇒ 4,1855 kJ erwärmt 1 kg = 1 ℓ Wasser um 1 K und 418,55 kJ erwärmen 100 ℓ Wasser um 1 K. Mit 19 000 : 418,55 = 45,39 folgt: 100 Liter Wasser würden innerhalb von 8 Stunden **um 45,39 K** erwärmt werden.

b) Benzin: 33 MJ pro Liter. Mit 33 MJ : 19 MJ = 1,17 folgt: nur **1,17 m²**

c) Die Energiemenge wird kleiner, da weniger Sonnenstrahlen auf die Fläche treffen.

Seite 35 9 a) $v = \sqrt{2 \cdot g \cdot h}$; $h = \frac{v^2}{2g}$

b) Mit $60\,\frac{\text{km}}{\text{h}} = 60 \cdot 0{,}28\,\frac{\text{m}}{\text{s}}$ gilt: $h = \frac{v^2}{2g} = \frac{(60 \cdot 0{,}28)^2 \cdot \frac{\text{m}^2}{\text{s}^2}}{2 \cdot 9{,}81\,\frac{\text{m}}{\text{s}^2}} = \mathbf{14{,}39\,m}$

c) Nein, die Masse spielt keine Rolle, wenn die *Geschwindigkeit* gleich bleibt.

d) $v = \sqrt{2 \cdot 10\,\frac{\text{m}}{\text{s}^2} \cdot 9\,\text{m}} = \sqrt{180\,\frac{\text{m}^2}{\text{s}^2}} = 13{,}4\,\frac{\text{m}}{\text{s}} = \mathbf{48{,}30\,\frac{km}{h}}$

e) Nein, die Geschwindigkeit beim freien Fall ist unabhängig von der Masse (sofern wir vom Luftwiderstand absehen).

10 Von 1 Ws werden 75 %, also 0,75 Ws = 0,75 J = **0,75 Nm** für E_{kin} umgewandelt.

$$E = \frac{1}{2} \cdot m \cdot v^2 \Rightarrow v^2 = \frac{0{,}75\,\text{kg}\,\frac{\text{m}^2}{\text{s}^2}}{\frac{1}{2} \cdot 0{,}2\,\text{kg}} = 7{,}5\,\frac{\text{m}^2}{\text{s}^2} \Rightarrow v = \sqrt{7{,}5\,\frac{\text{m}^2}{\text{s}^2}} = 2{,}74\,\frac{\text{m}}{\text{s}} = \mathbf{9{,}86\,\frac{km}{h}}$$

11 a) Der Mann würde sich wie bei einem Federpendel auf und ab bewegen.
b) Wenn die gesamte Lageenergie in kinetische Energie übergeht, so gilt:
$v = \sqrt{2g \cdot h} = \sqrt{4\,\frac{\text{m}^2}{\text{s}^2}} = 2\,\frac{\text{m}}{\text{s}}$
c) Die Lageenergie geht über in kinetische Energie und Spannungsenergie. Die Reibungsverluste erwärmen die Umgebung. Ist der Stuhl dann in Ruhe, dann ist nur noch Spannungs- und Lageenergie vorhanden. Ein Teil der Lageenergie ist in Spannungsenergie übergegangen.
d) $E = m \cdot g \cdot h = 0{,}5 \cdot D \cdot s^2 \Rightarrow D = \frac{100\,\text{kg} \cdot 10\,\frac{\text{m}}{\text{s}^2} \cdot 0{,}2\,\text{m} \cdot 2}{0{,}2^2\,\text{m}^2} = 10\,000\,\frac{\text{N}}{\text{m}}$

12 Nein, solche Maschinen gibt es nicht. Bei *jeder* Arbeit, die verrichtet wird, muss Energie zugeführt werden.

13 a) Wenn die Reibung nicht berücksichtigt wird, wird die potenzielle Energie vollständig in kinetische Energie umgewandelt:
$\frac{1}{2} m \cdot v^2 = m \cdot g \cdot h \Rightarrow v^2 = 2 \cdot g \cdot h = 40\,\frac{\text{m}^2}{\text{s}^2} \Rightarrow v = 6{,}2632\,\frac{\text{m}}{\text{s}} = \frac{6{,}2632 \cdot 60 \cdot 60}{1000}\,\frac{\text{km}}{\text{h}} = \mathbf{22{,}5\,\frac{km}{h}}$
b) Die Reibung bremst ab (Wärmeenergie wird frei).

14 z. B. Benzinmotor: chemische Energie → Bewegungsenergie
Elektromotor: elektrische Energie → Bewegungsenergie
Föhn: elektrische Energie → Wärmeenergie
Windrad: Rotationsenergie → elektrische Energie
Bohrmaschine: elektrische Energie → Rotationsenergie
Generator: kinetische Energie → elektrische Energie

15 $m \cdot g \cdot h = 0{,}5 \cdot m \cdot v^2$; $\left(50\,\frac{\text{km}}{\text{h}} \triangleq \frac{50 \cdot 1000}{60 \cdot 60}\,\frac{\text{m}}{\text{s}} \triangleq 13{,}89\,\frac{\text{m}}{\text{s}}\right) \rightarrow h = \frac{13{,}89^2\,\frac{\text{m}^2}{\text{s}^2}}{20\,\frac{\text{m}}{\text{s}^2}} = \mathbf{9{,}65\,m}$

16 zugeführte Energie: $E_{zu} = 1000\,\text{W} \cdot \frac{1}{6}\,\text{h} = \frac{1}{6}\,\text{kWh} = 600\,\text{kJ}$ **Seite 36**
genutzte Energie: $E_{nutz} = 4{,}2\,\frac{\text{kJ}}{\text{kg} \cdot \text{K}} \cdot 5\,\text{kg} \cdot 20\,\text{K} = 420\,\text{kJ}$
$\eta = \frac{E_{nutz}}{E_{zu}} = \frac{420\,\text{kJ}}{600\,\text{kJ}} = 0{,}7$. Der Wirkungsgrad des Tauchsieders ist **0,7** (**70 %**).

17 $E_{Kin} = 0{,}5 \cdot m \cdot v^2 = 0{,}5 \cdot 1000\,\text{kg} \cdot 13{,}89^2\,\frac{\text{m}^2}{\text{s}^2} = 96\,466\,\text{Nm} = 96{,}5\,\text{kJ}$
96,5 kJ ≙ 18 % ⇒ Verlust $x = \frac{0{,}82 \cdot 96{,}5}{18}$ = **439,61 kJ**

18 Schaukel ohne Energiezufuhr, Streuen glatter Straßen, Fahrradfahren auf ebener Straße, Spielzeugauto hält nach Anstoßen, Nagel hält im Holz, Wachsen beim Skilanglauf

19 Das Fett diente der Schmierung, die Reibung wurde dadurch stark vermindert.

20 a) 145 W · 60 h = 8,7 kWh; Kosten: 8,7 kWh · 0,1758 $\frac{€}{\text{KWh}}$ ≈ **1,53 €** **Seite 37**
b) Stand-By: 30 Tage à 22 h ≙ 660 h; 660 h · 1 W = 660 Wh = 0,66 kWh;
0,66 kWh · 0,1758 $\frac{€}{\text{KWh}}$ ≈ 0,12 €; Gesamt: 1,53 € + 0,12 € = **1,65 €**

21 Heizen: Zimmertemperatur senken, nicht alle Zimmer heizen
Kfz: öffentliche Verkehrsmittel oder Fahrrad benutzen, kleineres Fahrzeug wählen
Warmwasser: nicht unnötig laufen lassen; duschen statt baden
Kühlen, Gefrieren, Waschen: Kühltemperatur senken, regelmäßig enteisen, Waschtemperatur und -dauer verringern
Kochen: Töpfe der richtige Größe verwenden, Herd früh abschalten und Restwärme nutzen
Licht: Energiesparlampen verwenden, Lichter nicht unnötig brennen lassen

22

Energieträger	Erdgas	Erdöl	Kohle	Uran
Zeitraum (in Jahren)	ca. 65	ca. 40	ca. 180	ca. 65

nach: Dorn-Bader, Physik 1/2, Schroedel-Verlag; die Werte können je nach verwendeter Quelle abweichen.

23 kinetische Energie bei $100\frac{km}{h}$: $E_{100} = \frac{1}{2} \cdot m \cdot v^2 = \frac{1}{2} \cdot m \cdot 772\frac{Nm}{kg} \triangleq 100\,\%$
kinetische Energie bei $50\frac{km}{h}$: $E_{50} = \frac{1}{2} \cdot m \cdot v^2 = \frac{1}{2} \cdot m \cdot 193\frac{Nm}{kg} \triangleq 25\,\%$
kinetische Energie bei $200\frac{km}{h}$: $E_{200} = \frac{1}{2} \cdot m \cdot v^2 = \frac{1}{2} \cdot m \cdot 3088\frac{Nm}{kg} \triangleq 400\,\%$

24 a) Durch das Ersetzen einer 100-Watt-Lampe durch eine 17-Watt-Lampe spart er $100\,W - 17\,W = 83\,W$, das entspricht 83 %.
Durch die Verkürzug von 2 min (120 s) auf 1 min 40 s (100 s) spart er $\frac{1}{6}$ der Zeit ein, also $16{,}\overline{6}\,\% \approx 17\,\%$, er muss also noch 83 % der verbliebenen 17 W aufbringen: $17\,W \cdot 0{,}83 = 14{,}11\,W$. Er spart damit insgesamt 83 % + 2,89 % = **85,89 %**
(bzw. $100\,W - 14{,}11\,W = 85{,}89\,W$, also 85,89 %)
b) Kosten vorher: $10 \cdot 0{,}1\,kW \cdot 10 \cdot 120\,s \cdot 365 \cdot \frac{0{,}2\,€}{1\,kwW \cdot 3600\,s} = 24{,}33\,€$;
Kosten nachher: 3,43 €, er spart **20,88 €**

Seite 38 Training Plus

33 Unter Energie versteht man die Fähigkeit eines Körpers, Arbeit zu verrichten.

34 elektrische Energie: Ws oder kWh (Wattsekunden oder Kilowattstunden;
mechanische Energie: Nm oder J (Newtonmeter oder Joule)
1 Ws = 1 J

35 Von einem energetisch abgeschlossenen System spricht man, wenn von außerhalb keine Energie zugeführt oder abgegeben wird.

36 Nein, über die Reibung (Luftwiderstand) wird Energie an die Umgebung abgegeben.

37 Der Wirkungsgrad ist der Quotient von genutzer und zugeführter Energie: $\eta = \frac{E_{nutz}}{E_{zu}}$

38 Der Wirkungsgrad kann Werte zwischen $0 < \eta < 1$ annehmen.

39 Spannungsenergie → kinetische Energie → Lageenergie → kinetische Energie → Verformung, Wärme

40 Ja, über die Formel $m \cdot g \cdot h = 0{,}5 \cdot m \cdot v^2 \Rightarrow v_2 = 2 \cdot g \cdot h \Rightarrow v = \sqrt{2 \cdot g \cdot h}$.

Seite 39 Abschlusstest

1 elektrische Energie $E_{el} = P \cdot t = 2000\,W \cdot 120\,s = 240\,000\,Ws = 240\,kJ$
potenzielle Energie $E_{pot} = m \cdot g \cdot h = 85\,kg \cdot 10\frac{m}{s^2} \cdot 60\,m = 51\,000\,Nm = 50\,kJ$

2 Lageenergie (Auto fährt eine schiefe Ebene hinab)
Spannungsenerie (Federspannung eines Aufziehmotors)
magnetische Energie (Magnet am Auto und Magnet zum „antreiben")
elektrische Energie (Batterie, die den Elektromotor des Autos antreibt)
Muskelenergie (Anstoßen des Fahrzeuges mit der Hand)

3 a) $\frac{1}{2} \cdot m \cdot v^2 = m \cdot g \cdot h \Rightarrow v = \sqrt{2 \cdot g \cdot h} = \sqrt{2 \cdot 10\frac{m}{s^2} \cdot 4\,m} = \sqrt{80\frac{m^2}{s^2}} = 8{,}9\frac{m}{s}$
b) potenzielle Energie: $E = G \cdot h = 500\,N \cdot 4\,m = 2000\,Nm = 2\,kJ$
c) $2\,kJ = 2\,kWs$; $E = P \cdot t \Rightarrow t = \frac{E}{P} = \frac{2\,kWs}{0{,}1\,kW} = 20\,s$

4

Wirkungsgrad	0,85	0,99	**0,11**	0,05	0,55	**0,35**	0,6
zugef. Energie	**4 MJ**	255 J	56 kWh	**400 J**	120 Nm	23 Ws	0,4 kJ
gen. Energie	3,4 MJ	**252,45 J**	6,16 kWh	20 J	**66 Nm**	8,05 Ws	**0,24 kJ**

5 ☒ Um Arbeit zu verrichten, muss man Energie zuführen.

☐ Bremst man ein fahrendes Fahrrad ab, entsteht durch die Reibung der Bremsen Wärme. Diese Wärme kann wieder in mechanische Energie umgewandelt werden.
Falsch: Diese sogenannte *entwertete* Energie wärmt die Umgebung etwas an, ist aber nicht mehr zurückzugewinnen.

☐ 1 kg Steinkohle enthält mehr Energie als 1 kg Erdöl.
Falsch: Heizwert Steinkohle: $36\,\frac{MJ}{kg}$; Heizwert Erdöl: $42\,\frac{MJ}{kg}$ (siehe Info plus, Seite 34)

☐ Ein Körper, der aus 10 Meter Höhe auf den Boden fällt, kann nicht schneller als $5\,\frac{m}{s}$ sein.
Falsch: Aus $m \cdot g \cdot h = \frac{1}{2} \cdot m \cdot v^2$ folgt $v = \sqrt{2 \cdot g \cdot h}$. Mit $h = 10\,m$ und $g = 10\,\frac{m}{s^2}$ gilt:
$v = \sqrt{2 \cdot 10\,\frac{m}{s^2} \cdot 10\,m} = 14{,}14\,\frac{m}{s}$. Der Körper kann also schneller sein.

6 a) 1 kWh = 1000 Wh = 60 · 60 · 1000 Ws = **3 600 000 Ws**
b) Wegen 1 J = 1 Ws folgt: $1\,J = \frac{1\,kWh}{3\,600\,000}$ = **0,000 000 28 kWh**
c) 1 J = 1 Nm = **1 Ws**

7 Wassermenge: $4\,m \cdot 5\,m \cdot 1\,m = 20\,m^3 \Rightarrow m = 20\,t =$ **20 000 kg**
$E = m \cdot g \cdot h = 20\,000\,kg \cdot 9{,}81\,\frac{m}{s^2} \cdot 3\,m = 588\,600\,Nm = 588\,600\,Ws =$ **0,1635 kWh**
$20\,min = \frac{1}{3}\,h \Rightarrow 3 \cdot 0{,}1635\,kW = 0{,}4905\,kW$, also **0,5 kW** oder 500 Watt

21 – 17 Punkte	16 – 10 Punkte	unter 10 Punkte
sehr gut bis gut	befriedigend bis ausreichend	nicht mehr ausreichend

Kapitel 6: Entropie und Gasgleichung

Aufgaben

Seite 40

1

°C	20	**– 10**	– 173	**100**	3456	**5432**	– 270	**9696,45**	– 100
K	**293**	263	**100**	373	**3729**	5705	**3**	9969,45	**173**

2 a) bei $2 \cdot 273\,K$ = **546 K**, da pro 1 K das Volumen um $\frac{1}{273} \cdot V_0$ steigt, benötigt man 273 solcher 1 K-Schritte um als Zunahme $\frac{273}{273}\,V_0 = V_0$ zu erhalten.
b) Man muss das Gas um $0{,}5 \cdot 273\,K = 136{,}5\,K$ abkühlen. Bei $273\,K - 136{,}5\,K$ = **136,5 K** ist das Volumen halb so groß wie V_0.

3 $p_1 = \frac{p_2 \cdot V_2 \cdot T_1}{T_2 \cdot V_1}$ $\quad V_1 = \frac{p_2 \cdot V_2 \cdot T_1}{T_2 \cdot p_1}$ $\quad T_1 = \frac{p_1 \cdot V_1 \cdot T_2}{p_2 \cdot V_2}$ Seite 41

$p_2 = \frac{p_1 \cdot V_1 \cdot T_2}{T_1 \cdot V_2}$ $\quad V_2 = \frac{p_1 \cdot V_1 \cdot T_2}{T_1 \cdot p_2}$ $\quad I_2 = \frac{p_2 \cdot V_2 \cdot T_1}{p_1 \cdot V_1}$

4 a) Wahr: *V* ist proportional zu *T*. („Je größer *T*, desto größer *V*".)
b) Wahr: Luft dehnt sich aus und nimmt bei gleicher Masse ein größeres Volumen ein.
c) Falsch: Es ist genau umgekehrt, der Druck vergrößert sich.
d) Wahr: Laut der allgemeinen Gasgleichung muss dann auch der Druck gleich bleiben. Eine Änderung des Druckes bewirkt immer eine Temperatur- oder Volumenänderung.

e) Falsch: Das Volumen bleibt konstant (doppelter Druck → halbes Volumen; doppelte Temperatur → doppeltes Volumen).
f) Falsch; beim fahrenden Auto erhöht sich die Reifentemperatur. Der Druck wird größer, da das Volumen konstant ist.

5 a) Das neue Volumen beträgt ein Viertel des alten Volumens: $V_2 = \frac{p_1 \cdot V_1 \cdot T_2}{T_1 \cdot p_2} = \frac{p_1 \cdot V_1 \cdot \frac{1}{2} T_1}{T_1 \cdot 2 p_1} = \frac{1}{4} V_1$
b) $p_2 = \frac{p_1 \cdot V_1 \cdot T_2}{T_1 \cdot V_2} = \frac{1\,\text{bar} \cdot 2\,\text{dm}^3 \cdot 333\,\text{K}}{293\,\text{K} \cdot 2\,\text{dm}^3} = 1{,}14\,\text{bar}$; Änderung: **+ 0,14 bar**
c) $T_2 = \frac{p_2 \cdot V_2 \cdot T_1}{p_1 \cdot V_1} = \frac{1{,}5\,\text{bar} \cdot 1{,}5\,\text{dm}^3 \cdot 293\,\text{K}}{1\,\text{bar} \cdot 2\,\text{dm}^3} = 329{,}63\,°\text{C}$; Änderung: **+ 36,63 K**

6 zu a): Aus $\frac{p_1 \cdot V_1}{T_1} = \frac{p_0 \cdot V_0}{T_0}$ folgt $V_0 = \frac{p_1 \cdot V_1 \cdot T_0}{T_1 \cdot p_0} = \frac{3\,\text{bar} \cdot 5\,\text{dm}^3 \cdot 273\,\text{K}}{200\,\text{K} \cdot 1\,\text{bar}} = 20{,}475\,\text{dm}^3 = 20{,}475\,\ell$
a) $20{,}475\,\text{dm}^3$ b) $27\,300\,\text{dm}^3$ c) $0{,}932\,\text{dm}^3$
d) $2236{,}2\,\text{dm}^3$ e) $17{,}1\,\text{dm}^3$ f) $1\,\text{dm}^3$

Seite 42

7 $T_1 = T_2$; $p_1 = 1\,\text{bar}$ muss zu $p_2 = 3\,\text{bar}$ werden: $V_2 = \frac{p_1 \cdot V_1 \cdot T_1}{T_1 \cdot p_2} = \frac{p_1 \cdot V_1}{p_2} = \frac{1\,\text{bar} \cdot V_1}{3\,\text{bar}} = \frac{1}{3} V_1$
Das Volumen muss **auf ein Drittel** verkleinert werden.

8 a) $T_1 = T_2$; $V_2 = \frac{p_1 \cdot V_1 \cdot T_1}{T_1 \cdot p_2} = \frac{2\,\text{dm}^3 \cdot 4\,\text{bar}}{1\,\text{bar}} = 8\,\text{dm}^3$ ⇒ Man benötigt **$6\,\text{dm}^3$** Luft.
b) $V_2 = \frac{p_1 \cdot V_1 \cdot T_2}{T_1 \cdot p_2} = \frac{2\,\text{dm}^3 \cdot 4\,\text{bar} \cdot 273\,\text{K}}{293\,\text{K} \cdot 1\,\text{bar}} =$ **$7{,}45\,\text{dm}^3$** ⇒ Man benötigt **$5{,}45\,\text{dm}^3$** Luft.

9 Verdunsten einer Flüssigkeit (Verdunstungskälte); Abkühlen eines heißen Gegenstandes (Herdplatte); Zur-Ruhe-Kommen einer Schaukel oder eines sonstigen bewegten Körpers durch Reibung; Bohrmaschine, Wärmekraftmaschine …
Weitere irreversible Vorgänge: Auflösen eines Zuckerwürfels im Tee; Schuss eines Sportschützen auf die Zielscheibe; Mischen von 1 Liter mit 80 °C und 1 Liter 40 °C Wasser; Parfüm verdunstet und riecht in der Luft (ist nicht mehr in die Flasche zu bringen).

10 a) Wahr: Es handelt sich um einen irreversiblen Vorgang, die Entropie nimmt zu.
b) Wahr, vergleiche Seite 83.
c) Falsch: In der Natur sind alle Vorgänge irreversibel.
d) Falsch: Die Entropie bleibt gleich oder wird größer, kann aber niemals abnehmen.

Seite 43

11 $S = \frac{W}{T} = \frac{5000\,\text{J}}{293\,\text{K}} = 17{,}06\,\frac{\text{J}}{\text{K}}$ $T = \frac{W}{S} = \frac{5000\,\text{J}}{15\,\frac{\text{J}}{\text{K}}} = 333{,}33\,\text{K}$

12

$S = \frac{W}{T}$	$2000\,\frac{\text{J}}{\text{K}}$	**$619{,}20\,\frac{\text{J}}{\text{K}}$**	$10\,\frac{\text{J}}{\text{K}}$	**$1\,\frac{\text{J}}{\text{K}}$**
W	1 kWh	200 kJ	**3730 J**	2000 J
T	**1800 K**	50 °C	100 °C	2000 K

13 $S = \frac{W}{T} = \frac{1000\,\text{W} \cdot 120\,\text{s}}{293\,\text{K}} = 409{,}56\,\frac{\text{J}}{\text{K}}$

14 Kohlekraftwerk, Gasturbine, Verbrennungsmotor (Otto- und Dieselmotor), Dampfmaschine, Kernkraftwerk, Stirlingmotor, Raketenmotor, Dampfturbine, Strahltriebwerk

15 $\eta_{max} = 1 - \frac{293\,\text{K}}{550\,\text{K}} = 1 - 0{,}527 = 0{,}47 =$ **47 %**; $\eta_{max} = 1 - \frac{263\,\text{K}}{550\,\text{K}} = 1 - 0{,}4782 = 0{,}52 =$ **52 %**

Seite 44

Training plus

41 Die Teilchen eines idealen Gases haben kein Eigenvolumen, es bestehen keine Wechselwirkung der einzelnen Teilchen. Beides gilt für ein reales Gas nicht.

42 Nein, aber bei unseren Berechnungen und Betrachtungen vernachlässigen wir diese Verschiedenheiten. Wenn die Temperatur hoch und der Druck gering ist, kommen die realen Gase nahe an die Eigenschaften des idealen Gases heran.

43 Die Körpertemperatur gleicht sich der Umgebungstemperatur an. Es wird Wärme (und damit Energie) abgegeben.

44 Wärme kann nicht ohne Energiezufuhr von einem kälteren zu einem wärmeren Körper übergehen.

45 Bei einem idealen Gas ist $\frac{p \cdot V}{T}$ konstant. Es gilt: $\frac{p_1 \cdot V_1}{T_1} = \frac{p_2 \cdot V_2}{T_2}$

46 Der Druck bleibt gleich. Setze im Gasgesetz $2\,V$ anstatt V und $2\,T$ anstatt T ein.

47 546 K, da sich das Volumen bei der Erhöhung um 273 K verdoppelt.

48 Das Volumen bei Normaltemperatur $T_0 = 273\,\text{K}$ und Normaldruck $p_0 = 1{,}013$ bar.

49 Ja, die Energieumwandlung ist umkehrbar.

50 Der Wirkungsgrad ist der Quotient aus der gewonnenen (genutzten) mechanischen oder elektrischen Energie und der zugeführten thermischen Energie.

51 Die 65 % der zugeführten thermischen Energie gehen in die Umgebung und sind entwertet.

Abschlusstest

Seite 45

1 Der Druck in der Flasche wird kleiner, die Temperatur sinkt (die Flasche wird merklich kalt!), das Volumen der Gasmenge erhöht sich (Ausdehnung außerhalb der Flasche).

2 Ja, das kann stimmen: Morgens ist das Meer relativ wärmer als die Landfläche, die sich tagsüber wiederum stärker aufheizt und daher abends wärmer ist. Aufgrund der warmen aufsteigenden Luft (blaue Pfeile) entsteht ein Unterdruck, die kalte Luft fließt nach (Windrichtung, grüner Pfeil). Die Windrichtung ist also immer entgegen der Fahrtrichtung und Jessica hat immer Gegenwind:

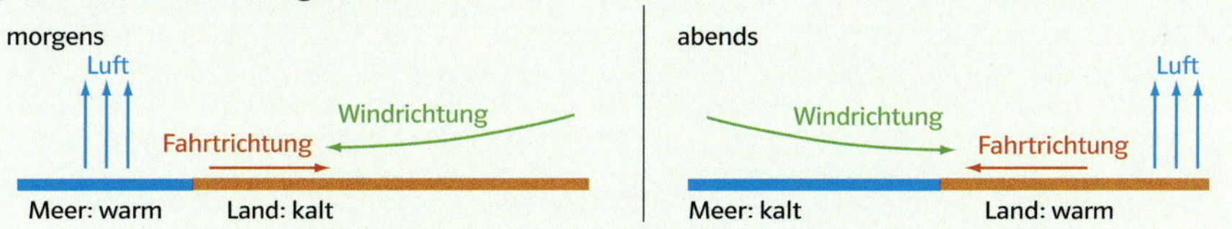

3 a) $p_2 = \frac{p_1 \cdot V_1 \cdot T_2}{T_1 \cdot V_2} = \frac{3\,\text{bar} \cdot 50\,\text{dm}^3 \cdot 333\,\text{K}}{50\,\text{dm}^3 \cdot 293\,\text{K}} = 3{,}410\,\text{bar}$; der Druck nimmt um 0,41 bar zu.

b) $p_2 = \frac{p_1 \cdot V_1 \cdot T_2}{T_1 \cdot V_2} = \frac{3\,\text{bar} \cdot 50\,\text{dm}^3 \cdot 333\,\text{K}}{55\,\text{dm}^3 \cdot 293\,\text{K}} = 3{,}100\,\text{bar}$; der Druck nimmt um 0,1 bar zu.

c) $V_2 = \frac{p_1 \cdot V_1 \cdot T_2}{T_1 \cdot p_2} = \frac{3\,\text{bar} \cdot 50\,\text{dm}^3 \cdot 273\,\text{K}}{293\,\text{K} \cdot 1\,\text{bar}} = 139{,}761\,\text{dm}^3$; $m = 1{,}3\,\frac{\text{g}}{\text{dm}^3} \cdot 140\,\text{dm}^3 = 182\,\text{g}$;

Das Gewicht ändert sich nicht, die Menge und damit die Masse bleibt ja gleich.

4 a) $\Delta S = 2000\,\text{J}\left(\frac{1}{293\,\text{K}} - \frac{1}{473\,\text{K}}\right) = 2{,}598\,\frac{\text{J}}{\text{K}}$

b) $3\,\frac{\text{J}}{\text{K}} = 2000\,\text{J}\left(\frac{1}{x} - \frac{1}{473\,\text{K}}\right) \Rightarrow \frac{1}{x} = \frac{3}{2000}\,\frac{1}{\text{K}} + \frac{1}{473\,\text{K}} = \frac{0{,}003614}{\text{K}} \Rightarrow x = 276{,}69\,\text{K} \triangleq 3{,}69\,°\text{C}$

5 Alle Aussagen sind wahr.

6 Da $\frac{p \cdot V}{T}$ = konst. und V gleichbleibend, folgt: $\frac{p_1}{T_1} = \frac{p_2}{T_2}$;
also $p_2 = p_1 \cdot \frac{T_2}{T_1} = p_1 \cdot \frac{298\,\text{K}}{273\,\text{K}} = p_1 \cdot 1{,}09 \triangleq$ **9 % Zunahme**

7 a) $\eta = \frac{E_{\text{nutz}}}{E_{\text{zu}}} = \frac{4\,\text{MJ}}{100\,\text{kg} \cdot 31\,\frac{\text{MJ}}{\text{kg}}} = 0{,}0013 \triangleq 0{,}13\,\%$;

b) $E_{\text{mech}} = 0{,}4 \cdot 100\,\text{kg} \cdot 31\,\frac{\text{MJ}}{\text{kg}} =$ **1240 MJ** (das 310-fache!)

8 $\eta = 1 - \frac{T_t}{T_h} = 1 - \frac{293\,\text{K}}{380\,\text{K}} = 0{,}23 =$ **23 %**

16 – 13 Punkte	12 – 8 Punkte	unter 8 Punkte
sehr gut bis gut	befriedigend bis ausreichend	nicht mehr ausreichend

Kapitel 7: Magnetismus

Aufgaben

Seite 46

1 Angezogen werden die **1-, 2- und 5-Cent-Münzen** und die **1- und 2-Euro-Münzen**. Sie enthalten ferromagnetische Stoffe wie Eisen, Nickel oder Kobalt. Nicht angezogen werden die **10-, 20- und 50-Cent-Münzen**. Die Legierungen enthalten weder Eisen noch Nickel noch Kobalt.

2 Der Dauermagnet bleibt haften an: Karosserie eines Kfz; Fahrradspeiche; Eisenplatte; Fahrradrahmen

3 Der Transrapid ist eine **Magnetschwebebahn**. Aufgrund des Magnetfeldes und des Umstandes, dass sich gleichnamige Magnetpole abstoßen, berührt er die Schienen nicht und hat damit natürlich ungleich weniger Reibung als andere Bahnen.

Seite 47

4 a) Siehe Grafik rechts. Die vorher ungeordneten Elementarmagnete des (ferromagnetischen) Eisennagels richten sich aus.

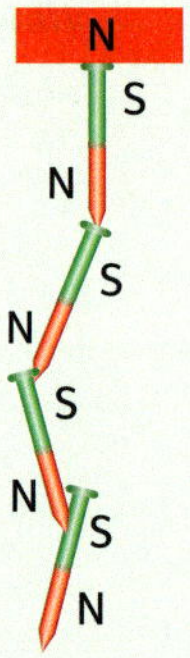

b) Wenn der Magnet entfernt wird, bleiben einige der ausgerichteten Elementarmagneten in ihrer Stellung. Die ehemalige Unordnung wird nicht mehr vollständig hergestellt. Man spricht in diesem Falle vom **Restmagnetismus**, der von der Stärke des Magneten und von der zeitlichen Dauer der Ausrichtung abhängt.
- Waren die Nägel kurze Zeit an einem relativ schwachen Magneten, so fallen sie auseinander.
- Waren die Nägel längere Zeit an einem starken Magneten und haben sie wenig Eigengewicht, so halten sie auch ohne den Magneten immer noch zusammen.

So bleibt beispielsweise eine Stricknadel, die mehrmals mit einem Magneten „bestrichen" wurde, als Kompassnadel geeignet.

5 Man benötigt einen Dauermagneten. Mit diesem fährt man mehrmals langsam mit einem (beliebigen) Pol über die Stricknadel. Deren Elementarmagnete richten sich dabei aus. Hängt man jetzt die Nadel in ihrer Mitte an einen Faden, pendelt sie sich auf die Nord-Süd-richtung ein.

6 Der Kompass ist ein leicht drehbarer **magnetischer Dipol**, der sich im Magnetfeld der Erde in die **Süd-Nord-Richtung** dreht.

7 a)

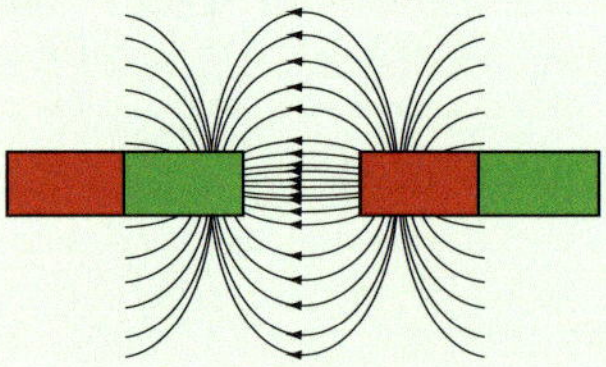

b)

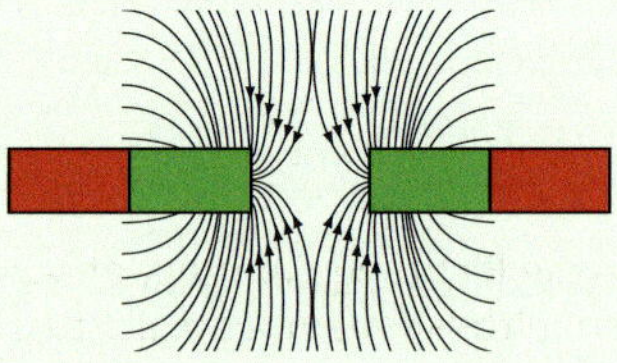

Seite 48

8 Elektrischer Türöffner, elektrischer Gong, Schütz in der Waschmaschine, Sicherungsautomaten, Eldako beim Treppenhauslicht, Alarmanlagen, Relais, alte Uhranlagen, Messgeräte, Tonbandgerät, Elektromotoren …

9 Anwenden der Linke-Faust-Regel: Die linke Faust umfasst in Gedanken den stromdurchflossenen Leiter, der Daumen zeigt dabei nach oben (in Elektronenstromrichtung von minus nach plus); die Finger zeigen nach rechts, also ist der Nordpol oben. Wenn man Plus- und Minuspol vertauscht zeigt der Daumen nach unten, der Nordpol ist unten.

10 Durch einen Eisenkern in der Spule. Im Eisenkern richten sich die Elementarmagnete aus und verstärken die magnetische Wirkung erheblich.

11 siehe Grafik rechts

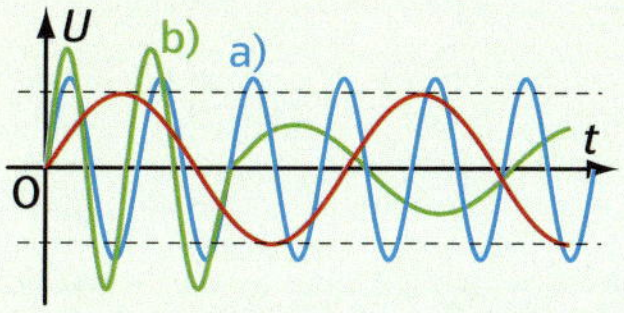

Seite 49

12 Für die Spannung ist es **unerheblich, was sich bewegt**. Es muss nur eine Bewegung zwischen Leiter und Magnetfeld stattfinden. Im Fahrraddynamo bewegt sich beispielsweise der Dauermagnet.

13 **Ja**, das ist möglich. Eine Maschine, bei der man eine Spule im Magnetfeld dreht, erzeugt Strom, den man entnehmen kann. Speist man dieser Maschine Strom ein, dreht sich die Spule. Aus einem Generator ist so ohne Umbau ein Elektromotor geworden.
Beispiel: Speist man den Fahrraddynamo mit Strom, so dreht sich der Anker.

14

U_1 (in Volt)	200	750	220	**220**	220	110	220
U_2 (in Volt)	**400**	110	10	110	12	220	10 000
Windungszahl n_1	500	1500	**880**	4000	1000	1000	**22**
Windungszahl n_2	1000	**220**	40	2000	**55**	**2000**	1000

15 1. Schritt: Wie viele Windungen hat die Sekundärspule jetzt?
gegeben: $U_1 = 220\,\text{V}$, $n_1 = 500$, $U_2 = 10\,\text{V}$; gesucht: $n_2 \Rightarrow n_2 = \frac{U_2 \cdot n_1}{U_1} = \frac{10\,\text{V} \cdot 500}{220\,\text{V}} = 22{,}7$
2. Schritt: Wie viele Windungen braucht er für $U_2 = 8\,\text{V}$
gegeben: $U_1 = 220\,\text{V}$, $n_1 = 500$, $U_2 = 8\,\text{V}$; gesucht: $n_2 \Rightarrow n_2 = \frac{U_2 \cdot n_1}{U_1} = \frac{8\,\text{V} \cdot 500}{220\,\text{V}} = 18{,}2$
3. Schritt: 22,7 Windungen – 18,2 Windungen = 4,5 Windungen
$\Rightarrow$ Er muss **4,5 Windungen abwickeln.**

16 a) 220 V liegen an der Primärspule von T_1 mit 200 Windungen $\Rightarrow U_2 = \frac{220\,\text{V} \cdot 100}{200} = 110\,\text{V}$;
110 V liegen an Primärsule von T_2 mit 300 Windungen $\Rightarrow U_3 = \frac{110\,\text{V} \cdot 450}{300} = 165\,\text{V}$,
165 V liegen an Primärspule von T_3 mit 500 Windungen $\Rightarrow U_4 = \frac{165\,\text{V} \cdot 50}{500} = 16{,}5\,\text{V}$
b) 20 V $\rightarrow$ 10 V $\rightarrow$ 15 V $\rightarrow$ 1,5 V

Training plus

Seite 50

52 ☒ zwei kürzere Magnete.

53 Der magnetische Südpol der Erde befindet sich am geografischen Nordpol. Der Nordpol der Kompassnadel wird vom magnetischen Südpol angezogen und zeigt dorthin, also direkt nach Norden.

54 Dipol bedeutet, dass zwei Pole (hier Nordpol und Südpol) vorhanden sind.

55 ☒ zeigen die Richtung der magnetischen Kraft an.
☒ können mittels Hilfsmitteln sichtbar gemacht werden.

56 Umfasst man in Gedanken den stromdurchflossenen Leiter mit der linken Faust und zeigt dabei der Daumen in Elektronenstromrichtung (von – nach +), so geben die gekrümmten Finger die Richtung der magnetischen Feldlinien an.

57 Induktionsspannungen treten auf, wenn sich ein Magnetfeld an einem Leiter ändert. Dabei ist es unerheblich, ob sich der Magnet oder der Leiter bewegt oder das Feld anderweitig verändert wird (z. B. kann das Magnetfeld eines stromdurchflossenen Leiters durch Änderung der Stromstärke verändert werden).

58 Die Primärspule ist die Spule, mit der das Magnetfeld erzeugt wird. An der Sekundärspule wird die gewünschte Spannung dann abgenommen.

59 Nein, ein Transformator kann nicht mit Gleichspannung betrieben werden. Das Magnetfeld muss sich ändern, damit Spannung an der Sekundärspule erzeugt wird.

60 Die Spannungen U verhalten sich wie die Windungszahlen n der Spulen, es gilt: $\frac{U_1}{U_2} = \frac{n_1}{n_2}$

Seite 51

Abschlusstest

1 Sowohl an der Primärspule, als auch an der Sekundärspule treten Spannungen auf.

2

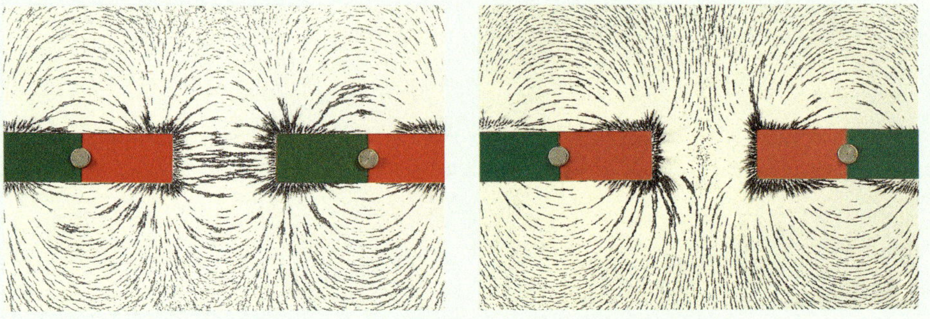

Vertauscht man alle Pole (grün ↔ rot) ist die Lösung ebenfalls richtig.

3 Der Kupferring ist ein Leiter.
a) Es herrscht *keine* Bewegung im Magnetfeld, es passiert nichts.
b) und c) Werden Magnet *oder* Ring bewegt, so fließt im Ring ein Induktionsstrom, der ein Magnetfeld aufbaut. Der Ring wird je nach der Bewegung angezogen oder abgestoßen.

4 Aus $\frac{U_1}{U_2} = \frac{n_1}{n_2}$ folgt $n_2 = \frac{U_2 \cdot n_1}{U_1}$

a) $n_2 = \frac{U_2 \cdot n_1}{U_1} = \frac{6\,\text{V} \cdot 4000}{220\,\text{V}} =$ **109** Windungen

b) $n_2 = \frac{U_2 \cdot n_1}{U_1} = \frac{12\,\text{V} \cdot 4000}{220\,\text{V}} =$ **218** Windungen

c) $n_2 = \frac{U_2 \cdot n_1}{U_1} = \frac{25\,\text{V} \cdot 4000}{220\,\text{V}} =$ **455** Windungen

d) Man wickelt zunächst die eine Sekundärspule mit 455 Windungen und führt den Versuch c) durch; wickelt dann für den Versuch b) 455 - 218 = 237 Windungen und für den Versuch a) 237 - 109 = 128 Windungen ab.

5 a) Die Stifte **ziehen sich stark an**.
b) Die Stifte **ziehen sich leicht an**.
c) Nach Abschalten beider Spannungsquellen, **geht** der bisherige Ausschlag **zurück**, aufgrund des **Restmagnetismus'** jedoch **nicht ganz.** (Vergleiche auch Lösung der Aufgabe 4b, des Aufgabenteils, auf Seite 110. Hätte der Versuch begonnen, *ohne* dass vorher Spannung angelegt war, so würden die Stifte senkrecht nach unten hängen.)
d) Die Stifte **stoßen sich ab**, wie auf Anfangsbild.

14 - 12 Punkte	11 - 7 Punkte	unter 7 Punkte
sehr gut bis gut	befriedigend bis ausreichend	nicht mehr ausreichend

Kapitel 8: Mechanik

Aufgaben

1 a) $v = \frac{s}{t} \Rightarrow v = \frac{135\,m}{0{,}41\,s} = 329{,}3\,\frac{m}{s}$ Seite 52

b) Mit dem Aufleuchten des Blitzes breitet sich auch gleichzeitig der Donner aus, und zwar mit ca. $333{,}3\,\frac{m}{s}$ (vgl. Teilaufgabe a). Somit legt der Schall in drei Sekunden genau einen Kilometer zurück. Zählst du z. B. 5 Sekunden, bis du den Donner hörst, dann hat er eine Strecke von $s = \frac{5\,s}{3\,\frac{s}{km}} = 1{,}67\,km$ zurückgelegt.

2 a) $v = \frac{s}{t} \Rightarrow v = \frac{12\,m}{3\,s} = 4\,\frac{m}{s}$ b) $s(t) = v \cdot t \Rightarrow s(t) = 4\,\frac{m}{s} \cdot t$ Seite 53

c) $s(7\,s) = 4\,\frac{m}{s} \cdot 7\,s = 28\,m$ d) $s(t) = v \cdot t \Leftrightarrow t = \frac{s}{v} \Rightarrow t = \frac{22\,m}{4\,\frac{m}{s}} = 5{,}5\,s$

3 a) Das Bewegungsgesetz (a) ist proportional, denn die Gerade beginnt im Ursprung. Beide Bewegungsgesetze (a) und (b) sind linear, denn Proportionalität ist eine spezielle Form der Linearität.

b) Wagen (a): $v = \frac{12\,m}{4\,s} = 3\,\frac{m}{s}$; $s(0\,s) = s_0 = 0\,m \Rightarrow s_a(t) = 3\,\frac{m}{s} \cdot t$

Wagen (b): $v = \frac{4\,m - 16\,m}{3\,s - 0\,s} = -4\,\frac{m}{s}$;
$s(0\,s) = s_0 = 16\,m$
$\Rightarrow s_b(t) = -4\,\frac{m}{s} \cdot t + 16\,m$

Hinweis: Die Geschwindigkeiten beider Wagen weisen unterschiedliche Vorzeichen auf, weil sie in entgegengesetzte Richtungen fahren, hier also aufeinander zu fahren.

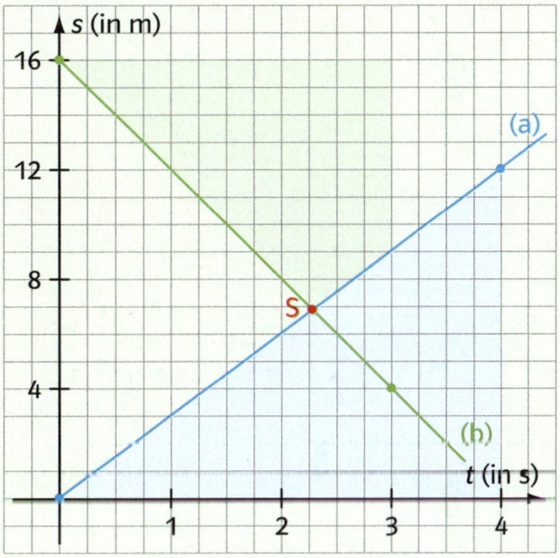

c) Man setzt die Bewegungsgesetze beider Wagen gleich:
$s_a(t) = s_b(t) \Leftrightarrow 3\,\frac{m}{s} \cdot t = -4\,\frac{m}{s} \cdot t + 16\,m$
$\Leftrightarrow t = \frac{16}{7}\,s \approx 2{,}3\,s$
$s_a(2{,}3\,s) = 3\,\frac{m}{s} \cdot 2{,}3\,s = 6{,}9\,m$;
Begegnungspunkt $S(2{,}3\,s\,|\,6{,}9\,m)$

4 a) Mit der Beziehung $g \approx 10\,\frac{N}{kg}$ bestimmt man für die in Kilogramm eingesetzten Massen m folgende Gewichtskräfte $G = m \cdot g = m \cdot 10\,\frac{N}{kg}$: Seite 54

m (in g)	0	50	100	200	250	500
G (in N)	0	0,5	1,0	2,0	2,5	5,0

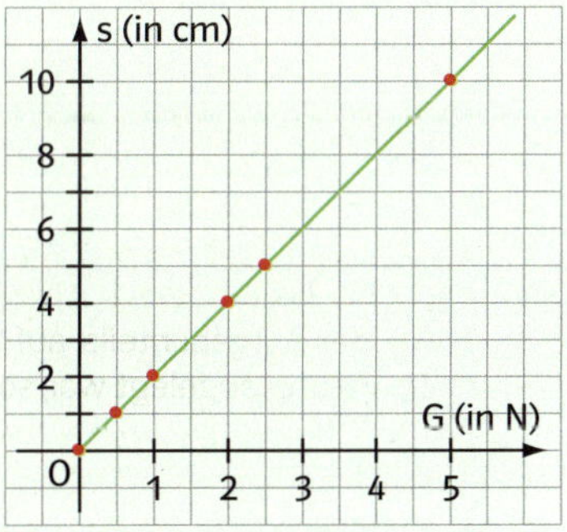

b) Die Auslenkung s ist proportional zur Stärke der Gewichtskraft: $s \sim G$, daher gilt $\frac{G}{s} = \text{const.} =: D$ bzw. nach Umstellung dann $G = D \cdot s$. D kann aus einem beliebigen Messpunkt, z. B. aus (5 N | 10 cm), bestimmt werden: $D = \frac{G}{s} = \frac{5\,N}{10\,cm} = 0{,}5\,\frac{N}{cm}$.

c) Beim Auslenken der Feder wächst die Rückstellkraft $\vec{F}$ solange an, bis sie die Stärke der einwirkenden Gewichtskraft erreicht hat. Dann herrscht ein statisches Kräfte-Gleichgewicht mit $\vec{F} = -\vec{G}$.

d) Man umgibt die Feder mit einer Skalenhülse und befestigt sie am festen Ende einer Schutzhülse, auf die ein Nullpunktschieber zur Eichung aufgesetzt ist. Zieht jetzt eine Kraft die Skalenhülse aus der Schutzhülse, so kann die Stärke der Kraft direkt auf der Skalenhülse abgelesen werden (vgl. Abbildung zu Aufgabe 6, Seite 54).

5 a) Jeder der drei Kraftpfeile ist 3 cm lang, daher gilt $F_1 = |\vec{F_1}| = 50\,\frac{N}{cm} \cdot 3\,cm = 150\,N$ und $F_3 = F_2 = F_1 = 150\,N$. Die Kräfte haben zwar die gleiche Stärke, wirken aber in verschiedene Richtungen, daher sind sie paarweise verschieden, d.h. $\vec{F_1} \neq \vec{F_2}$, $\vec{F_1} \neq \vec{F_3}$ und $\vec{F_2} \neq \vec{F_3}$.

b) Man kann z.B. eine Bezugsrichtung (hier: die Waagerechte) festlegen, dann wird durch die Angabe des Winkels, den eine Kraft mit dieser Richtung einschließt, ihre Wirkrichtung eindeutig beschrieben. Hier also:

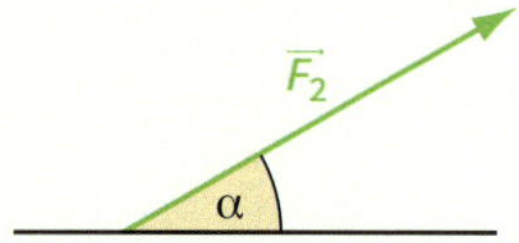

$\vec{F_1}$: (150 N; 0°); $\vec{F_2}$: (150 N; 30°); $\vec{F_3}$: (150 N; 200°)

Alternativ hierzu könnte man eine Kraft auch mithilfe eines Koordinatensystems vollständig beschreiben, nämlich durch Angabe ihres Angriffs- und ihres Zielpunktes.

c) (1)

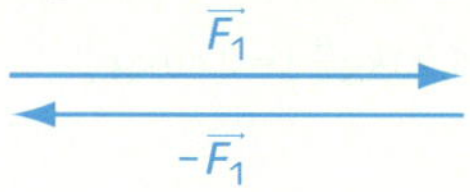

(2)

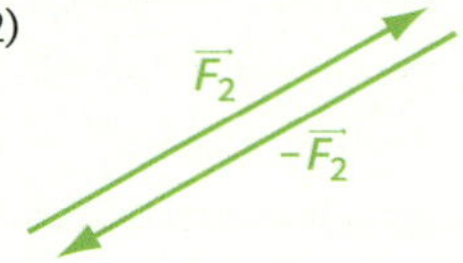

(3)

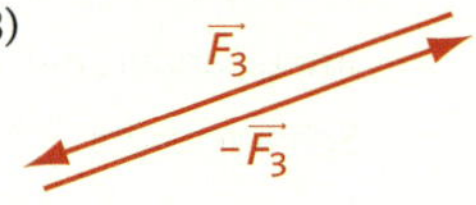

6 a) Der Kraftmesser B zeigt nur deshalb die Zugkraft von 1 N an, weil seine Feder mit der ebenso starken Gegenkraft zurück gehalten wird. Diese Gegenkraft wird aber vom Kraftmesser A auf B ausgeübt, weil sich die Feder von A entsprechend ausdehnt. Folglich zeigt auch A eine Kraft der Stärke 1 N an, nämlich die Kraft, die von A auf B ausgeübt wird. Im Kräftegleichgewicht haben wir es stets mit Paaren gleich großer aber entgegengesetzt wirkender Kräfte, also mit Kraft und Gegenkraft, zu tun.

b) An jeder Stelle des gespannten Seils heben sich Kraft und Gegenkraft in ihrer Wirkung auf, denn außer der Spannung des Seils ist nach Außen hin keine Bewegung sichtbar. Durch das eingesetzte Kraftmesser-Paar kann der Nachweis erbracht werden, dass diese Kräftepaare tatsächlich an jeder beliebigen Stelle des gespannten Seils wirken. Beide Kraftmesser würden, wie in Teilaufgabe a) dargestellt, stets gleich starke Kräfte anzeigen.

Seite 55

7 a) Vergleiche mit dem linken Teil der nebenstehenden Abbildung. Durch Ausmessen ermittelt man die Länge von $\vec{F}$ zu 5 cm, d.h. $F = |\vec{F}| = 5\,cm \cdot 20\,\frac{N}{cm} = 100\,N$.

b) Vergleiche mit dem rechten Teil der nebenstehenden Abbildung.

$F^* = |\vec{F^*}| = 5\,cm \cdot 20\,\frac{N}{cm} = 100\,N$.

$\vec{F^*}$ besitzt dieselbe Stärke und dieselbe Richtung wie $\vec{F}$, daher sind beide Kräfte gleich: $\vec{F^*} = \vec{F}$.

c) In diesem Fall weist die Gesamtkraft $\vec{F}$ in die von $\vec{F_1}$ und $\vec{F_2}$ vorgegebene Richtung und ihre Stärke entspricht der Summe der Stärken beider Teilkräfte: $F = F_1 + F_2 = 60\,N + 80\,N = 140\,N$.

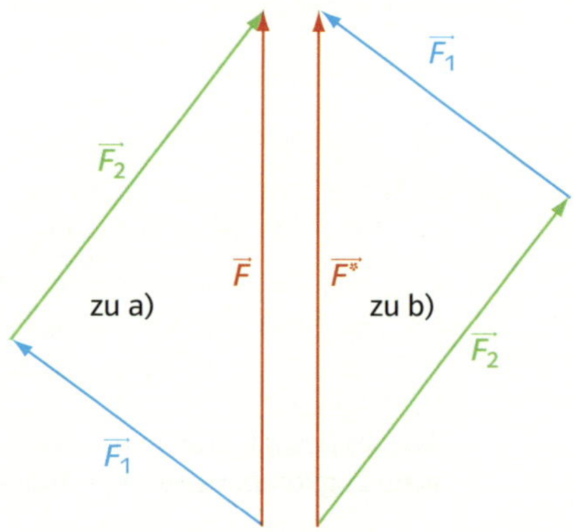

8 a) Unabhängig vom gewählten Maßstab lässt sich feststellen, dass die Kräfte $\vec{F_1}$, $\vec{F_2}$ und $\vec{F} = \vec{F_1} + \vec{F_2}$ ein gleichseitiges Dreieck bilden, denn $\vec{F}$ halbiert den 120°-Winkel, den $\vec{F_1}$ und $\vec{F_2}$ miteinander einschließen, sowohl in A als auch in B. Folglich müssen auch in C und D 60°-Winkel auftreten. Daher folgt für die Zugkraft: $F = F_1 = F_2 = 4000\,N$.

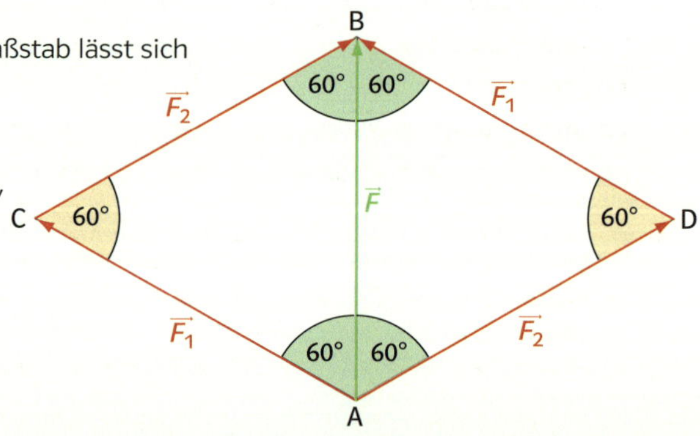

b) Durch verlängerte Zugseile würde der von $\vec{F_1}$ und $\vec{F_2}$ eingeschlossene Winkel verkleinert und die resultierende Zugkraft $\vec{F}$ verstärkt.

9 a) Anfangsimpuls: $p_1 = m \cdot v_1 \Rightarrow p_1 = 0{,}1\,\text{kg} \cdot 0\,\frac{\text{m}}{\text{s}} = 0\,\text{kg}\,\frac{\text{m}}{\text{s}}$ (Impuls des ruhenden Pfeils) Seite 56

Endimpuls: $p_2 = m \cdot v_2 \Rightarrow p_2 = 0{,}1\,\text{kg} \cdot 200\,\frac{\text{m}}{\text{s}} = 20\,\text{kg}\,\frac{\text{m}}{\text{s}}$ (Impuls des fliegenden Pfeils)

Impulsänderung: $\Delta p = p_2 - p_1 \Rightarrow \Delta p = 20\,\text{kg}\,\frac{\text{m}}{\text{s}} - 0\,\text{kg}\,\frac{\text{m}}{\text{s}} = 20\,\text{kg}\,\frac{\text{m}}{\text{s}}$

Beschleunigungskraft: $F = \frac{\Delta p}{\Delta t} \Rightarrow F = \frac{20\,\text{kg}\,\frac{\text{m}}{\text{s}}}{0{,}4\,\text{s}} = 50\,\text{kg}\,\frac{\text{m}}{\text{s}^2} = 50\,\text{N}$

b) Anfangsimpuls: $p_1 = m \cdot v_1 \Rightarrow p_1 = 0{,}0575\,\text{kg} \cdot \left(-75\,\frac{\text{km}}{\text{h}}\right) = 0{,}0575\,\text{kg} \cdot \left(-20{,}83\,\frac{\text{m}}{\text{s}}\right) = -1{,}20\,\text{kg}\,\frac{\text{m}}{\text{s}}$

Endimpuls: $p_2 = -p_1 = -\left(-1{,}20\,\text{kg}\,\frac{\text{m}}{\text{s}}\right) = 1{,}20\,\text{kg}\,\frac{\text{m}}{\text{s}}$

Impulsänderung: $\Delta p = p_2 - p_1 \Rightarrow \Delta p = 1{,}20\,\text{kg}\,\frac{\text{m}}{\text{s}} - \left(-1{,}20\,\text{kg}\,\frac{\text{m}}{\text{s}}\right) = 2{,}40\,\text{kg}\,\frac{\text{m}}{\text{s}}$

Schlagkraft: $F = \frac{\Delta p}{\Delta t} \Rightarrow F = \frac{2{,}40\,\text{kg}\,\frac{\text{m}}{\text{s}}}{0{,}1\,\text{s}} = 24\,\text{kg}\,\frac{\text{m}}{\text{s}^2} = 24\,\text{N}$

Hinweis: Der auf den bewegten Schläger selbst entfallende Kraftanteil wurde hier vernachlässigt.

10 a) 1. Teilstrecke: $W_1 = F_1 \cdot s_1 \Rightarrow W_1 = 3500\,\text{N} \cdot 60\,\text{m} = 210\,000\,\text{J} = 210\,\text{kJ}$ Seite 57

2. Teilstrecke: $W_2 = F_2 \cdot s_2 \Rightarrow W_2 = 6000\,\text{N} \cdot 40\,\text{m} = 240\,000\,\text{J} = 240\,\text{kJ}$

Gesamte Arbeit: $W = W_1 + W_2 = 210\,\text{kJ} + 240\,\text{kJ} = 450\,\text{kJ}$

b) s-F-Diagramm wie nebenstehend.
Die Arbeitsbeiträge W_1 und W_2 werden als Produkte aus den Strecken und den dabei wirkenden Kräften berechnet, das sind die Flächeninhalte der farbig hervorgehobenen Rechtecke. Die gesamte Arbeit $W = W_1 + W_2$ entspricht dann der Summe beider Flächeninhalte.

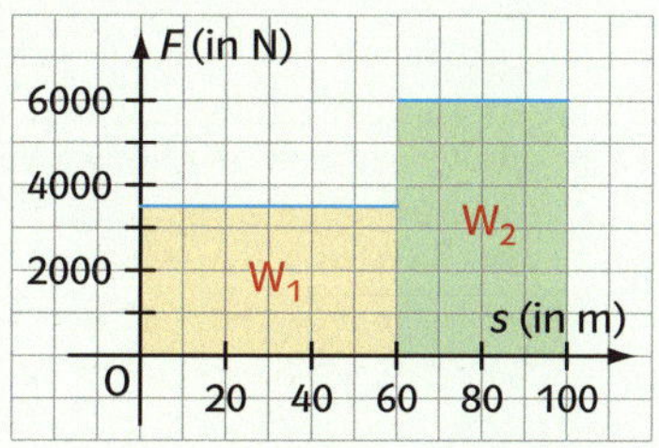

11 a) Von der Zugkraft $\vec{F}$ ($F = 200\,\text{N} \triangleq 4\,\text{cm}$) wirkt nur die Kraftkomponente $\vec{F_1}$ ($F_1 \approx 140\,\text{N} \triangleq 2{,}8\,\text{cm}$) in Fahrtrichtung und trägt damit zur Arbeit bei. Die Kraftkomponente $\vec{F_2}$ ($F_2 = F_1 = 140\,\text{N}$) wirkt senkrecht nach oben und entlastet dadurch die Vorderachse des Wagens.

b) Zugarbeit: $W = F_1 \cdot s$
$\Rightarrow W = 140\,\text{N} \cdot 1500\,\text{m} = 210\,000\,\text{J} = 210\,\text{kJ}$

Leistung: $P = \frac{W}{t} \Rightarrow P = \frac{210\,000\,\text{J}}{3000\,\text{s}} = 70\,\text{W}$

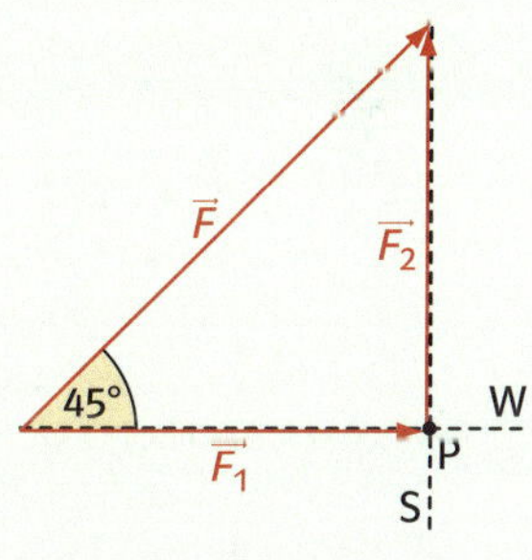

c) Mit einer längeren Deichsel könnte man den Winkel von 45° reduzieren und würde dadurch die Kraftkomponente F_1 verstärken.
Anders gesagt: Man könnte dann schon mit einer geringeren Zugkraft F die erforderliche Zugkomponente $F_1 = 140\,\text{N}$ bewirken.

12 maximale Zugleistung: $P = 50\,\text{kW} \cdot 0{,}9 = 45\,\text{kW}$ Seite 58

maximale Hubarbeit: $P = \frac{W}{t} \Leftrightarrow W = P \cdot t \Rightarrow W = 45\,\text{kW} \cdot 10\,\text{s} = 450\,\text{kJ}$

maximale Zugkraft: $W = F \cdot s \Leftrightarrow F = \frac{W}{s} \Rightarrow F = \frac{450\,\text{kJ}}{45\,\text{m}} = 10\,\text{kN}$

maximale Transportmasse: $G = F \Leftrightarrow m \cdot g = F \Leftrightarrow m = \frac{F}{g} \Rightarrow m = \frac{10\,\text{kN}}{10\,\frac{\text{m}}{\text{s}^2}} = 1000\,\text{kg}$

maximale Zahl der Fahrgäste: $z = \frac{1000\,\text{kg} - 120\,\text{kg}}{80\,\text{kg}} = 11$ Personen

13 a) Gewicht der Gondel: $G = m \cdot g \Rightarrow G = (340\,\text{kg} + 10 \cdot 86\,\text{kg}) \cdot 10\,\frac{\text{m}}{\text{s}^2} = 12\,000\,\text{N}$ Seite 59

Das Dreieck ΔAA^*B stellt eine schiefe Ebene dar, auf der die Gondel folgende Hangabtriebskraft erfährt: $F_H = \frac{h}{s} \cdot G \Rightarrow F_H = \frac{2200\,\text{m}}{4800\,\text{m}} \cdot 12\,000\,\text{N} = 5500\,\text{N}$; die Zugkraft F muss ebenso stark sein: $F = F_H = 5500\,\text{N}$.

Arbeit: $W = F \cdot s \Rightarrow W = 5500\,\text{N} \cdot 4800\,\text{m} = 26\,400\,000\,\text{J} = 26{,}4\,\text{MJ}$

b) Hubarbeit: $W^* = G \cdot h \Rightarrow W^* = 12\,000\,\text{N} \cdot 2200\,\text{m} = 26{,}4\,\text{MJ}$ (G wurde in Teilaufgabe a) berechnet!)

c) Um vom Tal-Niveau aus den Gipfel B zu erreichen muss man, unabhängig vom Weg, die Arbeit $W = W^* = 26{,}4\,\text{MJ}$ verrichten. Allgemein: $W = F_s \cdot s = F_H \cdot s = \left(\frac{h}{s} \cdot G\right) \cdot s = G \cdot h = W^*$.
Achtung: Auf der schiefen Ebene wird keine Arbeit gespart, sondern die Kraft in dem Maße verringert, in dem der Weg anwächst. Das Produkt „Kraft · Weg" bleibt somit unverändert!

14 a) Gesamtmasse = Masse der Last + Masse der losen Rolle: $m = 160\,\text{kg} + 12\,\text{kg} = 172\,\text{kg}$
Gesamte Gewichtskraft: $G = m \cdot g \Rightarrow G = 172\,\text{kg} \cdot 10\,\frac{\text{m}}{\text{s}^2} = 1720\,\text{N}$. G teilt sich gleichmäßig auf die beiden Seilabschnitte der losen Rolle auf, daher: $F_1 = F_2 = 0{,}5\,G = 860\,\text{N}$
F_2 wird durch die feste Rolle lediglich umgelenkt, daher: $F_3 = F_2 = 860\,\text{N}$

b) Zugarbeit: $W_z = F_3 \cdot s \Rightarrow W_z = 860\,\text{N} \cdot (2 \cdot 1\,\text{m}) = 1720\,\text{J}$
Hubarbeit an der Last: $W_h = G_{Last} \cdot h \Rightarrow W_h = 1600\,\text{N} \cdot 1\,\text{m} = 1600\,\text{J}$
Die Zugarbeit ist um $W_z - W_h = 1720\,\text{J} - 1600\,\text{J} = 120\,\text{J}$ größer als die Hubarbeit, denn gleichzeitig muss auch die lose Rolle angehoben werden $\left(12\,\text{kg} \cdot 10\,\frac{\text{m}}{\text{s}^2}\right) \cdot 1\,\text{m} = 120\,\text{J}$.

15 a) Gesamtgewicht der anzuhebenden Last: $G = (50\,\text{kg} + 2\,\text{kg}) \cdot 10\,\frac{\text{m}}{\text{s}^2} = 520\,\text{N}$
Erforderliche Zugkraft: $F_z = \frac{G}{2n} \Rightarrow F_z = \frac{520\,\text{N}}{2 \cdot 2} = 130\,\text{N}$; Leo kann erst mit $\frac{130\,\text{N}}{10\,\text{N/Jahr}} = 13$ Jahren, also erst in 4 Jahren, die erforderliche Zugkraft aufbringen.

b) Bei einem 3er-Flaschenzug erhöht sich das Gesamtgewicht auf $G = (50\,\text{kg} + 3\,\text{kg}) \cdot 10\,\frac{\text{m}}{\text{s}^2} = 530\,\text{N}$, aber die erforderliche Zugkraft reduziert sich auf: $F_z = \frac{530\,\text{N}}{2 \cdot 3} = 88\frac{1}{3}\,\text{N}$; Leos Zugkraft beträgt bereits $9\,\text{Jahre} \cdot 10\,\frac{\text{N}}{\text{Jahr}} = 90\,\text{N}$, somit stimmt seine Behauptung.

Seite 60

16 a) Endgeschwindigkeit ohne Reibung: $v = \sqrt{2gh} \Rightarrow v = \sqrt{2 \cdot 10\,\frac{\text{m}}{\text{s}^2} \cdot 25\,\text{m}} = 22{,}4\,\frac{\text{m}}{\text{s}}$ $\left(\triangleq 80{,}5\,\frac{\text{km}}{\text{h}}\right)$

b) prozentualer Energieverlust:
$$p = \frac{\frac{1}{2}mv^2 - \frac{1}{2}mv^{*2}}{\frac{1}{2}mv^2} \cdot 100 = \frac{v^2 - v^{*2}}{v^2} \cdot 100 \Rightarrow p = \frac{\left(22{,}4\,\frac{\text{m}}{\text{s}}\right)^2 - \left(8{,}6\,\frac{\text{m}}{\text{s}}\right)^2}{\left(22{,}4\,\frac{\text{m}}{\text{s}}\right)^2} \cdot 100 = 85{,}26\,\%$$

17 a) Die Staumauer S staut das zulaufende Wasser auf, um eine möglichst große Höhe des Wasserspiegels über dem Tal-Niveau, auf dem sich die Turbinenanlage T befindet, zu erzielen. Das durch das Fallrohr F abfließende Wasser treibt die Turbinen an, mit denen dann Generatoren zur Stromerzeugung betrieben werden.

b) Das aufgestaute Seewasser besitzt Lageenergie, die beim Abfließen durch das Fallrohr in kinetische Energie umgewandelt wird und ebenfalls als kinetische Energie auf die Turbinen und Generatoren übertragen wird. Die Generatoren wandeln dann die kinetische in elektrische Energie um.

c) Dem See entn. Leistung: $P_1 = \frac{W}{t} = \frac{E_L}{t} \Rightarrow P_1 = \frac{1000\,\text{kg} \cdot 10\,\frac{\text{m}}{\text{s}^2} \cdot 65\,\text{m}}{1\,\text{s}} = 650\,000\,\frac{\text{J}}{\text{s}} = 650\,\text{kW}$
Elektrische Leistung des Kraftwerks: $P_2 = 0{,}77 \cdot 650\,\text{kW} \approx 500\,\text{kW}$

Seite 61

18 a) linksseitiges Drehmoment: $M_\ell = G_\ell \cdot r_\ell \Rightarrow M_\ell = \left(0{,}6\,\text{kg} \cdot 10\,\frac{\text{m}}{\text{s}^2}\right) \cdot 0{,}2\,\text{m} = 1{,}2\,\text{Nm}$
Gleichgewicht herrscht für: $M_r = M_\ell \Leftrightarrow G_2 \cdot r_2 = G_1 \cdot r_1 \Rightarrow r_2 = \frac{G_1}{G_2} \cdot r_1$ bzw. $G_2 = \frac{r_1}{r_2} \cdot G_1$

r_2 (in cm)	5	**10**	12	**15**	20	**30**	**40**
G_2 (in N)	**24**	12	**10**	**8**	**6**	4	**3**
m_2 (in g)	**2400**	**1200**	**1000**	800	**600**	**400**	300

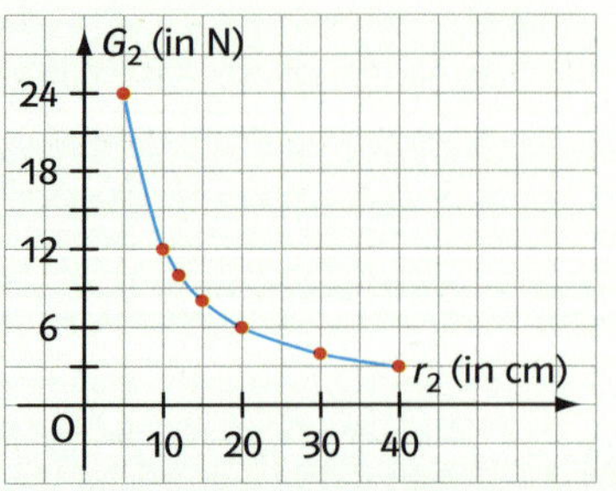

b) Alle Wertepaare $(r_2 \mid G_2)$ der Tabelle liegen auf einer Hyperbel, denn es gilt:
$r_2 \cdot G_2 = M_1 = \text{const.} \Leftrightarrow G_2 = \frac{\text{const.}}{r_2}$
Folglich sind alle Wertepaare $(r_2 \mid G_2)$ produktgleich, d.h. r_2 und G_2 verhalten sich umgekehrt proportional zueinander.

19 Bedingung: $F \cdot r = M \Leftrightarrow F = \frac{M}{r} \Rightarrow F = \frac{120\,\text{Nm}}{0{,}45\,\text{m}} = 266{,}7\,\text{N}$

Training plus

Seite 62

61 Er bewegt sich gleichförmig, wenn der zurückgelegte Weg linear mit der hierfür benötigten Zeit wächst.

62 ☒ 2 kg denn es gilt der Zusammenhang: $G = m \cdot g \Leftrightarrow m = \frac{G}{g} \approx \frac{20\,\text{N}}{10\,\frac{\text{m}}{\text{s}^2}} = 2\,\text{kg}$

63 Zwei Kraftpfeile $\vec{F_1}$ und $\vec{F_2}$ werden geometrisch addiert, indem man $\vec{F_2}$ soweit parallel verschiebt, dass sein Angriffspunkt mit dem Zielpunkt von $\vec{F_1}$ zusammen fällt. Der Summenpfeil $\vec{F_1} + \vec{F_2}$ reicht dann vom Angriffspunkt von $\vec{F_1}$ bis zum Zielpunkt von $\vec{F_2}$.

64 $\vec{p} = m \cdot \vec{v}$

65 Unter der Leistung P versteht man den Quotienten aus der Arbeit W und der zu ihrer Verrichtung benötigten Zeit t: $P = \frac{W}{t}$.

66 ☒ $-12{,}5\,\text{kNm} = -12{,}5\,\text{kJ}$; das Vorzeichen der Bremsarbeit ist **negativ** und besagt: Die Bremsarbeit wird vom Wagen abgegeben.

67 Zu jedem Zeitpunkt der Bewegung ist die Summe der Bewegungsenergie und der Lageenergie konstant. Als Formel: $\frac{1}{2}mv^2 + mgh = E_{\text{gesamt}} = \text{const.}$

68 Ein Hebel befindet sich im statischen Gleichgewicht, wenn die Summe aller rechtsdrehenden Drehmomente gleich groß ist wie die Summe aller links drehenden Drehmomente. Als Formel: $M_{r1} + M_{r2} + \ldots + M_{rn} = M_{\ell 1} + M_{\ell 2} + \ldots + M_{\ell m}$

Abschlusstest

Seite 63

1 a) Aus der maßstabsgerechten Zeichnung liest man ab: $F_{1w} = 4\,\text{cm} \cdot 10\,\frac{\text{N}}{\text{cm}} = 40\,\text{N}$ und $F_{1s} = F_{1w} = 40\,\text{N}$

b) Die beiden waagerechten Kraftkomponenten $\vec{F_{1w}}$ und $\vec{F_{2w}}$ müssen sich statisch kompensieren, weil sich der Eimer nicht seitlich bewegen soll. Daher trägt man den Kraftpfeil $\vec{F_{2w}} = -\vec{F_{1w}}$ ein und an seiner Spitze die senkrechte Hilfslinie, die die Länge des unter 30° verlaufenden Kraftpfeiles $\vec{F_2}$ begrenzt: $\vec{F_2} = 8{,}0\,\text{cm} \cdot 10\,\frac{\text{N}}{\text{cm}} = 80\,\text{N}$.

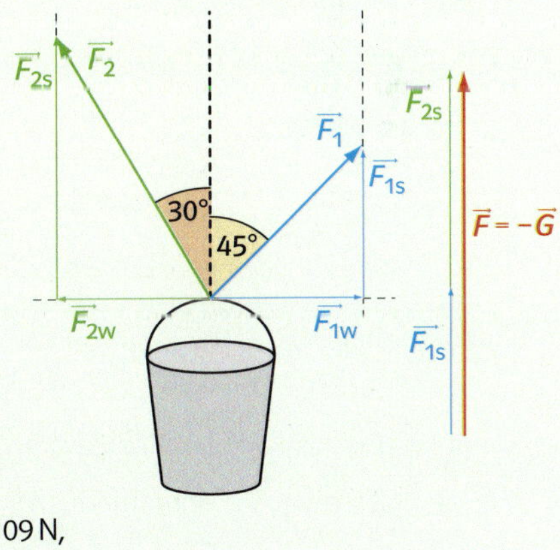

c) Die beiden senkrechten Kraftkomponenten addieren sich zur gesamten Tragkraft $\vec{F}$ der Stärke
$F = F_{1s} + F_{2s} = 40\,\text{N} + 6{,}9\,\text{cm} \cdot 10\,\frac{\text{N}}{\text{cm}} = 40\,\text{N} + 69\,\text{N} = 109\,\text{N}$,
die dem Gewicht des Eimers entspricht: $G = F = 109\,\text{N}$.

2 a) Arbeit: $W = F \cdot s \Leftrightarrow W = G \cdot h = (m \cdot g) \cdot h \Rightarrow W = 1{,}2\,\text{kg} \cdot 10\,\frac{\text{m}}{\text{s}^2} \cdot 0{,}8\,\text{m} = 9{,}6\,\text{J}$

b) Leistung beim Aufziehen: $P = \frac{W}{t} \Rightarrow P = \frac{9{,}6\,\text{J}}{12\,\text{s}} = 0{,}8\,\text{W}$
Laufleistung: $P = \frac{W}{t} \Rightarrow P = \frac{9{,}6\,\text{J}}{5 \cdot 24 \cdot 60 \cdot 60\,\text{s}} = \frac{9{,}6\,\text{J}}{432\,000\,\text{s}} = 22\frac{2}{9}\,\mu\text{W} \approx 22{,}2\,\mu\text{W}$

c) Die beim Aufziehen verrichtete Hubarbeit wird vom Gewicht als Lageenergie gespeichert. Während der 5-tägigen Laufzeit wird die Lageenergie kontinuierlich in Bewegungsenergie des Pendels umgewandelt und mithilfe des Laufwerks weiter in Bewegungsenergie der mechanischen Teile (z. B. Zahnräder) und schließlich in Bewegungsenergie der Uhrzeiger. Das Prinzip der Energieerhaltung gilt nur unter Berücksichtigung der vielfältigen Reibungsverluste im Laufwerk, denn letztendlich wird die vom

Gewicht abgegebene Energie dort in Wärme umgewandelt und geht so einer weiteren Nutzung verloren. Daher muss die Uhr regelmäßig aufgezogen werden, um den Energieverlust wieder auszugleichen.

d) Die Aufzugskurbel bildet zusammen mit der Wickelachse einen Hebel, an dem folgende Drehmomente wirken: $M_1 = \left(1{,}2\,\text{kg} \cdot 10\,\frac{\text{m}}{\text{s}^2}\right) \cdot (0{,}5 \cdot 0{,}016\,\text{m}) = 0{,}096\,\text{Nm}$ und $M_2 = F \cdot 0{,}04\,\text{m}$

Zugkraft: $M_1 = M_2 \Leftrightarrow 0{,}096\,\text{Nm} = F \cdot 0{,}04\,\text{m} \Leftrightarrow F = 2{,}4\,\text{N}$

Umdrehungszahl: $n = \frac{h}{2\pi r} = \frac{0{,}8\,\text{m}}{2 \cdot 3{,}14 \cdot 0{,}008\,\text{m}} = 15{,}92 \approx 16$

3 a) Gewichtskraft des Wagens: $G = m \cdot g \Rightarrow G = 120\,\text{kg} \cdot 10\,\frac{\text{m}}{\text{s}^2} = 1200\,\text{N}$

Hangabtriebskraft des Wagens: $F_H = \frac{h}{s} \cdot G \Rightarrow F_H = \frac{8\,\text{m}}{16\,\text{m}} \cdot 1200\,\text{N} = 600\,\text{N}$

Die lose Rolle vor dem Wagen halbiert die erforderliche Zugkraft, die feste Rolle am oberen Ende der schiefen Ebene lenkt die Zugkraft lediglich um, also:

$F_z = \frac{1}{2} \cdot F_H \Rightarrow F_z = \frac{1}{2} \cdot 600\,\text{N} = 300\,\text{N}$

b) Für den Zugweg gilt $s_z = 2n \cdot s$ und für eine lose Rolle, d.h. $n = 1$, folgt:

$s_z = 2 \cdot 16\,\text{m} = 32\,\text{m}$.

c) Es gilt: $F_H \geq m \cdot a \Leftrightarrow a \leq \frac{F_H}{m} \Rightarrow a \leq \frac{600\,\text{N}}{120\,\text{kg}} = 5\,\frac{\text{m}}{\text{s}^2}$; Die Beschleunigung wird bei Abwesenheit von Reibungskräften maximal und beträgt dann $a = 5\,\frac{\text{m}}{\text{s}^2}$, sonst weniger.

d) Energiebilanz: $\frac{1}{2} \cdot m \cdot v^2 \leq m \cdot g \cdot h \Leftrightarrow v \leq \sqrt{2 \cdot g \cdot h} \Rightarrow v \leq \sqrt{2 \cdot 10\,\frac{\text{m}}{\text{s}^2} \cdot 8\,\text{m}} = 12{,}65\,\frac{\text{m}}{\text{s}}$;

Die Geschwindigkeit wird bei Abwesenheit von Reibungsverlusten maximal und beträgt dann $v = 12{,}65\,\frac{\text{m}}{\text{s}}$, sonst weniger.

50 – 40 Punkte	40 – 25 Punkte	unter 25 Punkte
sehr gut bis gut	befriedigend bis ausreichend	nicht mehr ausreichend

Kapitel 9: Optik

Aufgaben

Seite 64

1 ☒ Sonne ☐ Vollmond ☒ Feuer ☐ Wandbild
☒ Fernsehbild ☒ Taschenlampe ☐ Kinofilm ☒ LED

2 a) Schattenbild von G bezüglich L_1: **AB**
Schattenbild von G bezüglich L_2: **CD**

b) Der Bereich AD wird weder von L_1 noch von L_2 beleuchtet. Er bleibt völlig dunkel und wird als **Kernschatten** bezeichnet.

c) Der Bereich BD wird von L_2, nicht aber von L_1 beleuchtet. Ebenso wird der Bereich AC nur von L_1, nicht aber von L_2 beleuchtet. Beide Bereiche sind heller als der Kernschatten, aber dunkler als die von L_1 *und* L_2 beleuchteten Bereiche und werden **Halbschatten** (auch: **Teillichtbereiche**) genannt.

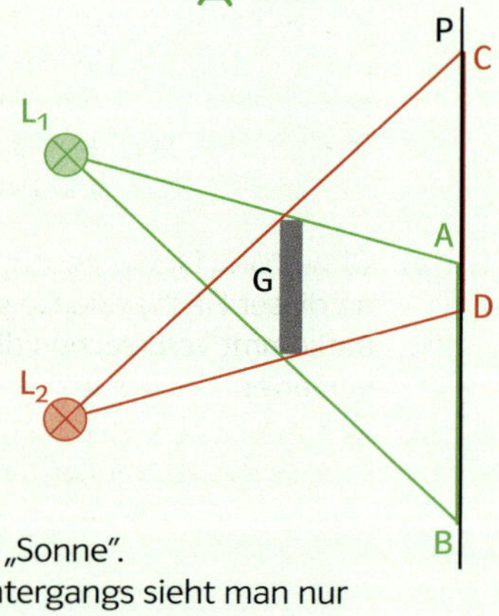

Seite 65

3 a) Lichtbereich: Tagsüber sieht man die ganze Lichtquelle „Sonne".
Halbschattenbereich: Während des Sonnenauf- oder untergangs sieht man nur Teile der Sonne. Kernschattenbereich: Nachts kann man die Sonne nicht sehen.

b) Während seines Erdumlaufs bildet der Mond einen sich stets ändernden Winkel zur Verbindungslinie Sonne - Erde. Dadurch werden von der Erde aus stets ab- und zunehmende Anteile der beleuchteten (und unbeleuchteten) Mondoberfläche wahrgenommen. Die beleuchteten Anteile geben den Mondphasen ihre Namen: Voll-, Halb- und Neumond.

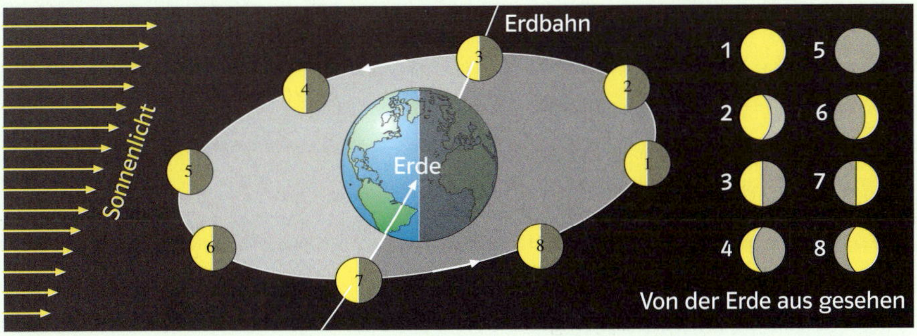

4 a) Sobald der Mond so zwischen Sonne und Erde steht, dass sein Schattenraum Teile der Erde verdunkelt, kann von dort aus die Sonne nicht oder nicht mehr vollständig wahrgenommen werden.

b) Dort, wo der Kernschatten des Mondes die Erde trifft, herrscht eine totale Sonnenfinsternis. Von seinem Teilschattenbereich aus erscheint die Sonne jedoch nur teilweise verdunkelt.

c) Der Kernschattenbereich des Mondes ist wesentlich kleiner als sein Teilschattenbereich. Daher ist die Wahrscheinlichkeit für einen bestimmten Ort, in den Kernschatten zu gelangen, wesentlich geringer als vom Teilschatten gestreift zu werden.

5 a) 1. Der grüne Lichtstrahl geht von den Füßen aus. Im Punkt U gilt $\alpha_1 = \beta_1$ (Reflexionsgesetz) und daher auch die Längengleichheit |AB| = |BC|.
Die **Spiegelunterkante** U darf höchstens
d = |AB| = 0,5 · |AC| = 0,5 · 170 cm = **85 cm**
über dem Fußboden sein.
2. Ebenso gilt im Punkt O für den vom Kopf kommenden Lichtstrahl (blau) $\alpha_2 = \beta_2$ (Reflexionsgesetz) und daher auch |CD| = |DE|, bzw.
|AD| = |AC| + 0,5 · |CE|
= 170 cm + 0,5 · 10 cm = 175 cm.
Die **Mindesthöhe** des Spiegels beträgt also: h = |AD| − d = 175 cm − 85 cm = **90 cm**.

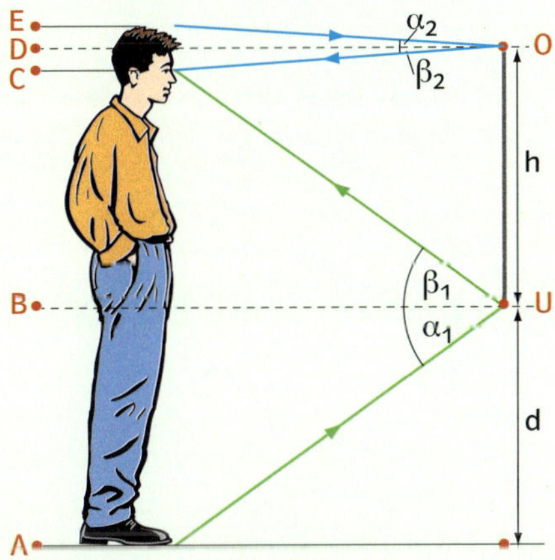

b) Die Überlegungen aus Teilaufgabe a) sind unabhängig vom Abstand, den Herr Heinze zum Spiegel hat.

6 a) Ohne Wind ist die Wasseroberfläche vollkommen glatt. Jetzt werden die Lichtstrahlen an dieser Fläche ebenso geordnet reflektiert wie an einem Glasspiegel. Sobald Wind aufkommt verursachen die Wasserwellen eine mehr oder weniger diffuse Reflexion und verzerren bzw. zerstören die Bild-Wahrnehmung. Seite 66

b) Eine weiße Hauswand reflektiert zwar das Licht gut, jedoch ist sie nicht glatt genug, um die Entstehung eines Spiegelbildes durch geordnete Reflexionen zu ermöglichen.

7 McMoney stellt die beiden Spiegel S_1 und S_2 im rechten Winkel zueinander auf und positioniert die Kerze K, wie in der Abbildung gezeigt. Dann erzeugt S_1 von K das Spiegelbild K_1 und S_2 entsprechend K_2. Nun gibt es aber auch Lichtstrahlen, die von beiden Spiegeln, also zweimal reflektiert werden, z. B. die grün und blau eingetragenen Strahlengänge. Deren rückwärtig verlängerte Strahlen schneiden sich dort, wo ein weiteres drittes Spiegelbild K_3 zu sehen ist. So feiert McMoney mit einer Kerze und drei Spiegelbildern den 4. Advent.

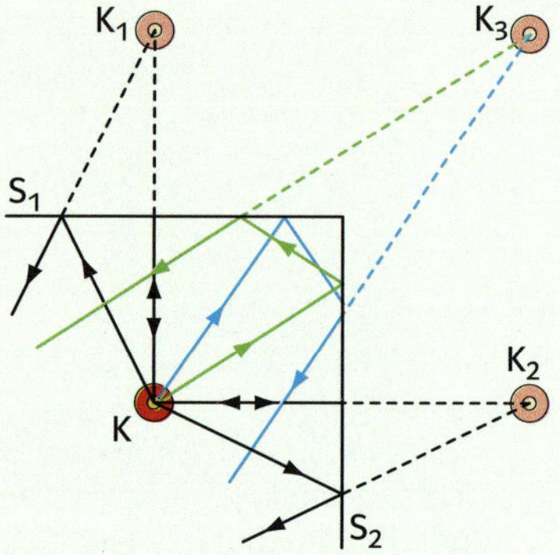

8 a) Parabolspiegel eines Spiegelteleskops, Kollektorspiegel eines Sonnenofens, Satellitenschüssel als Fernsehantenne. Hier wird Licht-, Wärme- oder Rundfunkstrahlung im Brennpunkt gebündelt.
b) Die auf den Hohlspiegel treffenden Lichtstrahlen werden so reflektiert, dass sie parallel zur optischen Achse ausfallen und es entsteht ein gebündelter Scheinwerferstrahl. Im Vergleich zu den Beispielen aus Teilaufgabe a) hat sich hier der Lichtweg umgekehrt.

9 a) 1. Ein parallel zur optischen Achse einfallender Lichtstrahl (blau) wird durch den Brennpunkt reflektiert.
2. Ein durch den Brennpunkt laufender Lichtstrahl (grün) wird parallel zur optischen Achse reflektiert.
b) Das Spiegelbild steht auf dem Kopf, kann größer oder kleiner als das Original sein und kann, weil es nicht virtuell sondern reell ist, auf einem Schirm aufgefangen werden.
c) Jetzt erscheint das Spiegelbild am ursprünglichen Ort der Kerze in deren ursprünglicher Größe. Folgerung: Infolge der Umkehrbarkeit der Lichtwege sind das Original und das Bild austauschbar.

10 a) Ein Wölbspiegel erzeugt ein verkleinertes, aufrechtes und virtuelles Spiegelbild. Blicke z. B. auf eine verspiegelte Weihnachtskugel oder auf die Außenfläche einer polierten Suppenkelle. Einsatzbereiche: An unübersichtlichen Straßenkreuzungen, über den Kassen in Supermärkten.
b) In beiden Fällen handelt es sich um zylindrisch geformte Wölbspiegel.
Zu 1.: Die Zylinderachse verläuft senkrecht, sodass nur die horizontale Dimension verkleinert wird.
Zu 2.: Die Zylinderachse verläuft waagerecht, sodass jetzt die vertikale Dimension verkürzt wird.

Seite 67

11 a) Für kleine Einfallswinkel α wird der Lichtstrahl nahezu vollständig gebrochen. Je mehr sich α dem Wert von 90° nähert (streifender Lichteinfall), um so stärker fällt der reflektierte Anteil aus.
b) Es geht um die Ausbreitungsgeschwindigkeit des Lichtes. Im Medium mit der größeren optischen Dichte ist die Lichtgeschwindigkeit vergleichsweise geringer.

12 a) Die Messung liefert mit 1,53; 1,56; 1,56 und 1,54 nahezu konstante Quotienten. Der mittlere Wert beträgt $n = a : b \approx 1{,}55$ und wird als **Brechungsindex** bezeichnet. Sein Wert hängt von der optischen Dichte der beiden beteiligten Medien (Luft, Glas) ab.
b) $n = \frac{a}{b} \Leftrightarrow b = \frac{a}{n} = \frac{3{,}8\,\text{cm}}{1{,}55} = \mathbf{2{,}5\,cm}$; $n = \frac{a}{b} \Leftrightarrow a = n \cdot b = 1{,}55 \cdot 2{,}2\,\text{cm} = \mathbf{3{,}4\,cm}$
c) Weil der Lichtstrahl durch den Mittelpunkt M verläuft, trifft er stets senkrecht auf die halbrunde Seite des Glaskörpers. Bei senkrechtem Einfall tritt keine Brechung auf und es gilt $\alpha = \beta = 0°$.

13 a) Punkt A: Beim Übergang vom optisch dünneren (Luft) zum dichteren Medium (Glas) wird der Lichtstrahl zum Einfallslot hin gebrochen, also: $\beta < \alpha$. Punkt B: Beim umgekehrten Übergang wird der Lichtstrahl vom Einfallslot weg gebrochen, also: $\beta > \alpha$. **Seite 68**

b) Der Betrachter sieht ein originalgetreues, aber parallel nach oben (oder auch unten) versetztes Bild, weil er die Herkunft der Lichtstrahlen in geradliniger Verlängerung annimmt (optische Täuschung).

14 Die vom Paddel ausgehenden Lichtstrahlen werden beim Übergang zur Luft vom Grenzflächen-Lot weg gebrochen. Gerrit nimmt diese Richtungsänderung nicht wahr und deutet die wahrgenommenen Lichtstrahlen in geradliniger Verlängerung. Als optische Täuschung entsteht so das Bild eines an der Eintauchstelle nach oben abgeknickten Paddels.

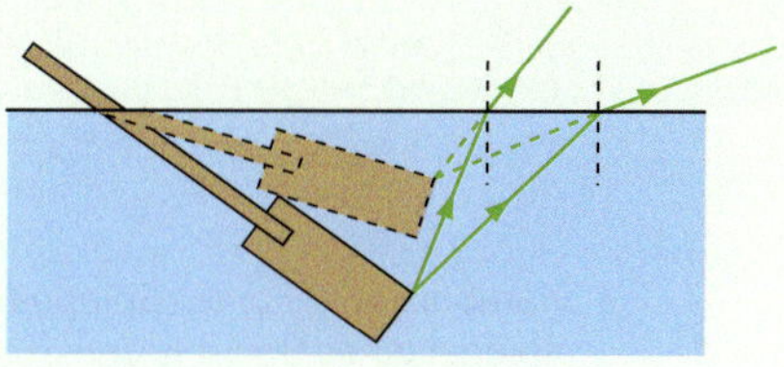

15 a) Die Lichtstrahlen (1) und (2) erreichen die Grenzfläche zur Luft mit zunehmendem Einfallswinkel, sodass der reflektierte Anteil des Lichtes zu Lasten des gebrochenen Anteils zunimmt. Lichtstrahl (3) hat bereits denjenigen Grenz-Einfallswinkel überschritten, bei dem der gebrochene Lichtstrahl parallel zur Grenzfläche verläuft. Eine Brechung ist jetzt nicht mehr möglich und er wird vollständig reflektiert (**Totalreflexion**).

b) 1. Der Lichtstrahl muss vom optisch dichteren Medium auf das optisch dünnere treffen.
2. Der Einfallswinkel dieses Strahls muss größer sein als der Grenz-Einfallswinkel.

16 a) Das weiße Licht wird beim Eintritt in das Prisma zum Grenzflächen-Lot hin gebrochen, der rote Anteil am wenigsten und der violette Anteil am stärksten. Beim Austritt aus dem Prisma wird jede Farbe erneut gebrochen, jetzt aber vom Lot weg, wodurch die Auffächerung der Farben verstärkt wird. Das weiße Licht ist offensichtlich die Mischfarbe aller im Spektrum enthaltenen Farben.

b) Nein! – Alle im Spektrum enthaltenen Farben sind „spektralrein".

17 a) Der Regentropfen bewirkt beim Eintritt des weißen (Sonnen-)Lichtes, ähnlich einem Prisma, die Auffächerung der Farbanteile. Zunächst werden aber alle Farben an der Tropfeninnenfläche total reflektiert, bevor sie dann beim Austreten erneut gebrochen werden.

b) Die einzelnen Spektralfarben verlassen die Tropfen unter farbspezifischen Winkeln zur Richtung des einfallenden Lichtes, z. B. Rot unter 42,3° und Violett unter 40,7°. Dadurch erblickt man die Farbe Rot am oberen Rand des Regenbogens, violett hingegen ganz unten.

18 a) Man spricht von additiver Farbmischung, wenn mehrere Farben gleichzeitig wahrgenommen werden und dabei (im Gehirn) zu einer Mischfarbe umgesetzt werden. **Seite 69**

b) 1. Mischung zweier Komplementärfarben, z. B. Gelb und Violett oder Blau und Orange,
2. Mischung dreier Farben, die auf dem Farbkreis gleich weit voneinander entfernt liegen, z. B. Gelb, Dunkelrot und Blaugrün oder Orange, Violett und Hellgrün,
3. Mischung aller auf dem Farbkreis enthaltenen Farben.

c) Rot + Gelb = Orange, Blau + Gelb = Grün, Grün + Orange = Gelbgrün

19 a) Die Netzhaut unserer Augen enthält drei Sorten von Farbrezeptoren („Zapfen"), die bevorzugt auf die Grundfarben Rot, Grün und Blau ansprechen. Je nachdem, wie stark jede Rezeptorsorte gereizt wird, setzt unser Gehirn die wahrgenommene Mischfarbe aus den drei Grundfarben additiv zusammen.

b) PC- oder TV-Bildschirme kehren das Prinzip des Farbensehens um: Bei hinreichender Vergrößerung erkennt man, dass die zahlreichen Bildpunkte (Pixel), aus denen sich das Bild zusammensetzt, aus Triplets bestehen, wobei jeder Teilpunkt eine Grundfarbe besteuert. Durch unterschiedliche Leuchtstärken der Teilpunkte ergeben sich für einen entfernten Betrachter alle gewünschten Farbeindrücke durch additive Mischung der Grundfarben-Beiträge Rot, Grün und Blau.

20 Die beiden Filterfarben Gelb und Blau können nicht spektralrein sein, denn dann würde der mittlere Bereich nicht grün, sondern schwarz erscheinen. Gelb und Blau müssen also Mischfarben sein.
Links: Blau bis Violett wird blockiert, Rot bis Grün mischt sich additiv zu Gelb.
Rechts: Rot bis Gelb wird blockiert, Grün bis Violett mischt sich additiv zu Blau.
Mitte: Nur grünes Licht kann beide Filter passieren – es ist daher spektralrein.

21 a) Farbdrucker verwenden üblicherweise Tintenpatronen in den Grundfarben Magenta (Pupurrot), Cyan (Blaugrün) und Gelb.
b) Werden verschiedene Farben dicht nebeneinander gedruckt, so mischen sie sich additiv. Werden jedoch verschiedene Farben übereinander gedruckt, so kommt es hierbei zur subtraktiven Farbmischung.
c) Schwarz ergibt sich nur durch subtraktive Farbmischung aller drei Grundfarben. Durch die zusätzliche Verwendung von schwarzer Tinte kann somit $\frac{2}{3}$ der erforderlichen Farbtinte gespart werden.

Seite 70

22 a) $\frac{1}{g} + \frac{1}{b} = \frac{1}{f} \Leftrightarrow b = \frac{g \cdot f}{g - f}$; mit Daten folgt die Bildweite: $b = \frac{18\,\text{cm} \cdot 6\,\text{cm}}{18\,\text{cm} - 6\,\text{cm}} = \mathbf{9\,cm}$
$\frac{B}{G} = \frac{b}{g} \Leftrightarrow B = \frac{b}{g} \cdot G$; mit Daten folgt die Bildgröße: $B = \frac{9\,\text{cm}}{18\,\text{cm}} \cdot 5\,\text{cm} = \mathbf{2{,}5\,cm}$
Das Bild steht auf dem Kopf, ist reell und kann auf einem Schirm aufgefangen werden.
b) $b = \frac{3\,\text{cm} \cdot 6\,\text{cm}}{3\,\text{cm} - 6\,\text{cm}} = -6\,\text{cm}$; $B = -10\,\text{cm}$
Das Bild erscheint aufrecht, ist virtuell und kann *nicht* aufgefangen werden.

23 a)

Gegenstandsweite g	Bildweite b	Verhältnis $\frac{B}{G}$
$g > 2f$	$f < b < 2f$	< 1
$g = 2f$	$b = 2f$	$= 1$
$f < g < 2f$	$b < 2f$	> 1
$g = 0{,}5f$	$b = -f$	$= -2$

b) Die 3. Zeile der Tabelle: Für $f < g < 2f$ erscheint das reelle Bild vergrößert.
c) Die 4. Zeile der Tabelle: Für $0 < g < f$ sieht man ein vergrößertes, virtuelles Bild.

Seite 71

24 a) Von jedem Punkt der Kerze treffen schmale, durch die Lochweite begrenzte Lichtkegel auf den Film an der Kamera-Rückseite. Eine größere Bildschärfe kann nur durch eine Verkleinerung des Lochs erreicht werden, dann aber erfordert die verringerte Lichtstärke eine verlängerte Belichtungszeit.
b) Entspricht die Tiefe der Kamera der Bildweite, so bündelt das Objektiv alle einfallenden Lichtkegel zu scharfen Bildpunkten auf dem Film. So kann vergleichsweise viel Licht „eingefangen" werden, ohne an Bildschärfe zu verlieren oder lange Belichtungszeiten in Kauf nehmen zu müssen.

25 a) Hornhaut, Flüssigkeit, Linse und Glaskörper wirken zusammen wie ein Objektiv und erzeugen auf der am Augenhintergrund anliegenden Netzhaut ein Bild. Anders als bei einer Kamera wird jedoch die Bildweite nicht durch eine Änderung des Abstands Objektiv-Film angepasst, sondern durch eine Verkürzung der Brennweite als Folge einer muskelgesteuerten Verdickung der Linse.
b) Kurzsichtigkeit: Ist der Augapfel zu lang und/oder die Brennweite der Linse zu kurz, so werden die Lichtstrahlen von entfernten Gegenständen bereits vor der Netzhaut gebündelt, sodass auf der Netzhaut ein unscharfes Bild entsteht. Eine Zerstreuungslinse (Konkavlinse) kann diesen Sehfehler ausgleichen. Weitsichtigkeit: Ist der Augapfel zu kurz und/oder die Brennweite der Linse zu groß, so wird das Bild entfernter Gegenstände erst hinter der Netzhaut erzeugt. Jetzt korrigiert man mit einer Sammellinse (Konvexlinse).

26 a) Die Länge des Fernrohres entspricht der Summe der Brennweiten von vorderer Linse (Objektiv) f_1 und hinterer Linse (Okular) f_2. Das Objektiv bündelt das parallel einfallende Licht entfernter Gegenstände in der Brennebene zu einem Bild der Größe B^*, das durch das Okular wie durch eine Lupe vergrößert wird. Der Vergleich der Abbildungen (1) und (2) zeigt, dass das astronomische Fernrohr ein vergrößertes, aber umgekehrtes und seitenverkehrtes Bild erzeugt.

b) In den Abbildungen (1) und (2) sind sowohl die beiden grünen, als auch die beiden blauen Dreiecke ähnlich, daher gelten folgende Verhältnisgleichungen:

(I) $\frac{B_0}{b} = \frac{B^*}{f_1} \Leftrightarrow B_0 = \frac{B^*}{f_1} \cdot b$ und

(II) $\frac{B^*}{f_2} = \frac{B_1}{b} \Leftrightarrow B_1 = \frac{B^*}{f_2} \cdot b$ Division der umgeformten Gleichung (II) durch die umgeformte Gleichung (I) führt auf die Vergrößerung: $v = \frac{B_1}{B_0} = \frac{\frac{B^*}{f_2} \cdot b}{\frac{B^*}{f_1} \cdot b} = \frac{f_1}{f_2}$.

c) Vergrößerung: $v = \frac{f_1}{f_2} = \frac{150\,\text{mm}}{7{,}5\,\text{mm}} = \mathbf{20}$.

Training plus

Seite 72

69 ☒ Kerzenflamme ☒ Sonne ☒ Sterne

70 Bei einer Sonnenfinsternis siehst du nur noch die halbe Sonnenscheibe, dann befindest du dich im **Teilschattenbereich** des **Mondes**. Wenn du die Sonne gar nicht mehr siehst, stehst du im **Kernschatten**.

71 Einfallender Lichtstrahl, Lot und ausfallender Lichtstrahl liegen stets in einer Ebene und die von ihnen eingeschlossenen Einfalls- und Ausfallswinkel sind stets gleich groß, also $\alpha = \beta$.

72 Am Hohlspiegel werden alle Lichtstrahlen, die parallel zur optischen Achse einfallen, **durch den Brennpunkt** reflektiert, hingegen fielen alle parallel zur optischen Achse reflektierten Strahlen **durch den Brennpunkt** ein.

73 ☒ Wasser-Luft ☒ Glas-Luft, Allgemein gilt: Ein Lichtstrahl wird vom Grenzflächen-Lot weg gebrochen, wenn **er vom optisch dichteren zum optisch dünneren Medium wechselt**.

74 Vermischen sich zwei Farben zu einem gemeinsamen Farbeindruck, so spricht man von **additiver Farbmischung**. Werden hingegen einer Mischfarbe nacheinander verschiedene Spektralfarben entzogen, so entsteht die resultierende Farbe durch **subtraktive Farbmischung**.

75 $A = \frac{B}{G} = \frac{b}{g}$ Abbildungsformel: ☒ $\frac{1}{b} + \frac{1}{g} = \frac{1}{f}$ ☒ $f = \frac{b \cdot g}{b + g}$ ☒ $b = \frac{f \cdot g}{g - f}$

76 ☒ $g = 2f$; Abbildungsmaßstab ☒ $A = 1$

Abschlusstest

Seite 73

1 a) Zeichne von A aus den Randstrahl s_a und von B aus den Randstrahl s_b. L_1 steht im Schnittpunkt von s_a und s_b.

b) Zeichne die Gerade g parallel zu P durch L_1 und von C aus den Randstrahl s_c. L_2 steht im Schnittpunkt von g und s_c. Nun kann man von L_2 aus den Randstrahl s_d zeichnen, der auf P den unteren Schattenrand D festlegt.

c) Kernschattenbereich: BC
Halbschattenbereiche: AC und BD.

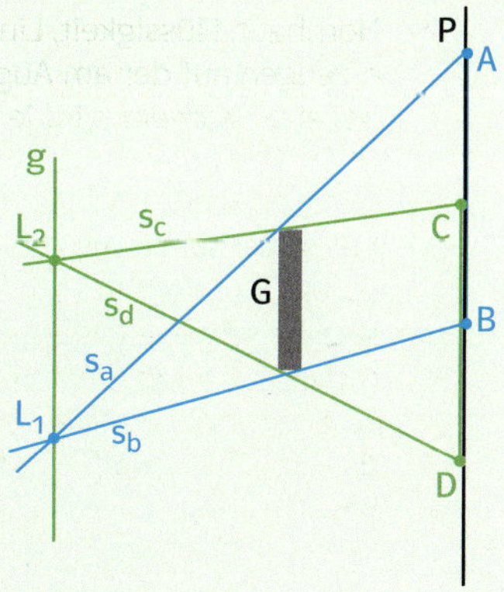

2 a) Von L aus verlaufen die Lichtstrahlen s_1 und s_2 und werden an S reflektiert. Das Spiegelbild L* von L liegt im Schnittpunkt der rückwärtigen Verlängerungen der reflektierten Strahlen im Abstand d hinter dem Spiegel.

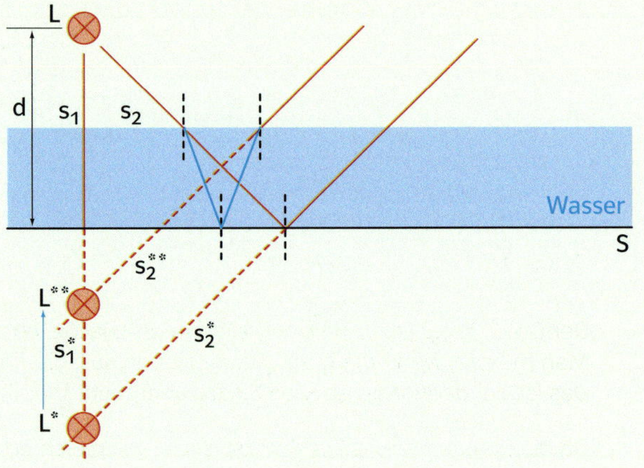

b) Während s_1 senkrecht auf die Wasseroberfläche trifft und ungebrochen passiert, wird s_2 beim Eintritt ins Wasser zum Grenzflächen-Lot hin gebrochen, reflektiert und beim Austritt aus dem Wasser vom Lot weg gebrochen. Dadurch ergibt sich die abgebildete Verschiebung von s_2^* hin zu s_2^{**} mit der Folge, dass sich s_1^* und s_2^{**} nun oberhalb von L* in der Position von L** schneiden.

c) Auf den ersten Blick ist der Abstand von L** zum Spiegel kleiner als d! - Allerdings wird auch der Spiegel selbst durch die Brechungseffekte optisch „angehoben" (vgl. Aufgabe 14), sodass er nach wie vor den Abstand zwischen Original (L) und Spiegelbild (L**) halbiert.

3 a) Alle Farben des Farbkreises mischen sich additiv zur Mischfarbe Weiß.

b) zu (1): Man nimmt die zum fehlenden Rot komplementäre Mischfarbe Grün wahr.
zu (2): Man nimmt die zum fehlenden Blau komplementäre Mischfarbe Orange wahr.

c) Die beiden fehlenden Farben Rot und Blau mischen sich additiv zu Violett, sodass man ersatzweise auch eine Farbscheibe verwenden könnte, der die Farbe Violett fehlt. Daher nimmt man deren Komplementärfarbe Gelbgrün wahr.

4 a) Die Lichtstrahlen weit entfernter Gegenstände fallen parallel ein und werden durch das Objektiv in seiner Brennebene fokussiert, also: $b = f =$ **33 mm**.

b) Mit der Abbildungsgleichung $\frac{1}{g} + \frac{1}{b} = \frac{1}{f} \Leftrightarrow b = \frac{g \cdot f}{g - f}$ berechnet man die Bildweite zu $b = \frac{1\,\text{m} \cdot 0{,}033\,\text{m}}{1\,\text{m} - 0{,}033\,\text{m}} = 0{,}0341\,\text{m}$. Folglich muss das Objektiv am Entfernungsring um 34,1 mm - 33 mm = **1,1 mm** herausgedreht werden, sodass auch die Nahaufnahme scharf wird.

40 – 32 Punkte	31 – 20 Punkte	unter 20 Punkte
sehr gut bis gut	befriedigend bis ausreichend	nicht mehr ausreichend

Kapitel 10: Druck und Flüssigkeiten

Aufgaben

Seite 74

1

Fläche A	**$1\,m^2$**	**$5\,m^2$**	$0{,}1\,m^2$	$200\,m^2$	**$8\,cm^2$**	**$2\,mm^2$**	**$4\,dm^2$**
Kraft F (in N)	100	5000	**30 000**	**100 000**	100	10	500
Druck p (in Pa)	**100**	**1000**	300 000	**500**	125 000	5 000 000	**12500**
Druck p (in bar)	0,001	0,01	**3**	0,005	**1,25**	**50**	0,125

2 Der Druck hängt nur von der Kraft und der Fläche, auf die diese Kraft wirkt, ab.
Man müsste, wenn die Kraft gleich bleiben soll, die Fläche, auf die die Kraft wirkt, halbieren.
Das ist bei der vorgegebenen Skizze aber nicht möglich.

3 Da die Kolben verbunden sind, ist der Druck gleich groß ist und es gilt: $p = \frac{F}{A}$ = konstant. Seite 75
Daraus folgt: Bei n-fachem F ist auch auch A n-mal so groß.

Masse auf Kolben 1 (in kg)	12	**144**	**32**	**0,016**	**0,64**	0,2
Masse auf Kolben 2 (in kg)	**3**	36	**8**	**0,004**	0,16	**0,05**
Masse auf Kolben 3 (in kg)	**1,5**	**18**	4	0,002	**0,08**	**0,025**
Druck in der Flüssigkeit (in Pa)	**75 000**	**900 000**	**200 000**	**100**	**4000**	**1250**

4 a) 120 Torr = 120 · 135 Pa = 16 200 Pa; 80 Torr = 80 · 135 Pa = 10 800 Pa
b) Unterschied: 20 Torr = 20 · 135 Pa = 2700 Pa = 0,027 bar = **27 mbar**
Kraft: $F = 2700\,\text{Pa} \cdot 0{,}01\,\text{m}^2 = 27\,\text{N}$. Das entspricht einer Masse von **2,7 kg**

5 a) Kraft $F = p \cdot A = 300\,000\,\text{Pa} \cdot 0{,}0002\,\text{m}^2 =$ **60 N**, aus 10 N ≙ 1 kg (vgl. Seite 55) folgt:
60 N ≙ $\frac{60\,\text{N} \cdot 1\,\text{kg}}{10\,\text{N}} \approx 6\,\text{kg}$; es ist wahrscheinlich **nicht möglich**, mit dem Daumen ein „Gewicht" von 6 kg „aufzuhalten".
b) Kraft $F = p \cdot A = 300\,000\,\text{Pa} \cdot 0{,}000\,08\,\text{m}^2 =$ **24 N**, aus 10 N ≙ 1 kg folgt:
24 N ≙ $\frac{24\,\text{N} \cdot 1\,\text{kg}}{10\,\text{N}} \approx 2{,}4\,\text{kg}$; es ist wahrscheinlich **möglich**, den Schlauch zuzuhalten.

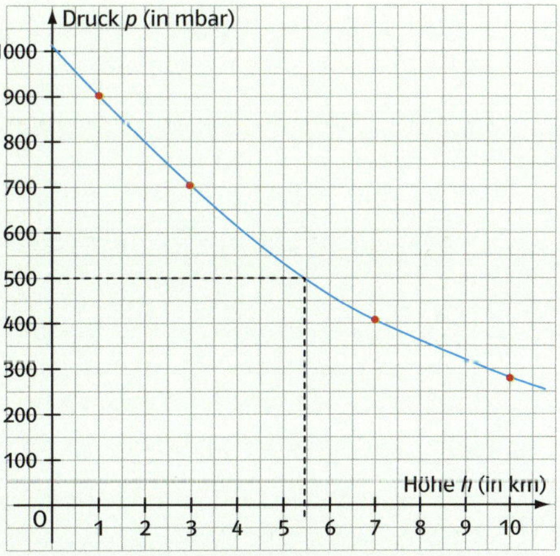

6 a) siehe Grafik rechts
b) Der Grafik entnimmt man:
bei ca. 5,5 km Höhe.
c) Der Luftdruck nimmt pro Kilometer Höhendifferenz *nicht* gleichmäßig ab. Je höher man sich über dem Meeresspiegel befindet, desto kleiner wird die Luftdruckdifferenz innerhalb eines Kilometers.

Seite 76

7 a) Kraft auf K_1:
$F = m \cdot g = 50\,\text{kg} \cdot 10\,\frac{\text{m}}{\text{s}^2} = 500\,\text{N}$. Auf K_2 wirkt eine 50-mal so große Kraft, also **25 000 N**, das entspricht 2500 kg Masse.
b) Um den 50. Teil, also **1 cm**.
(Das Gesamtvolumen bleibt ja gleich.)
c) Das Produkt aus Kraft F und Weg s muss auf beiden Seiten gleich groß sein. Mit Volumen $V = A \cdot s$ folgt bei konstanten Druck $p_1 = p_2$: $\frac{F_1}{A_1} = \frac{F_1 \cdot s_1}{V_1} = \frac{F_2 \cdot s_2}{V_2}$; mit $V_1 = V_2$ gilt: $F_1 \cdot s_1 = F_2 \cdot s_2$.
d) Da die Fläche nur $\frac{1}{50}$ ausmacht, muss man $\frac{1}{50}$ der Kraft aufwenden:
1000 N : 50 = **20 N**. Man benötigt eine **Masse** von **2 kg** (1 kg ≙ 10 N)

8 Rechne immer mit $p = \varrho \cdot g \cdot h$. Umrechnung der Dichte in andere Einheit: $1\,\frac{g}{cm^3} = 1000\,\frac{kg}{m^3}$

Stoff	Alkohol	Quecksilber	Alkohol	Wasser	Wasser	Wasser
Tiefe	1 m	1000 mm	**25,8 m**	1 m	15 m	**50,97 m**
Druck	**7750 Pa** **≈ 0,078 bar**	**133 416 Pa** **≈ 1,33 bar**	**200 000 Pa** 2 bar	**9810 Pa** **0,0981 bar**	**147 150 Pa** **1,4715 bar**	**500 000 Pa** 5 bar

Seite 77

9 a) Ja, das ist möglich, da der Druck nur von g (konstant am selben Standort), der Dichte der Flüssigkeit und der Höhe abhängt. Bei konstanter Dichte ist p proportional zu h.

b) Bei vollem Tank gilt für den Druck: $p = 910\,\frac{kg}{m^3} \cdot 10\,\frac{m}{s^2} \cdot 3\,m =$ **27 000 Pa**
Bei leerem Tank ist $p =$ **0 Pa**.
Der Druckunterschied beträgt **27 000 Pa**.

10 siehe Grafik rechts
An der unteren Öffnung herrscht der stärkste Druck, der Strahl spritzt dort am weitesten. Die Form der Strahlen gleicher Ausgangshöhe ist bei beiden Gefäßen gleich, da die Form des Gefäßes unerheblich für den Druck ist (nur die Höhe ist relevant).

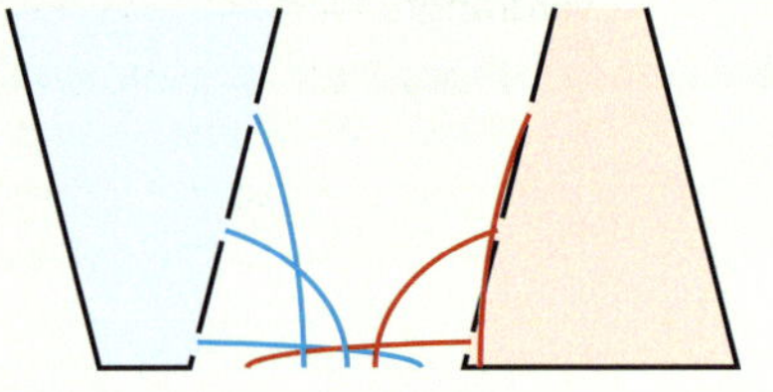

11 Ja, die Flüssigkeitsstände sind möglich:
Das U-Rohr (1) ist mit *einer* Flüssigkeit gefüllt. Der Schweredruck bringt die Flüssigkeits-Säulen auf dieselbe Höhe.
Im mittleren und rechten Rohr befinden sich *zwei* verschiedenen Flüssigkeiten, die sich (noch) nicht vermischt haben und die verschiedene Dichten haben. Wenn die erste Flüssigkeit Wasser ist, könnte beim Rohr (2) in die linke Öffnung eine Flüssigkeit mit einer *kleineren* Dichte als Wasser, z.B. Öl, oder in die rechte Öffnung eine Flüssigkeit mit höherer Dichte, z.B. Glycerin eingefüllt worden sein. Beim Rohr (3) verhält es sich genau umgekehrt.

12 Pro Wassersäule von 10 m erhöht sich der Druck um 1 bar:
Die Wassersäule muss **20 m** hoch sein.

13 a) Der hydrostatische Druck in Flüssigkeiten hängt nur von der Höhe der Flüssigkeit, nicht von der Form des Gefäßes, nicht von dem Gewicht, nicht von der Masse und nicht von der Menge der Flüssigkeit ab. Durch die von Pascal verwendete **Höhe** wurde der Druck im Fass so groß, dass das Fass auseinanderbrach.

b) V = Grundfläche · Höhe = $0{,}9\,cm^2 \cdot 10\,m = 0{,}009\,dm^2 \cdot 100\,dm =$ **$0{,}90\,dm^3$**

$p = \varrho \cdot g \cdot h = 1000\,\frac{kg}{m^3} \cdot 10\,\frac{m}{s^2} \cdot 11\,m = 110\,000\,\frac{N}{m^2} =$ **110 000 Pa**

Es wirken 110 000 N auf $1\,m^2$, also wirkt die Hälfte (55 000 N) auf den Fassboden von $0{,}5\,m^2$, das entspricht einer Masse von **5,5 t**.

Seite 78

14 Pro Wassersäule von 10 m erhöht sich der Druck um 1 bar:
Bei 35 Meter ist der Schweredruck des Wassers **3,5 bar**, bei 15 Meter **1,5 bar**.

15 Die gemessenen 1,6 bar Wasserdruck entsprechen 16 m Wassertiefe, er ist also schon zu tief getaucht und muss 6 m nach oben schwimmen.

16 Der Schweredruck des Wasser ist unabhängig von der Form des Gefäßes, er beträgt bei 2 m Höhe stets **0,2 bar**.

17 a) Das Schwimmen fällt **leichter**, der **Körper** hat im Salzwasser durch den größeren Auftrieb **weniger Gewicht**.

b) Das Tauchen wird **schwieriger**. Der **Auftrieb** ist **größer**, man benötigt **mehr Kraft um nach unten zu kommen**.

18 Wasser mit dem Volumen von 90 % des Eisvolumens wiegt genauso viel wie das Eis. Also tauchen 90 % ein und 10 % sind über Wasser. (Anmerkung: Bei „echten" Eisbergen kann dieser Wert variieren, weil die Dichte des Eises je nach Anteil der eingeschlossenen Luftbläschen gegenüber unserer Vorgabe von 0,9 abweicht.)

19 a) Da Gold eine größere Dichte als z. B. Silber hat, ist bei gleicher Masse das Volumen kleiner, es wird weniger Wasser verdrängt und damit ist der Auftrieb kleiner, also das im Wasser gemessene Gewicht größer. Kurz: Wäre die Krone im Wasser leichter als der Goldbarren, bestünde sie *nicht* aus reinem Gold.

b) verdrängte Wassermenge bei 2 kg reinem Gold:

Aus $\varrho = \frac{m}{V}$ folgt $V = \frac{m}{\varrho} = \frac{2\,\text{kg}}{19{,}3\,\frac{\text{kg}}{\text{dm}^3}} = 0{,}104\,\text{dm}^3 = 104\,\text{cm}^3$

Der Auftrieb entspricht dem Wassergewicht von 104 g ≙ 1,04 N.

verdrängte Wassermenge von 1,5 kg Gold und 0,5 kg Silber:

$V = \frac{m_{\text{Gold}}}{\varrho_{\text{Gold}}} + \frac{m_{\text{Silber}}}{\varrho_{\text{Silber}}} = \frac{1{,}5\,\text{kg}}{19{,}3\,\frac{\text{kg}}{\text{dm}^3}} + \frac{0{,}5\,\text{kg}}{10{,}6\,\frac{\text{kg}}{\text{dm}^3}} = 0{,}125\,\text{dm}^3 = 125\,\text{cm}^3$

Der Auftrieb entspricht dem Wassergewicht von 125 g ≙ 1,25 N

Der Unterschied beträgt **0,21 N**.

Training plus

Seite 79

77 Der Druck p ist die Kraft F, die senkrecht auf die Fläche A wirkt, geteilt durch die Fläche A:
$p = \frac{F}{A}$

78 Kraft ist eine gerichtete physikalische Größe, die an einem Körper Verformungen oder Bewegung erzeugt. Druck ist die abgeleitete Größe „Kraft pro Flächeneinheit".

79 Der Druck wird in Pascal gemessen (Pa): $1\,\text{Pa} = \frac{1\,\text{N}}{1\,\text{m}^2}$. Dieser Druck entsteht, wenn die Kraft von 1 N senkrecht auf die Fläche von 1 m² wirkt.
Eine weitere Druckmaßeinheit ist bar. 1 bar = 100 000 Pa oder 1 Pa = 0,000 01 Pa

80 Nicht wegen der *Menge* des Wassers darüber steigt der Druck sondern wegen der *Höhe* des darüber befindlichen Wassers. Der hydrostatische Druck, den der Taucher spürt, hängt nur von seiner Tiefe (also der Höhe des über ihm liegenden Wassers) ab.

81 Der Luftdruck nimmt mit zunehmender Höhe ab. Damit kann man mit dem Luftdruckmessgerät die Höhe messen. Man muss jeweils beim Start das Gerät eichen, da der Luftdruck auch von der Wetterlage (Hochdruckgebiet, Tiefdruck ...) abhängt.

82 Der Druck ist Kraft durch Fläche. Da die Fläche nur noch $\frac{1}{10}$ beträgt, verzehnfacht sich der Druck bei gleichbleibender Kraft. $A_1 = 0{,}1\,A$, also $p_1 = \frac{F}{0{,}1\,A} = \frac{10 \cdot F}{A} = 10\,p$

83 Achtung: in der Skizze ist der mittlere Teil *nicht* mit den beiden äußeren Teilen verbunden.

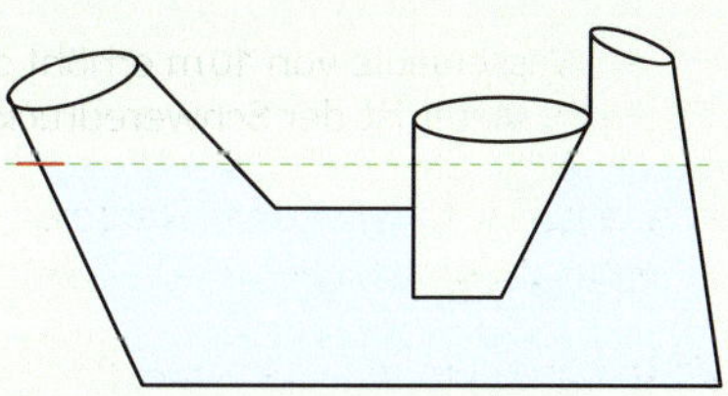

84 Der hydrostatische Druck ist der Schweredruck der Flüssigkeit, der aufgrund des Eigengewichts der Flüssigkeit entsteht.

85 Der hydrostatische Druck hängt nur von der Dichte der Flüssigkeit (mit größerer Dichte wird auch der Druck größer) und der Höhe der Flüssigkeit (je höher die Flüssigkeit, je größer der Druck) ab.
$p = \varrho \cdot g \cdot h$ mit der Fallbeschleunigung g, der Dichte ϱ und der Flüssigkeitshöhe h

86 Der Auftrieb in diesem Salzwasser ist gleich oder größer als die Gewichtskraft des Menschen. Durch den Auftrieb bleibt ein Schwimmer immer an der Wasseroberfläche.

87 Ein Körper *schwimmt*, wenn seine Dichte kleiner als die Dichte der Flüssigkeit ist. Er sinkt so tief ein, bis das Gewicht der verdrängten Flüssigkeit so groß wie das Körpergewicht ist. Drückt man den Körper unter Wasser, so *steigt* er, da der Auftrieb größer als sein Gewicht ist.
Ein Körper *schwebt*, wenn er dieselbe Dichte wie die Flüssigkeit hat.
Ein Körper *sinkt*, wenn seine Dichte größer als die Dichte der Flüssigkeit ist. Sein Gewicht ist dann größer als der Auftrieb.

Seite 80

Abschlusstest

1

Druck *p*	**10 Pa**	200 Pa	1 Pa	10 000 Pa	**10 000 Pa**
Fläche *A*	10 m²	**1 m²**	0,001 m²	**100 m²**	1 dm²
Kraft *F*	100 N	200 N	**0,001 N**	1 000 000 N	100 N

2 $p = \frac{F}{A} = \frac{100\,\text{N}}{0{,}000\,001\,\text{m}^2}$ = 100 000 000 Pa = 1000 bar (das tausendfache des Luftdrucks)

3 a) Der Luftdruck ist **1 bar**,
b) der Unterwasserdruck **1,5 bar**.
(Im Wasser erhöht sich der Druck bei jeweils 10 m Tiefe um 1 bar.)

4 Würde der Druck von der Menge der Flüssigkeit abhängen, wäre unter der rechten Säule ein größerer Druck als unter der linken Säule. Dieser Überdruck würde die linke Säule steigen lassen. Entsprechend mit der Form: verschiedene Druckgrößen würden sich ausgleichen, es würde Flüssigkeit zu der Stelle mit kleinerem Druck fließen.

5 Siehe Grafik rechts. Öl ist leichter als Wasser.
Der hydrostatische Druck des linken Schenkels wäre bei Gleichstand kleiner als beim rechten Schenkel (nur Wasser). Da aber im Gefäß unten der gleiche Druck herrscht, muss die linke Säule infolge des leichteren Öls höher sein.
Bei (2) ist die Säule links tiefer, das schwerere Quecksilber sorgt für den gleichen Druck unten.

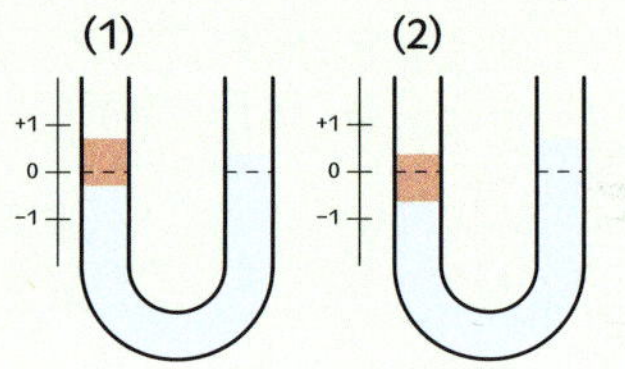

6 Das Schiff besteht nicht aus homogenem Eisen. Zwischen den verschiedensten Werkstoffen ist noch viel Luft, sodass im Mittel die Dichte kleiner als die Dichte von Wasser ist.
Das Gewicht eines Schiffes ist so groß wie das Gewicht des von ihm verdrängten Wassers.

7 Berechnen der Höhe der Wassersäule mit 3 bar Druck:
$p = \varrho \cdot g \cdot h$, also $h = \frac{p}{\varrho \cdot g} = \frac{300\,000\,\text{Pa}}{1000\,\frac{\text{kg}}{\text{m}^3} \cdot 10\,\frac{\text{m}}{\text{s}^2}} = 30\,\text{m}$

Das heißt, die Wassersäule in der Leitung kann bei 3 bar nicht höher als 30 m werden.
Ein Stockwerk hat eine Höhe von 2,8 m; wegen 30 m : 2,8 m = 10,7 reicht der Druck nur 10,7 Stockwerke (= 30 m) hoch. Das 11. Stockwerk ist nicht mehr vollständig versorgt, zum 12. Stock kommt überhaupt kein Wasser mehr; der **Druck reicht nicht aus**.

Seite 81

8 a) gegeben: p = 3 bar = 300 000 Pa, A = 30 cm² = 0,003 m²; gesucht: F
$F = p \cdot A$ = 300 000 Pa · 0,003 m² = 900 N, das entspricht einer Masse von 90 kg.
b) Ist das Gewicht zu klein, wird der Kolben nach außen getrieben, ist das Gewicht zu groß, senkt sich der Kolben.

9 a) Die Gewichtskraft von 1 dm³ Wasser ist 9,81 N
Die Gewichtskraft von 1 dm³ Kieferholz ist 6,867 N
Die Gewichtskraft von 1 dm³ Lärchenholz ist ist 6,3765 N
Kraft, die bei Lärchenholz nach oben wirkt: 9,81 N − 6,867 N = 2,943 N
Kraft, die bei Kieferholz nach oben wirkt: 3,4335 N
b) Der Kieferwürfel taucht 7 cm, der Lärchenwürfel 6,5 cm ins Wasser ein.

c) Laut Teilaufgabe a) kann ein dm^3 Kieferwürfel etwa 3 N oder 0,3 kg = 300 g „tragen".
1 dm^3 Aluminium hat eine Masse von 2700 g.
2700 g : 300 g = 9, damit benötigt man 9 Kieferwürfel oder **9 dm^3** Kieferholz.

10 Frau: $d = 1\,cm \Rightarrow r = 0{,}5\,cm \Rightarrow A = \pi \cdot r^2 \approx 3{,}14 \cdot 0{,}25 \approx 0{,}785\,cm^2 \approx 0{,}0000785\,m^2$

$p = \frac{F}{A} = \frac{550\,N}{0{,}0000785\,m^2} = 7006369\,Pa \approx$ **70 bar**

Mann: $p = \frac{F}{A} = \frac{1000\,N}{0{,}03\,m^2} = 33333\,Pa =$ **0,3 bar**

Pferd: $p = \frac{F}{A} = \frac{5800\,N}{0{,}003\,m^2} = 1933333\,Pa =$ **19 bar**

Elefant: $p = \frac{F}{A} = \frac{42000\,N}{0{,}075\,m^2} = 560000\,Pa =$ **5,6 bar**

11 a) $V_{Wasser} = V_{Körper} \Leftrightarrow 36\,cm^3 = 2\,cm^2 \cdot h \Rightarrow h = 18\,m$

b) $\varrho = \frac{m}{V} = \frac{2{,}4\,kg}{0{,}7\,dm^3} = 3{,}43\,\frac{kg}{dm^3}$

c) x sei der Anteil des Kupfers, dann ist $1 - x$ der Anteil von Zink.

Für das Volumen gilt mit $V = \frac{\text{Masse } m}{\text{Dichte } \varrho}$:

$2\,dm^3 = x \cdot \frac{16{,}77}{8{,}9}\,dm^3 + (1 - x) \cdot \frac{16{,}77}{7{,}14}\,dm^3 = 1{,}88 \cdot x + 2{,}35 - 2{,}35 \cdot x$

$\Rightarrow 0{,}47 \cdot x = 0{,}35 \Rightarrow x = 0{,}745$. Der Klotz besteht aus **74,5 % Kupfer** und **25,5 % Zink**.

24 – 19 Punkte	18 – 12 Punkte	unter 12 Punkte
sehr gut bis gut	befriedigend bis ausreichend	nicht mehr ausreichend

Kapitel 11: Wärmelehre

Aufgaben

1 a) Am Gefrierpunkt (0 °C) würde Wasser gefrieren und dadurch das Steigröhrchen zerstören, außerdem am Siedepunkt (100 °C) verdampfen und dort keine brauchbare Ablesung mehr ermöglichen. Seite 82

b) Quecksilber, das bei −39 °C fest wird und erst bei +357 °C siedet, erlaubt zwar Messungen über einen weiten Temperaturbereich, sollte aber wegen seiner giftigen Dämpfe, die bei einem Glasbruch frei gesetzt werden, vermieden werden. Alkohol ist zwar unbedenklicher, jedoch nur von −70 °C bis +60 °C verwendbar.

c) Bimetall-Thermometer, Flüssigkristall-Thermometer, elektrische Thermometer.

2 a) $\frac{\vartheta}{4{,}2\,cm} = \frac{24\,°C}{1{,}8\,cm} \Leftrightarrow \vartheta = \frac{4{,}2\,cm}{1{,}8\,cm} \cdot 24\,°C =$ **56 °C**; $\frac{\vartheta}{-0{,}9\,cm} = \frac{24\,°C}{1{,}8\,cm} \Leftrightarrow \vartheta = \frac{-0{,}9\,cm}{1{,}8\,cm} \cdot 24\,°C =$ **−12 °C** Seite 83

b) $\frac{x}{38\,°C} = \frac{1{,}8\,cm}{24\,°C}$ $x = \frac{38\,°C}{24\,°C} \cdot 1{,}8\,cm =$ **2,85 cm**; $\frac{x}{-30\,°C} = \frac{1{,}8\,cm}{24\,°C}$ $x = \frac{-30\,°C}{24\,°C} \cdot 1{,}8\,cm =$ **−2,25 cm**

3 a) Stahl (= gehärtetes Eisen) besitzt dieselbe Längenausdehnungskonstante α wie Beton. Daher führen thermische Längenänderungen von Stahlbeton nicht zu Spannungen im Material oder gar zu Rissbildungen.

b) Längenausdehnung: $\Delta\ell = \alpha \cdot \ell_0 \cdot \Delta\vartheta \Rightarrow \Delta\ell = 0{,}000012\,K^{-1} \cdot 250\,m \cdot 30\,K = 0{,}09\,m =$ **9 cm**
Die Brücke muss sowohl auf ihren Stützpfeilern, als auch an ihren beiden Enden mittels Rolllager beweglich gelagert sein. Außerdem müssen an den Enden Ausdehnungsfugen vorgesehen sein.

c) Gesamtausdehnung der Plexiglasseiten:
$\Delta\ell = \alpha \cdot \ell_0 \cdot \Delta\vartheta \Rightarrow \Delta\ell = 0{,}000070\,K^{-1} \cdot 250\,m \cdot 30\,K = 0{,}525\,m = 52{,}5\,cm$.
Die 250 m : 5 m = 50 Scheiben stoßen in 49 Fugen aufeinander, die die überschüssige Ausdehnung auffangen müssen. Mindest-Fugenbreite: $b = \frac{52{,}5\,cm - 9\,cm}{49} =$ **0,89 cm**.

4 a) Bei Erwärmung dehnt sich der Kupferstreifen wegen seiner größeren Längenausdehnungskonstanten stärker aus als der Eisenstreifen, und die fest miteinander verbundenen Streifen krümmen sich zur Seite des Eisens hin. Durch Abkühlung geht die Krümmung zurück und erfolgt unterhalb der Ausgangstemperatur in die entgegengesetzte Richtung.

b) Beim Erwärmen soll sich der Bimetallstreifen von der Kontaktspitze weg nach oben krümmen, daher muss seine Oberseite aus Eisen sein. Sobald sich der Bimetallstreifen von der Kontaktspitze trennt wird der Stromkreis und damit auch die Heizwirkung der Wendel unterbrochen. Beim Abkühlen biegt sich der Bimetallstreifen zurück bis er schließlich wieder die Kontaktspitze berührt und dadurch die Heizwendel erneut einschaltet. Diese Schaltung entspricht dem Rückkopplungsmechanismus eines Thermo-Relais.

Seite 84

5 a) Zunächst sinkt die Tinte nach unten, weil ihre Dichte größer als die von Wasser ist. Durch die ungeordneten Bewegungen sowohl der Tinten- als auch der Wasserteilchen kommt es im Zeitverlauf zu einer Vermischung beider Substanzen, die sich, ausgehend von der Grenzfläche, allmählich auf das gesamte Wasser erstreckt. Dieser als **Diffusion** bezeichnete Prozess lässt sich sowohl bei Flüssigkeiten als auch bei Gasen beobachten.

b) Bei einer Temperatur von 80 °C, die sich auch dem Tintentropfen mitteilt, besitzen beide Flüssigkeiten eine größere innere Energie, die mit einer höheren mittleren Teilchengeschwindigkeit einhergeht. Folglich wird der Vermischungsprozess schneller ablaufen als in Teilaufgabe a).

6 a)

t (in s)	0	60	120	240	480	600
ϑ (in °C)	18,0	25,1	32,3	46,5	74,9	88,5
ΔE_i (in kJ)	**0**	**15**	**30**	**60**	**120**	**150**

Die Energiezufuhr beträgt $\Delta E_i = P \cdot t$, z.B. für das dritte Messpaar:
$\Delta E_i = 250\frac{J}{s} \cdot 120\,s = 30\,000\,J$. Hier liegt ein Wärmetransport vor, weil sich die schnellen ungeordneten Bewegungen der Teilchen des Heizstabes den Wasserteilchen mitteilen und so deren mittlere Geschwindigkeit erhöhen.

b) Das ΔE_i-ϑ-Diagramm zeigt einen linearen Verlauf. Er besagt, dass die erzielten Temperaturerhöhungen $\Delta\vartheta$ proportional zur zugeführten Energie ΔE_i, d.h. zur Änderung der inneren Energie des Wassers, sind. Bei hohen Temperaturen weichen die Messpunkte nach unten ab, weil Energieverluste zunehmend spürbar werden. So fließt die innere Energie des Wassers teilweise durch die Gefäßwände ab oder geht auch durch Temperaturstrahlung verloren.

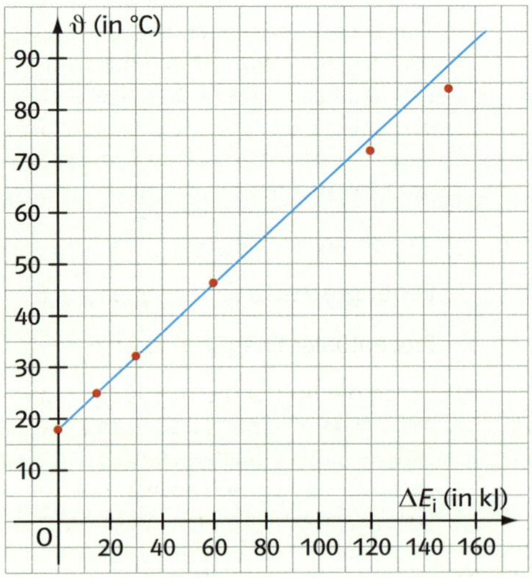

c) Wärmekapazität des Wassers (z.B. aus dem 4. Messpunkt):

$\Delta E_i = c \cdot m \cdot \Delta\vartheta \Leftrightarrow c = \frac{\Delta E_i}{m \cdot \Delta\vartheta} \Rightarrow$

$c = \frac{60\,000\,J}{500\,g \cdot (46{,}5 - 18)\,K} = 4{,}2\frac{J}{g \cdot K}$

7 a) Das Wasser gibt unter Abkühlung Wärme an das Kupfer ab, wodurch dessen Temperatur zunimmt. Dieser Wärmetransport dauert so lange, bis beide Stoffe dieselbe Mischtemperatur ϑ_m erreicht haben. Offensichtlich ist die vom Wasser abgegebene Wärme ΔE_{ab} gleich der vom Kupfer aufgenommenen Wärme ΔE_{auf}:
$\Delta E_{ab} = \Delta E_{auf} \Leftrightarrow c_1 \cdot m_1 \cdot (\vartheta_1 - \vartheta_m) = c_2 \cdot m_2 \cdot (\vartheta_m - \vartheta_2)$

b) Man stellt die in Teil a) hergeleitete Gleichung nach der gesuchten Wärmekapazität c_2 von Kupfer frei: $c_2 = \frac{c_1 \cdot m_1 \cdot (\vartheta_1 - \vartheta_m)}{m_2 \cdot (\vartheta_m - \vartheta_2)} \Rightarrow \frac{4{,}2\frac{J}{g \cdot K} \cdot 200\,g \cdot (55{,}0 - 49{,}9)K}{350\,g \cdot (49{,}9 - 18{,}0)\,K} = 0{,}38\frac{J}{g \cdot K}$
Die Wärmekapazität $c_1 = 4{,}2\frac{J}{g \cdot K}$ von Wasser ist ca. 11-mal so groß wie der Wert $c_2 = 0{,}38\frac{J}{g \cdot K}$ von Kupfer. Will man also gleiche Massen beider Stoffe um dieselbe Temperaturdifferenz erwärmen, so muss man dem Wasser 11-mal soviel Energie zuführen wie dem Kupfer. Umgekehrt: Weil die zugeführte Energie als innere Energie gespeichert wird, ist Wasser ein deutlich besserer Wärmespeicher als Kupfer.

8 a) Gefriert das aufgesprühte Wasser, so setzt es dabei einen der Schmelzenergie gleichen Betrag als Erstarrungsenergie frei und bewirkt so, dass die Temperatur der vom Eis eingeschlossenen Pflanzenteile nicht unter 0 °C absinken kann. Seite 85

b) Die Anomalie des Wassers besagt, dass seine Dichte unterhalb von 4 °C wieder abnimmt, sodass es sich, bevor es dann gefriert, zunächst an der Oberfläche eines Gewässers sammelt. Die isolierende Wirkung der Eisschicht erschwert ein Erstarren bis hinab auf den Grund des Gewässers. So bleiben die unteren Wasserschichten tiefer Gewässer stets flüssig und ermöglichen so das Überleben der im Wasser lebenden Arten.

9 a) Die vom heißen Wasser abgegebene Wärme $\Delta E_{ab} = c \cdot m_2 \cdot (\vartheta_2 - \vartheta_m)$ wird vom zunächst schmelzenden Eis aufgenommen als $\Delta E_{auf} = m_1 \cdot e_s + c \cdot m_1 \cdot (\vartheta_m - \vartheta_1)$,
als Gleichung folgt somit: $\Delta E_{auf} = \Delta E_{ab} \Leftrightarrow m_1 \cdot e_s + c \cdot m_1 \cdot (\vartheta_m - \vartheta_1) = c \cdot m_2\,(\vartheta_2 - \vartheta_m)$
$\Leftrightarrow e_s = c \cdot \frac{m_2}{m_1} \cdot (\vartheta_2 - \vartheta_m) + c \cdot (\vartheta_1 - \vartheta_m)$
Mit Daten: $e_s = 4{,}2\frac{J}{g \cdot K} \cdot \frac{400\,g}{200\,g} \cdot (70 - 20{,}2)\,K + 4{,}2\frac{J}{g \cdot K}(0 - 20{,}2)\,K = 418{,}3\frac{J}{g} - 84{,}8\frac{J}{g} = \mathbf{333{,}5\frac{J}{g}}$

b) Die Moleküle des schmelzenden Eises führen heftige Mikrobewegungen um ihre Gitterplatzpositionen aus, jedoch gelingt es nur den schnellsten Teilchen, die anziehenden Kräfte ihrer Gitternachbarn zu überwinden und dadurch das starre Gitter des Festkörpers aufzulösen. Durch das Herauslösen der schnellsten Wassermoleküle aus dem Eis-Gitter sinkt die mittlere Geschwindigkeit der verbleibenden Gitterteilchen und damit auch die Temperatur des restlichen Eises ab. Nur durch weitere Energiezufuhr, eben der Schmelzenergie, kann die Schmelztemperatur und damit der Schmelzvorgang aufrecht erhalten werden.

10 a) Zugeführte Energie: $\Delta E_{zu} = P \cdot t \Rightarrow \Delta E_{zu} = 500\frac{J}{s} \cdot 600\,s = 300\,000\,J = 300\,kJ$
Benötigte Verdampfungsenergie: $E_v = m \cdot e_v \Rightarrow E_v = 100\,g \cdot 2256\frac{J}{g} = 225\,600\,J = 225{,}6\,kJ$.
Prozentualer Energieverlust: $p = \frac{\Delta E_{zu} - E_v}{\Delta E_{zu}} \cdot 100\,\% \Rightarrow p = \frac{300\,kJ - 225{,}6\,kJ}{300\,kJ} \cdot 100\,\% = \mathbf{24{,}8\,\%}$.

b) Durch die Aufnahme von 100 g Wasserdampf hat sich die Luft in der Küche vollständig mit Dampf gesättigt und auch erwärmt, daher das „tropische" Klima. Besonders an den Fensterflächen kühlt sich die Luft wieder ab, und dabei kondensieren Teile des Wasserdampfes. Daher die Feuchtigkeit auf den Fensterflächen. Allerdings verzögert die nun als Kondensationsenergie wieder frei gesetzte Verdampfungsenergie das Abkühlen.

11 a) Wärmeströmung/Konvektion; z. B. Meeres- und Luftströmungen (Golfstrom, Shirocco) Seite 86
b) Wärmeleitung; z. B. Kühlbleche für PC-Prozessoren; schlecht isolierte Hausdächer
c) Temperaturstrahlung; z. B. Wärmeanteil der Sonnenstrahlung; Heizstrahler, Heizkörper

12 a) Beobachtung: Vom erhitzten Stabende ausgehend fällt ein Wachskügelchen nach dem anderen ab.
Erklärung: Die am rechten Stabende zugeführte thermische Energie wird durch den Stab geleitet und erwärmt ihn fortschreitend. Sobald das Metall an einer Stelle die Schmelztemperatur von Wachs erreicht, löst sich dort das Kügelchen ab. Weil die Kügelchen nun der Reihe nach abfallen, so setzt sich die Erwärmung des Stabes offensichtlich von rechts nach links fort.

b) Über der Flamme werden die Metallteilchen in heftige Mikrobewegungen versetzt. Durch ständige Stöße mit den linksseitig benachbarten langsameren Teilchen teilt sich diesen die große Bewegungsenergie mit, sodass die mittlere Teilchengeschwindigkeit vom rechten Stabende ausgehend nach links hin ständig ansteigt.

13 a) Der Brennpunkt F ist der Beleg dafür, dass dort der sichtbare Anteil der Sonnenstrahlung gebündelt wird. Das entflammte Seidenpapier belegt nun, dass auch die nicht sichtbare Wärmestrahlung in gleicher Weise gebündelt wird und so zu einer punktuell hohen Temperatur führt, die zur Entflammung des Papiers ausreicht.

b) Von der Sonne aus wird beständig thermische Energie durch Temperaturstrahlung zur Erde transportiert. Weil es zwischen Sonne und Erde keine durchgängige Materie gibt, so scheiden die an Materie gebundenen Transportvorgänge, nämlich die Konvektion und die Wärmeleitung, aus.

Seite 87

14 a) In den Umkehrpunkten des Federpendels wird die Spannenergie der Feder maximal und gleichzeitig verschwindet die Bewegungsenergie, die ihrerseits beim passieren der Nulllinie (*t*-Achse) maximal wird, weil dort die Spannenergie auf Null sinkt. Die abnehmende Schwingungsweite zeigt jedoch an, dass das Pendel fortlaufend Energie verliert. Die schwingende Pendelmasse erfährt nämlich Reibungskräfte durch die umgebende Luft. Die Überwindung dieser Reibung erhöht zwar die innere Energie der Luft, geht jedoch dem schwingenden Pendel endgültig verloren.

b) Obschon ein solches Verhalten des Pendels mit dem Prinzip der Energieerhaltung verträglich wäre, so würde es doch allen Erfahrung widersprechen, dass die innere Energie eines Stoffes (hier: der Luft) unter spontaner Abkühlung dieses Stoffes genutzt werden könnte, z.B. um ein Pendel in Schwingungen zu versetzen. Die Umwandlung der Schwingungsenergie in innere Energie ist irreversibel (= unumkehrbar).

15 a) Die Gewichtskraft G wird jetzt durch die Reibungskraft F_R zwischen Reibungsband und Trommel kompensiert, sodass der Kraftmesser entlastet wird.

b) Temperaturdifferenzen: $\Delta\vartheta_n = \vartheta_n - \vartheta_0 = \vartheta_n - 20{,}2\,°\text{C}$.
Reibungsarbeit: $E_R = F_R \cdot s = n \cdot F_R \cdot u \Rightarrow E_R = n \cdot 49{,}1\,\text{N} \cdot 0{,}157\,m = n \cdot 7{,}71\,\text{J}$

n	0	50	100	150	200	250
ϑ_n (in °C)	20,2	21,7	23,2	24,6	26,1	27,5
$\Delta\vartheta_n$ (in K)	**0,0**	**1,5**	**3,0**	**4,4**	**5,9**	**7,3**
$E_{R,n}$ (in J)	**0,0**	**385,5**	**771,0**	**1156,5**	**1542,0**	**1927,5**

Weil alle Quotienten $\frac{E_{R,n}}{\Delta\vartheta}$ (ungefähr) gleich sind, sind $\Delta\vartheta_n$ und $E_{R,n}$ proportional zueinander.

c) Wärmekapazität von Kupfer: $E_{R,n} = c \cdot m \cdot \Delta\vartheta_n \Leftrightarrow c = \frac{E_{R,n}}{m \cdot \Delta\vartheta_n}$;
4. Messpaar: $c = \frac{1542{,}0\,\text{J}}{690\,\text{g} \cdot 5{,}9\,\text{K}} = 0{,}38\,\frac{\text{J}}{\text{g} \cdot \text{K}}$
Dieses Experiment zeigt, dass die innere Energie eines Körpers nicht nur durch Wärme, sondern in gleichwertiger Weise auch durch Reibungsarbeit erhöht werden kann.

Training plus

Seite 88

88 Die Länge ℓ_0 nimmt zu um $\Delta\ell = \alpha \cdot \ell_0 \cdot \Delta\vartheta = \alpha \cdot \ell_0 \cdot (\vartheta_1 - \vartheta_0)$; hierbei ist α die materialspezifische Längenausdehnungskonstante.

89 $T_1 = 45\,°C + 273{,}15\,°C = \mathbf{318{,}15\,K}$ $T_2 = -28\,°C + 273{,}15\,°C = \mathbf{245{,}15\,K}$

90 $\vartheta_1 = 312{,}5\,K - 273{,}15\,°C = \mathbf{39{,}35\,°C}$ $\vartheta_2 = 113{,}2\,K - 273{,}15\,°C = \mathbf{-159{,}95\,°C}$

91 Als innere Energie E_i eines Körpers bezeichnet man die Summe der Mikrobewegungen aller seiner Mikroteilchen (Atome, Moleküle).

92 Als Wärme bezeichnet man den durch Mikrobewegungen verursachten Übergang von Energie von einem heißeren auf einen kälteren Körper.

93 Die innere Energie E_i eines Körpers ist stets proportional zu seiner absoluten Temperatur T. In Zeichen: $E_i \sim T$ bzw. $\frac{E_i}{T} = \text{const.}$

94 Gleichung: $\Delta E_i = c \cdot m \cdot \Delta\vartheta$; c ist die stoffspezifische Wärmekapazität.

95 Schmelztemperatur ϑ_s

96 Um einen Festkörper der Masse m bei der Temperatur ϑ_s zu verflüssigen, muss seine innere Energie um die Schmelzenergie $\Delta E = m \cdot e_s$ zunehmen, dabei ist e_s die spezifische Schmelzenergie.

97 (1) Konvektion/Wärmeströmung; (2) Wärmeleitung; (3) Temperaturstrahlung

98 Die zweite Umwandlung Bewegungsenergie $\leftrightarrow$ innere Energie ist irreversibel.

99 Die innere Energie eines Körpers kann sowohl durch zugeführte/entnommene Wärme als auch durch verrichtete Reibungsarbeit verändert werden: $\Delta E_i = c \cdot m \cdot \Delta\vartheta + F_R \cdot s$

Abschlusstest

Seite 89

1 a) Offensichtlich hat sich das Volumen der Kugel beim Erhitzen ausgedehnt. Beim Abkühlen verkleinert sich das Kugelvolumen wieder, sodass die zunächst festsitzende Kugel dann wieder durch die Präzisionsöffnung fällt.

b) Kugelmasse: $m_1 = \varrho \cdot V = \varrho \cdot \frac{4}{3}\pi \cdot r^3 \Rightarrow m_1 = 7{,}6\,\frac{g}{cm^3} \cdot \frac{4}{3} \cdot 3{,}14 \cdot (1{,}5\,cm)^3 = 107{,}4\,g$

Mischungsformel: $c_1 \cdot m_1 \cdot (\vartheta_1 - \vartheta_m) = c_2 \cdot m_2 \cdot (\vartheta_m - \vartheta_2) \Leftrightarrow \vartheta_1 = \frac{(c_1 m_1 + c_2 m_2) \cdot \vartheta_m - c_2 m_2 \vartheta_2}{c_1 m_1}$

$$\Rightarrow \vartheta_1 = \frac{\left(0{,}45\,\frac{J}{gK} \cdot 107{,}4\,g + 4{,}2\,\frac{J}{gK} \cdot 250\,g\right) \cdot 54{,}6\,°C - 4{,}2\,\frac{J}{gK} \cdot 250\,g \cdot 18{,}5\,°C}{0{,}45\,\frac{J}{gK} \cdot 107{,}4\,g} = \mathbf{838{,}9\,°C}$$

c) Längenausdehnung: $\Delta d = \alpha \cdot d \cdot \Delta\vartheta$

$\Rightarrow \Delta d = 0{,}000\,012\,K^{-1} \cdot 3\,cm \cdot (838{,}9\,°C - 21\,°C) = 0{,}029\,cm$

prozentuale Längenausdehnung: $p = \frac{\Delta d}{d} \cdot 100\,\% \Rightarrow p = \frac{0{,}029\,cm}{3\,cm} \cdot 100\,\% \approx \mathbf{1\,\%}$

2 a) Während des Zeitabschnitts $0 \le t \le t_1$ bewirkt die zugeführte Energie ausschließlich eine Zustandsänderung, nämlich das Schmelzen des noch vorhandenen Eises. Hierbei werden die kristallinen Bindungen zwischen den Wassermolekülen soweit gelockert, dass die Moleküle frei gegeneinander verschiebbar werden. Während des Schmelzens ändert sich die Temperatur nicht und bleibt konstant bei 0 °C. Während des Zeitabschnitts $t_1 \le t \le t_2$ bewirkt die zugeführte Energie eine Zunahme der inneren Energie, d.h. der durchschnittlichen kinetischen Energie bzw. der durchschnittlichen Geschwindigkeit der Wassermoleküle. Damit geht der lineare Temperaturanstieg einher.

b) Zugeführte Energie: $E_i = c \cdot m \cdot \Delta\vartheta \Rightarrow E_i = 4{,}2\frac{\text{J}}{\text{g}\cdot\text{K}} \cdot (250\,\text{g} + 150\,\text{g}) \cdot (40\,°\text{C} - 0\,°\text{C}) = 67\,200\,\text{J}$

Tauchsieder-Leistung: $P = \frac{E_i}{t_2 - t_1} \Rightarrow P = \frac{67\,200\,\text{J}}{480\,\text{s}} = \mathbf{140\,W}$

c) Den Angaben zu Teilaufgabe b) entnimmt man, dass die Zeitachse in 2 Minuten-Intervalle eingeteilt ist. Daher wird im Zeitabschnitt $0 \le t \le t_1 = 360\,\text{s}$ die (Schmelz-)Energie $E_s = 140\,\text{W} \cdot 360\,\text{s} = 50\,400\,\text{J}$ zugeführt.

Mit $E_s = m \cdot e_s \Leftrightarrow e_s = \frac{E_s}{m}$ folgt: $e_s = \frac{50\,400\,\text{J}}{150\,\text{g}} = 336\frac{\text{J}}{\text{g}}$

3 a) Wärmegleichgewicht: $c \cdot m_1 \cdot (\vartheta_m - \vartheta_1) = m_2 \cdot e_v + c \cdot m_2 \cdot (\vartheta_2 - \vartheta_m) \Leftrightarrow m_2 = \frac{c \cdot m_1 \cdot (\vartheta_m - \vartheta_1)}{e_v + c \cdot (\vartheta_2 - \vartheta_m)}$

$\Rightarrow m_2 = \frac{4{,}2\frac{\text{J}}{\text{gK}} \cdot 200\,\text{g} \cdot (80 - 20)\text{K}}{2256\frac{\text{J}}{\text{K}} + 4{,}2\frac{\text{J}}{\text{gK}} \cdot (100 - 80)\,\text{K}} = \mathbf{21{,}5\,g}$

b) Wärmeleitung (z.B. durch die Tasse) und Temperaturstrahlung (an die kühlere Umgebung).

30 – 24 Punkte	**23 – 15 Punkte**	**unter 15 Punkte**
sehr gut bis gut	befriedigend bis ausreichend	nicht mehr ausreichend

Formeln, Größen, Einheiten

Schreibweisen

m, m; *s*, s	Variablen werden in der Physik üblicherweise **kursiv** geschrieben; Einheiten hingegen gerade. Beispielsweise steht *m* (kursiv) für Masse, m (gerade) für Meter, *s* (kursiv) für Strecke, s (gerade) für Sekunde.
$[T] = 1\,\text{s}$	Die **eckige Klammer** um eine Variable (hier *T* für Periodenlänge) gibt die Einheit an, in der diese Größe gemessen wird (hier s für Sekunde).
$\vec{F}$, F	Die Kraft $\vec{F}$ beispielsweise ist eine gerichtete (vektorielle) Größe und wird mit **Vektorpfeil** geschrieben. Die Stärke der Kraft F hingegen (Betrag von $\vec{F}$) ist nicht gerichtet und wird ohne Vektorpfeil angegeben.

Tipp

Rechenkontrolle mithilfe der Maßeinheiten

Rechne immer mit Einheiten. So kannst du in vielen Fällen ganz schnell kontrollieren, ob du die richtige Formel angewandt, die Formel richtig umgestellt und richtig gerechnet hast.
Wenn du beispielsweise die Geschwindigkeit v $\left(\text{in } \frac{\text{m}}{\text{s}}\right)$ aus der Strecke $s = 2\,\text{m}$ und der Zeit $t = 4\,\text{s}$ berechnen sollst, ergibt die Scheibweise mit Einheiten eine zusätzliche Kontrolle der Formel: $v = \frac{s}{t} = \frac{2\,\text{m}}{4\,\text{s}} = 0{,}5\,\frac{\text{m}}{\text{s}}$
Je komplizierter die Formeln werden, desto sinnvoller ist dieses Vorgehen.

Kapitel 1: Akustik

$f = \frac{n}{t} = \frac{1}{T}$	Frequenz $f = \frac{\text{Anzahl der Schwingungen } n}{\text{benötigte Zeit } t}$
$f_n = (n-1) \cdot f_0$	Frequenz der n-ten Oberschwingung $= (n-1) \cdot$ Frequenz der Grundschwingung

Symbol	Einheit	Bedeutung
f	$[f] = \frac{1}{\text{s}} = 1\,\text{Hz}$	Frequenz (in Hertz)
T	$[T] = 1\,\text{s}$	Schwingungsdauer, Periode (in Sekunden)
s_0	$[s_0] = 1\,\text{m}$	Schwingungsweite, Amplitude (in Meter)
c	$[c] = 1\,\frac{\text{m}}{\text{s}}$	Schallgeschwindigkeit (in Meter pro Sekunde)

Kapitel 2: Atom- und Kernphysik

$A = N + Z$	Massenzahl (Nukleonenzahl) A = Neutronenzahl N + Protonenzahl Z
Zerfallsschema beim Alphazerfall (α-Zerfall) $^{A}_{Z}X \rightarrow {}^{A-4}_{Z-2}T + \alpha$	Aus dem Kern X mit A Nukleonen und Z Protonen entsteht der Tochterkern T mit $A - 4$ Nukleonen und $Z - 2$ Protonen und Alphastrahlung α ($^{4}_{2}$H-Kern).
Zerfallsschema beim Beta-Minus-Zerfall (β^--Zerfall) $^{A}_{Z}X \rightarrow {}_{Z-1}^{A}T + e^- + \overline{\nu}$	Aus dem Kern X mit A Nukleonen und Z Protonen entsteht der Tochterkern T mit A Nukleonen und $Z - 1$ Protonen, ein Elektron e^- (β^--Strahlung) und das Antiteilchen $\overline{\nu}$ („überstrichenes ny").
Zerfallsschema beim Beta-Plus-Zerfall (β^+-Zerfall) $^{A}_{Z}X \rightarrow {}_{Z+1}^{A}T + e^+ + \nu$	Aus dem Kern X mit A Nukleonen und Z Protonen entsteht der Tochterkern T mit A Nukleonen und $Z + 1$ Protonen, ein Positron e^+ (β^+-Strahlung) und das Teilchen ν („ny")
$A + a \rightarrow X^* \rightarrow B + b$	Schema einer Kernreaktion, Kurzform: $A\,(a, b)\,B$

Kapitel 3: Elektrizitätslehre

$Q_{ges} = Q_1 + Q_2 + \ldots + Q_n$	Gesamtladung Q_{ges} = 1. Teilladung (Q_1) + … + n-te Teilladung Q_n
$I = \frac{Q}{t}$	Stromstärke $I = \frac{\text{transportierte Ladungsmenge } Q}{\text{benötigte Zeit } t}$
$U = \varphi_+ - \varphi_-$	Spannung U = positives Potenzial φ_+ – negatives Potenzial φ_-
$R = \varrho \cdot \frac{\ell}{A}$	(Draht-)Widerstand R = spezifischer Widerstand $\varrho \cdot \frac{\text{Länge } \ell}{\text{Querschnittsfläche } A}$
Reihenschaltung: $U = U_1 + U_2$ $I = I_1 = I_2$ $R = R_1 + R_2$	Alle Teilspannungen addieren sich zur Gesamtspannung. Alle Teilströme sind gleich und entsprechen dem Gesamtstrom. Alle Teilwiderstände addieren sich zum Gesamtwiderstand.
Parallelschaltung: $U = U_1 = U_2$ $I = I_1 + I_2$ $\frac{1}{R} = \frac{1}{R_1} + \frac{1}{R_2}$	Alle Teilspannungen sind gleich und entsprechen der Gesamtspannung. Alle Teilströme addieren sich zum Gesamtstrom. Alle Teilwiderstands-Kehrwerte addieren sich zum Kehrwert des Gesamtwiderstandes.

Symbol	**Einheit**	**Bedeutung**
Q	$[Q] = 1\,C$	elektrische Ladungsmenge (in Coulomb)
I	$[I] = \frac{1\,C}{1\,s} = 1\,A$	elektrische Stromstärke (in Ampere)
φ (phi)	$[\varphi] = 1\,V$	elektrisches Potenzial (in Volt)
U	$[U] = 1\,V$	elektrische Spannung (in Volt)
R	$[R] = \frac{1\,V}{1\,A} = 1\,\Omega$	elektrischer Widerstand (in Ohm)

Kapitel 5: Energie und Energieerhaltung

$E = U \cdot I \cdot t$	elektrische Energie E = Spannung U · Stromstärke I · Zeit t
$E_k = 0{,}5 \cdot m \cdot v^2$	kinetische Energie E_k = 0,5 · Masse m · Geschwindigkeit im Quadrat v^2
$E_p = m \cdot g \cdot h = G \cdot h$	potenzielle Energie E_p = Masse m · Fallbeschleunigung g · Höhe h = Gewichtskraft G · Höhe h
$E_F = 0{,}5 \cdot D \cdot s^2$	Spannungsenergie einer Feder E_F = 0,5 · Federkonstante D · Ausdehnung im Quadrat s^2
$\eta = \frac{E_{nutz}}{E_{zu}}$	Wirkungsgrad η (eta) = $\frac{\text{genutzte Energie } E_{nutz}}{\text{zugeführte Energie } E_{zu}}$

Symbol	**Einheit**	**Bedeutung**
E	$[E]$ = 1 J = 1 Nm	Energie (in Joule oder in Newtonmeter)
η (eta)	keine Einheit	Wirkungsgrad (reine Zahl ohne Einheit)
g	$[g] = 1\,\frac{m}{s^2}$	Fallbeschleunigung (in Meter pro Sekundenquadrat) g ist eine ortsabhängige Konstante: $g = 9{,}81\,\frac{m}{s^2}$, bei Berechnungen wird oftmals gerundet mit $g = 10\,\frac{m}{s^2}$ gerechnet.
G	$[G]$ = 1 N	Gewichtskraft (in Newton)
D	$[D] = 1\,\frac{N}{m}$	Federkonstante (in Newton durch Meter; Newton pro Meter)
s	$[s]$ = 1 m	Strecke, hier: Ausdehnung der Feder (in Meter)

Kapitel 6: Entropie und Gasgleichung

$T \sim V$ oder $\frac{V_1}{T_1} = \frac{V_2}{T_2}$ bei p = const.	Ist der Druck konstant, ist bei einem Gas die Temperatur proportional zum Volumen.
$T \sim p$ oder $\frac{p_1}{T_1} = \frac{p_2}{T_2}$ bei V = const.	Ist das Volumen konstant, ist bei einem Gas die Temperatur proportional zum Druck.
$p \cdot V$ = const. $p_1 \cdot V_1 = p_2 \cdot V_2$ bei T konstant	Ist die Temperatur konstant, ist bei einem Gas das Produkt aus Druck und Volumenkonstant.
$\frac{p \cdot V}{T}$ = const.	Allgemeine Gasgleichung: $\frac{\text{Druck } p \cdot \text{Volumen } V}{\text{Temperatur } T}$ ist konstant.
$S = \frac{W}{T}$	Entropie S = $\frac{\text{Wärmefluss } W}{\text{Temperaturdifferenz } T}$

Symbol	**Einheit**	**Bedeutung**
T	$[T]$ = 1 K	absolute Temperatur (in Kelvin)
V	$[V]$ = 1 dm³	Volumen (in Kubikdezimeter)

p	$[p] = 1\,\text{bar}$	Druck (in bar)
S	$[S] = 1\,\frac{\text{J}}{\text{K}}$	Entropie (Joule pro Kelvin)
W	$[W] = 1\,\text{J}$	Wärmefluss (in Joule)

Kapitel 7: Magnetismus

$\frac{U_1}{U_2} = \frac{n_1}{n_2}$	Bei einem Transformator verhalten sich die Spannungen U (in Volt, siehe Kapitel 3) an den beiden Spulen zueinander wie die Windungszahlen n der beiden Spulen zueinander.

Kapitel 8: Mechanik

$v = \frac{s}{t}$	Geschwindigkeit, falls die Wegmessung im Koordinatenursprung beginnt
$v = \frac{s(t_2) - s(t_1)}{t_2 - t_1}$	Geschwindigkeit, falls die Wegmessung beliebig erfolgt
$s(t) = v \cdot t + s_0$	lineares Weg-Zeit-Gesetz, speziell: $s(t) = v \cdot t$ für $s_0 = 0\,\text{m}$
$\overrightarrow{F_{ges}} = \vec{F_1} + \vec{F_2}$	Kräfteaddition mithilfe eines Kräfteparallelogramms durchführen
$\vec{p} = m \cdot \vec{v}$	Impuls $\vec{p}$ = Masse m · Geschwindigkeit $\vec{v}$
$\Delta\vec{p} = \vec{p_2} - \vec{p_1}$	Impulsänderung $\Delta\vec{p}$ = Endimpuls $\vec{p_2}$ – Anfangsimpuls $\vec{p_1}$
$\vec{F} = \frac{\Delta\vec{p}}{\Delta t}$	Kraft $\vec{F} = \frac{\text{Impulsänderung } \Delta\vec{p}}{\text{benötigtes Zeitintervall } \Delta t}$
$W = \lvert\vec{F}\rvert \cdot \lvert\vec{s}\rvert = F_s \cdot s$	mechanische Arbeit W = Kraftanteil in Wegrichtung F_s · zurückgelegter Weg s
$P = \frac{W}{t}$	Leistung $P = \frac{\text{verrichtete Arbeit } W}{\text{benötigte Zeit } t}$
Schiefe Ebene: $F_H = \frac{h}{s} \cdot G$ $F_N = \frac{h}{s} \cdot G$	Hangabtriebskraft F_H = Höhenunterschied pro Anstiegslänge $\frac{h}{s}$ · Gewichtskraft G Normalkraft F_N = Basislänge pro Anstiegslänge $\frac{h}{s}$ · Gewichtskraft G
Flaschenzug $F_z = \frac{G}{2n}$ $s_z = 2n \cdot h$	Zugkraft $F_z = \frac{\text{Gesamtlast inkl. der Flaschen } G}{\text{Gesamtzahl aller Rollen } 2n}$ Zugstrecke s_z = Gesamtzahl aller Rollen $2n$ · Zughöhe h
$E_L = m \cdot g \cdot h$	Lageenergie E_L = Masse m · Erdbeschleunigung g · Höhe h

$E_K = \frac{1}{2} \cdot m \cdot v^2$	Bewegungsenergie E_K = 0,5 · Masse m · Geschwindigkeitsquadrat v^2
$M = F \cdot r$	Drehmoment M = Kraft F · Kraftarm r

Symbol	**Einheit**	**Bedeutung**
s	$[s] = 1\,\text{m}$	Strecke, Weg (in Meter)
t	$[t] = 1\,\text{s}$	Zeitpunkt, Zeitperiode (in Sekunden)
$\vec{v}$	$[v] = \frac{1\,\text{m}}{1\,\text{s}} = 1\,\frac{\text{m}}{\text{s}}$	Geschwindigkeit (in Meter pro Sekunde)
$\vec{a}$	$[a] = \frac{1\,\frac{\text{m}}{\text{s}}}{\text{s}} = 1\,\frac{\text{m}}{\text{s}^2}$	Beschleunigung (in Meter pro Sekunde zum Quadrat)
m	$[m] = 1\,\text{kg}$	Masse (in Kilogramm)
$\vec{F}$	$[F] = 1\,\text{kg} \cdot 1\,\frac{\text{m}}{\text{s}^2} = 1\,\text{N}$	Kraft (in Newton)
D	$[D] = 1\,\frac{\text{N}}{\text{m}}$	Federhärte, Federkonstante (in Newton pro Meter)
$\vec{p}$	$[p] = 1\,\text{kg}\,\frac{\text{m}}{\text{s}}$	Impuls (in Kilogramm mal Meter pro Sekunde)
W	$[W] = 1\,\text{Nm} = 1\,\text{J}$	(mechanische) Arbeit (in Newtonmeter oder Joule)
P	$[P] = \frac{1\,\text{J}}{1\,\text{s}} = 1\,\frac{\text{J}}{\text{s}} = 1\,\text{W}$	Leistung (in Joule pro Sekunde oder Watt)
M	$[M] = 1\,\text{Nm}$	Drehmoment (in Newtonmeter)

Kapitel 9: Optik

$\alpha = \beta$	Reflexionsgesetz: Einfallswinkel α = Ausfallswinkel β
$n = \frac{c_1}{c_2}$	Brechungsindex $n = \frac{\text{Ausbreitungsgeschwindigkeit } c_1 \text{ in Medium 1}}{\text{Ausbreitungsgeschwindigkeit } c_2 \text{ in Medium 2}}$
Konvexlinsen $A = \frac{B}{G} = \frac{b}{g}$ $\frac{1}{g} + \frac{1}{b} = \frac{1}{f}$	Abbildungsmaßstab $A = \frac{\text{Bildgröße } B}{\text{Gegenstandsgröße } G} = \frac{\text{Bildweite } b}{\text{Gegenstandsweite } g}$ Kehrwert der Gegenstandsweite $\frac{1}{g}$ + Kehrwert der Bildweite $\frac{1}{b}$ = Kehrwert der Brennweite $\frac{1}{f}$
Astronomisches Fernrohr $v = \frac{B_1}{B_0} = \frac{f_1}{f_2}$	Vergrößerung $v = \frac{\text{Bildgröße mit Fernrohr } B_1}{\text{Bildgröße ohne Fernrohr } B_0} = \frac{\text{Objektiv-Brennweite } f_1}{\text{Okularbrennweite } f_2}$

Symbol	**Einheit**	**Bedeutung**
α (alpha)	$[\alpha] = 1°$	Einfallswinkel (in Grad)
β (beta)	$[\beta] = 1°$	Ausfallswinkel (in Grad)

n		Brechungsindex
f	$[f] = 1\,m$	Brennweite (in Meter)
g	$[g] = 1\,m$	Gegenstandsweite (in Meter)
b	$[b] = 1\,m$	Bildweite (in Meter)
G	$[G] = 1\,m$	Gegenstandsgröße (in Meter)
B	$[B] = 1\,m$	Bildgröße (in Meter)
A		Abbildungsmaßstab
v		Vergrößerung beim Fernrohr

Kapitel 10: Druck und Flüssigkeiten

$p = \frac{F}{A}$	Druck $p = \frac{\text{Kraft } F}{\text{Fläche } A}$, die Kraft wirkt senkrecht auf A
$p = \varrho \cdot g \cdot h$	hydrostatischer Druck p einer Flüssigkeit = Dichte ϱ der Flüssigkeit · Fallgeschleunigung g · Höhe h der Flüssigkeit

Symbol	**Einheit**	**Bedeutung**
p	$[p] = 1\,Pa$	Druck p (in Pascal) mit $1\,Pa = 1\,\frac{N}{m^2}$
F	$[F] = 1\,N$	Kraft F (in Neton) mit $1\,N = 1\,kg \cdot 1\,\frac{m}{s^2}$
A	$[A] = 1\,m^2$	Fläche A (in Quadratmeter)
ϱ (rho)	$[\varrho] = 1\,\frac{g}{cm^3}$	Dichte ϱ (in Gramm pro Kubikzentimeter)
g	$[g] = 1\,\frac{m}{s^2}$	Fallbeschleunigung (in Meter pro Sekundenquadrat) g ist eine ortsabhängige Konstante: $g = 9{,}81\,\frac{m}{s^2}$, bei Berechnungen wird oftmals gerundet mit $g = 10\,\frac{m}{s^2}$ gerechnet.
h	$[h] = 1m$	Höhe der Flüssigkeitssäule (in Meter)

Kapitel 11: Wärmelehre

$T = \vartheta + 273{,}15\,°C$	Absolute Temperatur T = Celsius-Temperatur ϑ + Abstand zum absoluten Temperatur-Nullpunkt (−273,15°C = 0 K)
$\Delta\ell = \alpha \cdot \ell_0 \cdot \Delta\vartheta$	thermische Längenausdehnung $\Delta\ell$ = Lägenausdehnungskonstante α $\cdot$ Ursprungslänge ℓ_0 $\cdot$ Temperaturänderung $\Delta\vartheta$
$\Delta E_i = c \cdot m \cdot \Delta\vartheta$	Änderung der inneren Energie ΔE_i = spezifische Wärmekapazität c $\cdot$ Masse m $\cdot$ Temperaturänderung $\Delta\vartheta$
$\Delta E_i = m \cdot e_S$	Schmelzenergie ΔE_i = Masse m $\cdot$ spezifische Schmelzenergie e_S
$\Delta E_i = m \cdot e_V$	Verdampfungsenergie ΔE_i = Masse m $\cdot$ spezifische Verdampfungsenergie e_V
$\Delta E_i = c \cdot m \cdot \Delta\vartheta + F_R \cdot s$	Änderung der inneren Energie ΔE_i = zugeführte/entnommene Wärme $c \cdot m \cdot \Delta\vartheta$ + zugeführte Reibungsarbeit $F_R \cdot s$

Symbol	**Einheit**	**Bedeutung**
ϑ (theta)	$[\vartheta] = 1\,°C$	Temperatur, gemessen auf der Celsiusskala (in Grad Celsius)
$\Delta\vartheta$ (delta theta)	$[\Delta\vartheta] = 1\,K$	Temperaturänderung (in Kelvin)
T	$[T] = 1\,K$	(absolute) Temperatur, gemessen auf der Kelvinskala (in Kelvin)
α (alpha)	$[\alpha] = \frac{1}{K}$	(material-)spezifische Längenausdehnungskonstante (in 1 durch Kelvin)
c	$[c] = 1\,\frac{J}{g \cdot K} = 1\,\frac{kJ}{kg \cdot K}$	spezifische Wärmekapazität (in Joule pro Gramm mal Kelvin oder Kilojoule pro Kilogramm mal Kelvin)
E_i	$[E_i] = 1\,J$	innere Energie eines Stoffs (in Joule)
ΔE_i	$[\Delta E_i] = 1\,J$	Änderung der inneren Energie (in Joule)
e_S	$[e_S] = 1\,\frac{J}{g} = 1\,\frac{kJ}{kg}$	spezifische Schmelzenergie (in Joule pro Gramm oder Kilojoule pro Kilogramm)
e_V	$[e_V] = 1\,\frac{J}{g} = 1\,\frac{kJ}{kg}$	spezifische Verdampfungsenergie (in Joule pro Gramm oder Kilojoule pro Kilogramm)

Stichwortverzeichnis